KB120056

젊은 청춘들의 나라사랑

젊은 청춘들의 나라사랑

초판 1쇄 발행 2018년 6월 1일

엮 은 이 한국위기관리연구소
발 행 인 권선복
편　　집 김영진
디 자 인 김소영
전 자 책 천훈민
발 행 처 도서출판 행복에너지
출판등록 제315-2011-000035호
주　　소 (07679) 서울특별시 강서구 화곡로 232
전　　화 0505-666-5555
팩　　스 0303-0799-1560
홈페이지 www.happybook.or.kr
이 메 일 ksbdata@daum.net

값 25,000원
ISBN 979-11-5602-605-1 (93390)

전국 대학생 국방정책 우수논문 BEST OF BEST

젊은 청춘들의 나라사랑

한국위기관리연구소 엮음

도서출판 행복에너지

발간사

젊은 청춘들이 외치는 나라사랑, 온 국민이 공감했으면…

이 책은 사단법인 한국위기관리연구소에서 발행하였지만 여기에 담은 글들은 오롯이 대한민국의 젊은 청춘을 대표하는 전국 대학생들의 육필 원고임을 먼저 밝혀둔다.

2010년 3월 26일 21:22, 백령도 근해에서 초계 중이던 우리 해군 천안함이 북한 잠수정의 어뢰를 맞아 침몰했으며, 46명의 젊은 군인들이 전사했다.

우리 국민은 물론 전 세계인이 경악한 이 참상은 5개국 합동조사단의 조사를 근거로 유엔 안전보장이사회에서 북한의 도발로 규정하고 이를 규탄하는 의장성명을 발표하였다.

그럼에도 불구하고 친북좌파 네티즌들은 천안함 폭침을 정부조작이라고 부추겨 젊은 세대들을 현혹시켰으며 이는 정부에 대한 불신으로 확산되어 국가안보에 대한 국민여론마저 분열시키는 지경에 이르게 되었다.

한국위기관리연구소는 이러한 현상을 국가안보 위기라고 판단하고 더 늦기 전에 대학생들을 중심으로 한 젊은 청춘들의 안보체험 프로젝트를 추진하게 되었다.

*해토머리(5박 6일간 휴전선 도보행군), *독도리안(3박 4일간 해군함정승선 독도탐방), *백령누리(2박 3일간 백령도 해병기지탐방) 프로젝트가 눈으로 보고, 귀로 듣고, 몸으

로 느끼는 안보체험이라면 *대학생 국방정책 우수논문 발표회는 대한민국의 국방안보현실을 미래의 주역으로서 고민해보는 머리와 가슴의 안보체험이라 할 수 있다.

2010년 11월 6일, 전쟁기념관에서 처음으로 개최한 [전국 대학생 국방정책 우수논문 공모 및 발표회]는 이듬해부터 서울에 있는 대학교들을 순회하면서 보다 많은 대학생들이 참여하고 경청할 수 있도록 발전시켰다.

동국대(2011), 연세대(2012), 중앙대(2013), 이화여대(2014), 서강대(2015), 숙명여대(2016), 세종대(2017)를 해마다 두루 순회하면서 8년 동안 응모된 논문은 총 305편, 참가인원은 1,550명에 이르렀다.

8년 동안 우수작으로 발표된 논문이 80여 편, 그중에서도 최우수논문으로 시상된 11편의 주옥같은 논문작품들만 모아서 한 권의 책자로 엮은 것이 바로 이 책『젊은 청춘들의 나라사랑』이다.

한국위기관리연구소는 기성세대가 아닌 젊은 청춘들이 외치는 나라사랑의 충정과 대한민국 안보에 대한 고민을 국민 모두에게 알리면서 통일한국의 주역인 젊은 세대들의 안보 공감대 형성, 젊은 청춘들의 눈으로 본 미래 우리나라 국방정책의 바람직한 방향제시에 한 알의 밀알이 되기를 감히 기대해본다. 그리고 이 책을 발간하는 데 큰 도움을 주신 도서출판 행복에너지 권선복 대표님께 깊이 감사드린다.

2018년 5월

한국위기관리연구소 창립 10주년을 맞으며

이사장 **도 일 규**

추천사

대한민국의 미래가 여기에 있다

올해는 우리 국군이 창설된 지 70주년이 되는 뜻깊은 해입니다. 우리나라는 그동안 분단이라는 특수한 안보상황과 끊임없는 북한의 도발에 능동적으로 대처하면서 자유민주주의 발전과 눈부신 경제성장을 동시에 이루는 기적을 만들어 냈습니다.

이러한 성과는 우리 군이 튼튼한 국방력으로 국가발전을 뒷받침해 왔기에 가능했다고 생각합니다. 그동안 국토방위의 소임완수를 위해 불철주야 헌신하고 있는 60만 국군장병과 군 복무를 성실하게 마치고 사회로 돌아와 국가발전에 기여하고 있는 모든 예비역 여러분들께도 깊은 감사를 드립니다.

지금 우리의 안보상황은 분단 이후 가장 어려운 위기를 맞고 있습니다. 그러나 위기를 기회로 살리면 항구적인 평화체제를 구축할 수 있는 절호의 찬스이기도합니다. 이러한 중대한 시기에 한국위기관리연구소가 지난 8년 동안 전국 대학생들과 사관생도들을 대상으로 실시한 '국방정책 우수논문 공모 및 발표회'에서 최우수상을 수상한 11편의 논문을 한데 모아 한 권의 책으로 발간하게 된 것을 매우 뜻깊게 생각하며 진심으로 축하를 보냅니다.

아무쪼록 이 책이 널리 활용되어 장차 이 나라를 책임지고 이끌어 갈 대학생들은 물론 많은 국민들이 읽고 다시 한번 안보의 소중함을 깨우칠 수 있는 계기가 되기를 소망하며 아울러 우리 젊은 청춘들이 얼마나 나라를 사랑하고 믿음직한지도 확인하는 기회가 되기를 기대합니다. 우리 대한민국의 미래가 이 책 안에 있습니다.

이 책을 발간하기 위해 많은 노력과 열정을 쏟아주신 한국위기관리연구소 도일규 이사장님을 비롯한 연구원 여러분들과 훌륭한 논문을 쓰고 발표를 한 후배 여러분들께 진심으로 감사드립니다.

2018년 5월

대한민국 ROTC중앙회 회장 **진 철 훈**

추천사

국민 안보 공감대 확산에 크게 기여하기를…

우선 우리나라 최고의 위기관리 전문연구기관인 한국위기관리연구소가 창립 10주년을 맞아 지난 8년 동안 전국 대학생들과 사관생도들을 대상으로 실시한 '국방정책 우수논문 공모 및 발표회'에서 최우수상을 수상한 11편의 논문을 모아『젊은 청춘들의 나라사랑』이라는 제목으로 책을 발간하게 된 것을 진심으로 축하드립니다.

이 책에는 차세대 리더가 될 대학생들의 국가안보에 대한 다양한 고민과 이를 해결하기 위한 참신한 대안들이 담겨 있으며 나라를 지키고자 하는 의지와 나라를 사랑하는 마음도 확인할 수 있습니다. 비록 국방에 대한 전문성이나 경험은 일천하지만 그들이 제안한 문제들은 매우 현실적이고 당면한 과제들이라서 국방정책 개발에도 많은 도움이 될 것입니다.

그리고 대학생 신분으로 학사일정을 다 소화하면서 논문 한 편을 쓴다는 것은 그리 쉬운 일이 아닙니다. 참여한 학생들의 남다른 열정과 노력에 박수를 보내며 이러한 사업을 개발하여 지난 8년 동안 꾸준히 추진해 오신 한국위기관리연구소에도 깊은 감사를 드립니다.

잘 알고 계시는 바와 같이 국가안보는 국가의 존망이 걸린 문제이며 국민의 생명과 재산을 지키는 가장 소중한 가치입니다. 그리고 안보는 군복을 입은 군인들만의 전유물이 아닙니다. 안보 문제만큼은 국민 모두가 국론을 하나로 모아 투철한 안보의식으로 무장했을 때 강력한 힘을 발휘할 수 있습니다.

아무쪼록 귀중한 이 책자가 널리 활용되어 국가안보를 다시 한번 생각하고 국민 안보 공감대확산에 큰 도움이 되기를 기대합니다.

감사합니다.

2018년 5월

(주)동국성신 회장 **강 국 창**

추천사

군의 사기와 명예를 드높이는 데 도움됐으면…

군은 전쟁을 하기 위해 존재하는 것이 아니라 전쟁을 막기 위해 존재하는 것입니다. 그동안 눈부신 경제성장에 따라 넘치는 자유와 평화로 우리 사회가 군의 존재를 잊고 있는 것은 아닌가 하는 걱정을 해봅니다.

군은 우리의 자녀, 형제, 후배들입니다. 강추위와 여러 어려운 난관 속에서도 묵묵히 국토방위 임무를 수행하고 있습니다. 우리가 젊었을 때 나라를 지키겠다는 사명감으로 군복무를 했듯이 지금 우리 후배들도 그러한 마음으로 철책선과 후방 곳곳을 지키고 있습니다.

우리는 언제라도 군을 후원하고 격려해야 한다고 생각합니다. 그들이 있음으로 우리가 편하게 지낼 수 있기 때문입니다.

군은 사기와 명예를 먹고사는 집단입니다. 최근 남북 화해 무드가 진행되고 있지만 우리 군의 존재는 더욱 필요한 것입니다. 우리 군이 강할 때 자주국방과 안보는 지켜질 수 있습니다.

예전부터 우리나라의 안전을 남이 지켜준 적은 없습니다. 우리나라의 국방이 약할 때, 침략 당했으며 우리가 강할 때 나라를 지킬 수 있었습니다. 그 근간은 군입니다.

이러한 때, 한국위기관리연구소 창립 10주년을 맞아 발간하는『젊은 청춘들의 나라 사랑』이 이 땅에 새로운 자주 국방과 안보의 불이 지펴지기를 바라는 바입니다. 또한 앞으로도 국가와 군을 위하고 애국 인재들을 위한 도서로서 추천 드리는 바입니다.

2018년 5월

학군교 발전재단 이사장,

제15 보병사단 명예사단장,

現 ETRO 명품 BRAND 대표 **이 충 희**

전국 대학생 국방정책 우수논문 공모 및 발표회

기획조정실장 **한 광 문**

예) 육군 소장

사업추진 배경

2010년 3월 26일 21:22경 서해바다를 초계 중이던 천안함이 침몰되어 해군장병 40명이 전사하고 6명이 실종되었다. 전 세계의 이목이 집중되고 국민들은 충격에 빠졌다.

정부는 천안함 침몰원인을 규명하기 위해 한국을 포함한 미국, 영국, 스웨덴, 호주 등 5개국 전문가 24명으로 민관군합동조사단을 구성하였다. 2개월간의 객관적이고 전문적인 심층조사를 통해 2010년 5월 20일 "천안함은 북한의 어뢰공격에 의해 침몰되었다"고 발표하였다.

이러한 조사 결과 발표는 미국과 유럽연합, 일본, 인도 등 비동맹국들의 지지를 얻어 유엔 안전보장이사회의 안건으로 회부되었으며 안보리는 "북한이 천안함을 공격했다는 조사결과에 우려를 표명한다."는 내용과 함께 북한의 도발을 규탄하는 의장성명을 채택하였다.

그러나 국내의 온라인에서는 정황과 증거가 확실하고 정부의 공식 발표와 유엔안보리 성명발표에도 불구하고 갖가지 유언비어와 조작된 억측으로 야단법석들이었으며 극히 제한된 일부 네티즌들에 의해 극렬한 활동이 지속되었다.

우리 연구소에서는 이러한 정부의 공식발표를 부정하는 온당치 못한 네티즌들에 의해 순진한 젊은이들이 현혹되어 잘못된 판단을 하지 않도록 이들을 선도하고 이들의 멘토 역할을 하여야 되겠다는 생각을 했다. 그러면 젊은 대학생들과의 직접 소통할 수 있는 방법이 무엇일까를 연구하던 중 찾아낸 것이 이 사업이다. 그 외에도 대학별 안보순회강연, 주기적인 세미나 개최 등 다른 활동도 병행하지만 장기 지속적으로 추진할 사업으로 이 사업을 채택하게 되었다. 이렇게 천안함 폭침 사건을 계기로 시행되고 있는 '전국 대학생 우수논문 공모 및 발표회'는 장차 통일한국의 지도자가 될 젊은이들에게 국가안보에 대한 관심과 이해를 높이고 안보의식을 고취하며 다양한 국방정책의 대안을 수렴하여 정책에 반영하고자 하는 데 그 배경이 있다.

사업추진 경과

막상 사업을 추진하기로 결정을 해 놓고 어떻게 추진할 것인가를 생각하니 막막했다. 우선 예산문제, 대학생들을 참여시키기 위한 홍보, 심사, 발표 및 장소선정 등 모든 문제가 새롭고 쉬운 게 아니었다.

연구소는 기조실장을 중심으로 수차례의 아이디어 회의와 진지한 토론을 거쳐 하나하나 풀어가기로 했다. 우선 예산문제는 국방부에 이 사업의 필요성과 당위성을 설명하여 예산지원을 건의하고 국방부를 후원기관으로 지정하는 것으로 마무리가 되었다.

다음은 사업의 성패가 달려 있는 대학생들의 적극적인 참여문제다. 우선 각 군 사관학교와 전국에 학군단이 인가된 대학에 협조공문을 발송하고 본연구소 홈페이지도 배너광고를 통해 적극 홍보에 나섰다.

그리고 심사문제는 본연구소 부위원장을 위원장으로 수석연구위원 2~3명, 외부 전문가 1명 등 5명으로 구성하였으며 심사는 1, 2차로 구분하되 1차 심사기준은 창의성, 논리성, 자료 활용, 정책 대안 가능성, 문장 및 분량 등을 중시하였으며 2차는 1차 점수에 발표력, 설득력을 포함하여 평가를 하기로 하였다.

발표 및 장소선정도 중요하다. 참가자들이 수도권은 물론 지방에서도 참여하기 때문에 행사를 하루에 끝내야 한다. 따라서 발표는 우수논문으로 선정된 10편을 대상으로 하되 파워포인트로 발표 자료를 요약하여 1인당 10분 내외로 발표하도록 하였으며 발표 장소는 논문 공모 참여율을 높이고 안보 공감대 확산을 위해 서울에 있는 대학을 순회하며 발표회를 갖도록 하였다. 또 발표회장의 열기를 높이기 위해 논문발표자의 지도교수, 친지, 부모들도 함께 참여할 수 있도록 하고 서울지역에 있는 학군단 학생들이나 장병들도 희망하면 누구나 참석이 가능하도록 발표장을 개방했다.

2010년 4월 처음으로 제1회 논문공모에 대한 공고가 나가고 본격적으로 사업이 시작되었다. 군 매체 온라인, SNS, 홈페이지 등에 홍보도 하고 협조공문도 발송했다. 논문주제는 당시 이슈가 되었던 전시작전권 문제로 정하고 논문작성 기간을 충분히 부여하기 위해 6개월 후인 9월 말에 접수를 마감하였으며 접수된 논문을 종합하여 1차 심사를 거쳐 우수논문으로 선정된 논문만 10월 말에 발표회를 갖도록 하였다.

그러나 제1회 논문 접수결과 실망을 감추지 못했다. 총 6편이 접수되었다. 그것도 서울에 위치한 대학생들이 전부였다. 다행인 것은 접수된 논문이 수준급이었고 우리나라 최고를 자랑하는 대학의 학생들이 참여해 위안을 주었다. 1회 행사를 마치고 평가 분석을 통해 2회부터는 홍보를 더욱 강화하고 지방대도 적극 참여할 수 있도록 학군단을 통해 일일이 협조전화를 했다.

그리고 유일한 군 매체인 국방일보와 온라인 매체인 블루투데이를 통해 적극 홍보를 하였다. 그 결과 2회부터 참여율도 높아지고 접수논문 편수도 늘어나면서 자리를 잡아갔으며 제5회부터는 접수논문이 50편이 넘고 참가학교도 전국으로 확대되는 등 확고히 자리를 잡았다.

2015. 10. 30 서강대학교에서 열린 우수논문 발표회에서 참가자들이 내빈들과 기념촬영을 했다.

지난 1회부터 8회까지의 사업추진 실적은 다음과 같다.

년도별 사업 추진 실적

년도별	일 자	장 소	논문접수	참석인원
2010년	11. 6	전쟁기념관	6편	190명
2011년	9. 22	동국대	19편	195명
2012년	9. 25	연세대	24편	210명
2013년	11. 5	중앙대	29편	191명
2014년	10. 31	이화여대	48편	176명
2015년	10. 30	서강대	57편	188명
2016년	11. 11	숙명여대	59편	194명
2017년	11. 24	세종대	63편	206명
8 회			**305편**	**1,550명**

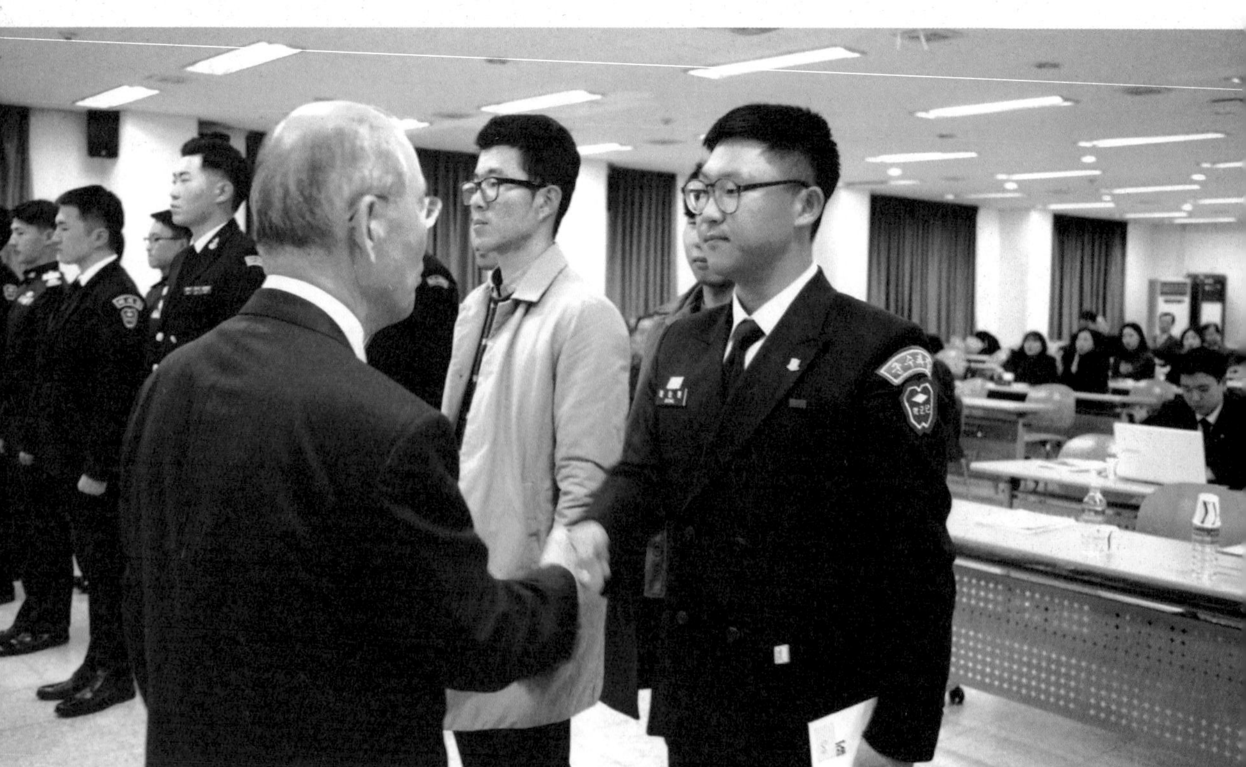

도일규 이사장이 논문 발표 우수자들에게 시상하고 있다.

8년 동안 총 접수된 논문은 305편이며 그중에서 1, 2차 심사와 발표회를 거쳐 최종 최우수상으로 선정된 수상자와 논문은 다음과 같다.

년도별 최우수상 수상자와 논문

회수	성명	대학	제목	비고
1회	한석표	서울대	전시작전통제권 전환, 어떻게 준비할 것인가?	일반학
2회	송승준	충남대	효율적인 국가위기관리를 위한 동원제도	군사학
3회	윤지연	국군간호사	효과적인 안보의식 제고 수단(영화, 드라마)	간호학
	지승민 모경종	연세대	대북심리전의 중요성과 전략 연구	일반학
4회	최영락	연세대	남북경협에서 국민보호를 위한 위기관리	행정학
	김진원 이민기 피승원	고려대	민군작전을 통한 자유화지역 안정 및 통합	북한학
5회	이상훈	육군사관학교	국방력 강화를 위한 한미동맹의 발전방안	육사
	김재우	고려대	북한군 편입 시 안정적인 남북한 군사통합 방안	일반학
6회	최혁준	영남대	사이버 안보와 한국의 대응전략	군사학
7회	안찬소	영남대	다문화 군대로의 변화에 따른 대비 방안	군사학
8회	정승원	청주대	한국대학생의 안보의식 제고 방안	군사학

주요 사업추진 성과

지난 8년 동안 지속적으로 추진해온 '전국 대학생 국방정책 우수논문 공모 및 발표'의 성과는 지대하다고 생각한다. 비록 시작은 힘들고 어려웠지만 그동안 이사장님을 비롯한 연구소의 연구원들께서 적극 참여하고 헌신적으로 노력한 결과 ▲장차 통일의 주역이 될 세대들에게 국방·안보정책에 대한 공감대를 형성하고 ▲건전한 여론을 주도하여 대 국민 안보 공감대 확산에 기여하였으며 ▲안보정세에 부합한 미래 실현 가능한 다양한 정책방안을 제시하는 등의 값진 성과를 이루었다고 본다.

논문 발표회에 참가한 학생들과 본회 회원들이 발표를 경청하고 있다.

그리고 이 사업이 이제는 국방안보분야의 주요사업으로 정착되었다는 점에서 큰 보람을 느낀다. 그동안 학생들이 학사일정을 소화하면서 소중한 시간을 쪼개 305편의 논문을 작성해 주었고 논문의 주제도 일반적인 국방, 안보, 통일문제가 아닌 당시 이슈가 되었던 내용과 장기적인 안목을 가지고 국방력 강화방안, 남북문제, 한미동맹, 전시작전통제권 전환, 사이버테러, 대국민 안보의식 제고방안, 한반도 주변정세, 4차 산업혁명 시대의 군의 대비, 북핵 및 미사일 대응, 무인기 활용, 다문화 문제 등 전문적이고 구체적인 내용을 다루었다.

뿐만 아니라 논문의 수준도 갈수록 높아지고 참가자도 전국에 있는 대학이 골고루 참여하게 되었으며 우수논문 발표를 듣기 위해 발표장을 찾는 인원도 늘어나는가 하면 다양한 계층에서 관심을 보이고 있어 이 사업이 점점 빛을 발하고 있다고 생각한다.

그동안 이 사업에 적극 참여한 학생들과 도움을 주신 모든 분들께 진심으로 감사드리며 앞으로도 계속적인 성원을 부탁드린다. 이 사업은 앞으로도 계속될 것이다.

2017년 11월 24일 세종대에서 행사를 마치고 수상자들과 기념촬영을 했다.

창의적인 논문 많아
우열 가리기 어려웠다

한국위기관리연구소 부이사장 **강 신 육**

전)병무청장/예)육군 중장

"한 집안의 장래를 보려면 그 집안의 자식들을 보고, 한 국가의 미래를 보려면 그 국가의 젊은이들을 보라"는 말이 있다. 따라서 젊은 대학생들은 우리의 희망이요 자랑스러운 대한민국의 미래다.

한국위기관리연구소는 지난 2010년부터 우리 대한민국의 미래를 책임질 전국 대학생들과 사관생도들을 대상으로 '국방정책 우수논문 공모 및 발표회'를 갖고 있다. 이러한 사업을 국내에서는 처음으로 추진하게 된 배경에는 차세대 리더들에게 국가안보와 국방정책에 대한 관심과 이해를 높이고 이들의 참신하고 다양한 의견을 수렴하여 국방정책에 반영함으로써 신·구세대 간에 안보 공감대를 확산해보자는 의도도 있었다.

이 사업에 대해 국방부도 전적으로 공감하고 첫 회부터 적극적으로 후원을 해 주었으며 전국에 있는 대학생들과 사관생도들의 높은 관심과 참여 속에 매년 연례행사로 발전하여 지난해 여덟 번째 세미나까지 성공적으로 마쳤다.

그리고 해를 거듭할수록 논문 접수 건수도 늘어나고 논문의 내용과 질도 날로 발전하고 있음을 피부로 느낄 수 있다. 첫 회에는 30여 편이 접수되더니 점점 늘어나 최근 3년째 60여 편 이상의 논문이 접수되고 있다. 그동안 8회 대회를 모두 합치면 300여 편이 넘는다.

내용도 다양하고 참신한 아이디어가 많이 담겨 있어 국방정책을 다루는 국방부나 합동참모본부, 각 군 본부에서도 이를 실무에 참고한다고 한다. 논문의 주제는 매년 포괄적으로 중요한 안보이슈나 기본적인 국방관련문제를 4~5개 정도 제시해 주었으나 각자가 세부적인 내용을 주제로 선정하여 전문적이고 구체적인 정책대안들을 제안해 심사위원들을 놀라게 했다.

논문이 접수되면 본 연구소는 부이사장을 심사위원장으로 하고 연구소장 및 연구위원, 일반대학교의 전문교수를 포함하여 4~5명으로 심사위원회를 구성한다. 논문심사의 평가기준으로 창의성, 논리성, 자료 활용, 정책 대안 가능성, 문장 및 분량 등을 중시한다. 논문심사는 1, 2차로 구분하며 1차 심사는 마감시간까지 접수된 모든 논문을 2박 3일 동안 집중해서 면밀하게 심사를 진행한다. 이어 1차 심사결과를 종합하고 이 중에서 심사위원들이 열띤 토의 과정을 거쳐 전원합의제로 10여 편의 입상논문을 선정하며 세미나 당일 발표회를 통해 우열을 가린다.

2차 심사는 세미나 당일 빔프로젝트를 이용해 10~15분 동안의 요약발표를 보고 심사를 하며 평가요소로는 핵심 내용 요약과 표현력, 보조재료 활용 및 시간 사용 등을 적용한다. 최종심사 결과는 1차와 2차의 심사결과를 종합하여 심사위원 전원일치로 금상 1명, 은상 2명, 동상 3~4명, 그 외는 장려상으로 결정한다. 그리고 논문을 제출하고 입상하지 못한 참가자들에게는 별도로 이사장 감사장과 선물을 주소지로 전달한다.

논문 한 편을 작성한다는 것은 그리 쉬운 일이 아니다. 특히 국방정책이나 안보관련 분야는 전문분야이기 때문에 20대 학생들이 다루기는 어려운 문제일 수도 있다. 그러나 내가 8년 동안 심사위원장을 맡아 심사를 진행하면서 느낀 것은 놀랍기도 하고 뿌듯하기도 하고, 요즘 젊은 청춘들을 다시 생각하게 되는 계기가 되었다. 접수된 300여 편의 논문을 빠짐없이 꼼꼼히 읽어 보면서 느낀 생각을 정리해 보면 다음 네 가지로 요약된다.

첫째: 제출된 논문의 주제가 놀라울 정도로 다양하고 전문적이었다.

나는 처음 이 사업을 시작하면서 걱정과 우려를 했던 것이 사실이다. 논문 한 편을 작성하려면 몇 개월의 시간이 필요하고 더욱이 학생 신분으로서 기본적인 학사일정을 소화하면서 자기시간을 쪼개 논문을 작성해야 하기 때문이다. 그런데 나의 걱정은 기우로 끝났다.

매년 전국 각 대학과 각 사관학교 등에서 60여 편의 논문이 접수되었으며 논문의 주제 또한 다양하고 전문적이었다. 예를 들면 국방력 강화방안, 남북문제, 통일문제, 한미동맹, 전시작전권 전환, 사이버테러, 대국민 안보의식 제고방안, 한반도 주변정세, 4차 산업혁명 시대의 군의 대비, 북핵 및 미사일 대응 등 안보적으로 이슈가 되었던 현실성 있는 주제들이 많이 다루어졌으며 전문적이고 구체적인 정책대안들이 쏟아져 나왔다.

둘째: 독창적인 표현과 문장력, 논리적 구성이 뛰어났다.

요즘 언론에 논문표절 건이 끊임없이 거론되고 있다. 자기의 생각을 논리적으로 표현한다는 것은 결코 쉬운 일이 아니다. 더욱이 자신의 독창적인 생각과 주장을 설득력 있게 표현하는 경우는 더욱 그렇다. 그러나 학생들의 논문은 순수하고 자신의 능력에 맞게 표현하고자 노력한 면모를 엿볼 수 있었다. 또 선행연구나 참고자료를 인용한 경우 출처를 밝히거나 성실하게 각주를 달아 논문의 신뢰성을 높여 주었으며 문장도 누구나 한번 읽으면 알 수 있도록 쉽게 구사하여 심사에 불편이 없었다. 그러나 논리적으로 꿰어 맞추기 위한 억지주장이나 논리적 비약이 일부 논문에서 발견되었다는 점은 아쉬운 대목이다. 그래도 각 학교별로 지도교수님들의 세심한 지도로 대부분의 논문은 기본적인 논문작성의 틀에서 벗어나지 않고 최선을 다했다고 할 수 있다.

셋째: 발표력도 전문가 수준이었다.

사실 논문내용이 우열을 좌우하지만 마지막 세미나에서 발표력도 중요하다. 논문내용을 핵심적으로 잘 요약하여 파워포인트로 만들고 이를 수백 명의 청중 앞에 나가 조리 있고 설득력 있게 잘 발표해야 한다. 조금씩 정도의 차이는 있겠지만 발표력이 전문가 수준이었다. 물론 발표를 위해 각자가 노력한 결과일 것이다. 어떤 학생은 전문 브리퍼로 나가도 손색이 없을 만큼 잘했고 청중들의 이목을 집중시키기 위한 기발한 아이디어도 동원되었다. 논문 공모 참여율을 높이고 안보 공감대 확산을 위해 서울에 있는 대학을 순회하며 발표회를 갖고 있는데 발표장마다 학생, 지도교수, 심지어 부모님까지 참석하여 좌석이 만원이고 그 열기가 매우 뜨거웠다.

넷째: 창의적인 논문이 많아 우열을 가리기 어려웠다.

심사위원들은 학생들의 논문 한 편 한 편이 장기간 땀과 노력으로 정성을 쏟아 만들어 낸 작품이기 때문에 심사를 소홀히 할 수 없었으며 접수된 논문을 어떨 때는 밤을 새워 읽고 엄정하게 심사를 할 수밖에 없었다. 그리고 논문심사를 하면서 학생들의 열성과 수고에 대해서 박수를 보내지 않을 수 없었으며 논문 내용도 우열을 가리기 힘들 정도로 훌륭했다고 평가된다. 따라서 심사위원 모두는 젊은 청춘들에 대해서 무한신뢰를 보내며 장차 이 나라의 미래가 밝다는 확신을 갖게 되었다.

앞으로도 이 사업은 계속될 것이다. 그동안 8회에 걸쳐 본 세미나에 참여한 학생들에게 깊이 감사를 보낸다. 귀하들은 바쁜 학사일정에도 불구하고 훌륭한 논문을 작성하여 제출하고 발표를 하기 위해 남다른 수고를 아끼지 않았기에 이 자리를 빌려 그 노고를 치하하며 앞으로도 국가안보에 대하여 지속적인 관심을 가지고 학업에 진력하여 졸업 후 국가안보의 선봉적 역할을 하여주기 바란다.

5명의 심사위원들이 논문 발표를 경청하며 심사를 하고 있다.

목 차

최우수 논문(11편)

최우수 논문

제1회 최우수상

전시작전통제권 전환, 어떻게 준비할 것인가?

서울대학교 외교학과 **한 석 표**

I. 서론

한미 양국은 2007년 2월 23일 워싱턴에서 개최된 한미국방장관회담에서 2010년 4월 17일 오전 10시를 기하여 한미연합사령부를 해체하고 한미간에 새로운 지휘관계로 전환하기로 합의하였다. 그러나 2009년 5월 북한의 제2차 핵실험을 계기로 국내에서 전작권 전환 시점을 연기해야 한다는 주장이 대두되기 시작하였고, 2010년 4월 천안함 사태는 이러한 논란에 종지부를 찍었다. 2010년 6월 26일 열린 한미 회담에서 전작권 전환 시기를 2015년 12월 1일로 연기하기에 이르렀다. 이 글은 전작권 전환시점에 대비하여 우리 군이 준비해야 할 사항에 대해 검토하고자 하는 데 있다. 이를 위해 본 연구는 우선 대한민국 정부 수립 이후 현재까지의 한미지휘관계의 변화를 역사적으로 살펴보고, 연기 이전의 작전통제권 전환 시점인 2012년 4월 17일을 목표로 계획되고, 어디까지 시행되었는가? 그리고 운용평가를 통해 도출된 문제점에 대해 살펴보고자 한다. 마지막으로 도출된 문제점을 보완하고, 새로운 안보환경의 변화를 통해 또한 중요성이 부각된 점을 보완하기 위한 당면과제를 제시함으로써 이 글을 마무리하고자 한다.

II. 작전통제권 전환을 통해 본 한미동맹의 역사

대한민국 정부 수립과 더불어 창설된 국군(육군 · 해군)은 대통령을 최고통수권자로 하고 국방부에 총참모장을 두었다. 총참모장은 대통령 또는 국방부 장관의 지휘를 받아 인사, 군수 등에 대하여 군정권을 갖고, 육·해군 참모총장은 총참모장의 명을 받아 소속부대를 지휘·감독하도록 하는 독자적인 작전지휘권(군령권)을 행사하고 있었다. 그러나 한국전쟁이 발발하자 1950년 7월 14일, 이승만 대통령이 유엔군사령관인 맥아더 장군에게 '작전지휘권'을 이양하였다. 한국군의 체제가 명확하게 확립되어 있는 상황이 아니었으며 군사력에 있어서도 소련의 전폭적인 지원을 받는 북한과 전쟁을 수행할 수 있는 능력이 충분하지 못하였기 때문에 택한 선택이었다. 또한 지휘체계가 이원화되는 것이 전쟁 수행에 있어서 효율성을 크게 저하시키는 것을 잘 알기에 '작전지휘권'을 유엔군사령관에게 이양하였다. 이승만 대통령은 맥아더 유엔군사령관에게 보낸 서신에서 "현 전쟁상태가 계속되는 동안 한국군에 대한 일체의 지휘권Command Authority을 유엔군 사령관에게 이양한다."고 명시하였다. 이 후, 1953년 8월 8일, 한국의 변영태 외무장관과 덜레스 국무장관은 '대한민국과 미합중국 간의 상호방위조약Mutual Defense Treaty between the Republic of Korea and the United States of America'에 가조인했다. 그리고 10월 1일 변영태와 덜레스는 워싱턴에서 이 조약에 공식적으로 조인했고, 1954년 1월 15일 한국 국회가, 1월 26일 미국 상원이 비준함으로써 1954년 11월 17일에 역사적인 한미상호방위조약이 발효되었다.[1] 〈한미상호방위조약〉 발효 이후, 개정된 〈한미합의의사록〉을 미국의 입장에서 볼 때 핵심은 미국이 상호방위조약을 통해서도 확보하지 못했던 한국군에 대한 계속적인 작전권 확

1. 차상철, 『한미동맹 50년』(서울: 생각의 나무, 2004), pp. 64-65.

보 문제를 해결했다는 점이다. "대한민국은 상호 협의에 의하여 그렇게 하는 것이 상호이익에 가장 유리하기 때문에 변경하는 경우가 아니면, 유엔군 사령부가 대한민국의 방위를 책임지는 한 그 군대를 유엔군 사령부의 작전 통제권하에 둔다"고 규정한 합의의사록 제2조가 미국의 숙원을 풀어준 해결사였던 것이다.[2] 이러함으로써 '작전지휘권Operational Command'은 '작전통제권Operational Control'으로 전환되었다. 작전지휘와 작전통제 사이에는 큰 의미의 차이를 가진다. 작전지휘Operational command는 작전 임무 수행을 위하여 지휘관이 예하부대에 행사하는 권한으로 자원의 획득·비축·사용 등의 작전요소를 통제하고 전투편성, 임무부여, 목표의 지정 및 임무수행에 필요한 지시를 하는 등의 권한을 가진다. 반면 작전통제Operational control는 어떤 부대가 작전계획이나 작전명령상에 명시된 특정임무나 과업을 수행하기 위해 지휘관에게 위임된 권한을 말한다. 즉, 해당 부대에 대해 임무를 부여하고 지시를 할 수 있는 작전지휘의 핵심적 권한이라고 할 수 있다.

1960년대부터는 일부 부대에 대한 작전통제권이 이양되기 시작하였다. 1961년에 한국군의 일부 예비사단 및 공수특전팀(현재의 특전사), 헌병 중대 등의 작전통제권이 환원되었으며 1968년에는 대간첩작전에 대한 작전통제권이 한국군에 이양되었다.[3] 1978년 7월에 미국 샌디에이고에서 개최된 제11차 SCM에서의 합의에 의거하여 11월 7일 한미 양국은 급변하는 한반도의 주변정세에 효율적으로 대처하고, 주한 미 지상군의 철수에 따른 전력의 공백을 보완하며, 한미연합작전능력을 고취하기 위해 '한미연합사령부CFC'를 창설하였다.[4] 1978년 10월 17일 한·미 연합사령부의 창설과 더불어 '전략지시 1호'에 의거, 연합사령관은 구성군사령부를 통해 한·미 양국군을 작전

2. 김일영, 『건국과 부국』(서울: 생각의 나무. 2004), pp. 159-160.
3. 김일영·조성열, 『주한미군: 역사, 쟁점, 전망』(서울: 한울아카데미, 2003), pp. 196-197.
4. 차상철(2004), p. 169.

통제할 수 있게 되었다. 이에 따라 한미연합사 사령관이 주한미군사령관과 유엔군사령관을 겸직하게 되면서 작전통제권은 유엔군사령관으로부터 한미연합사사령관(주한미군사령관)에게 이양되었다.

이후, 1994년에 '평시작전통제권'과 '전시작전통제권'이 구분되어 평시작전통제권을 한국군(합참의장)이 단독으로 행사할 것을 한미 간 합의하였다.[5] 따라서 전시가 되어 한미 양국정부의 승인하에 데프콘Ⅲ가 발령되면, 지정된 한국군에 대한 작전통제권은 자동적으로 주한미군사령관을 겸하는 한미연합사령관에게 이관된다.[6] 이러한 작전통제권의 모습은 군대의 지휘권을 평시와 전시로 나누게 됨으로써 기이한 작전권의 모습을 보이게 되었다. 또한 평시작전통제권이라고 해서 한국이 평시의 작전 통제에 대해서 모든 권한을 소유하고 있는 것은 아니었다. 핵심적인 사항들은 '연합권한위임사항 CODA: Combined Delegated Authority'[7]에 의해 주한미군사령관에게 이양되어 있었기 때문에 완벽한 '평시작전통제권'의 이양으로 보기에는 어렵다. 2006년 6월 28일에는 전작권 이행계획서에 합의하고 새로운 작전계획 작성, 군사협조체제의 구축, 전작권 전환 검증 공동연습 등의 전작권 이행계획서에 합의하고 즉시 이행에 들어갔다. 이후, '전시작전통제권' 환수에 대한 논의가 진행되었으며 2007년 2월 24일 한미국방장관회담에서 '2012년 4월 17일부로 전시작전통제권을 전환할 것'을 합의하였다. 이에 따라 2012년 3월 최종 전환연습을 통해 전작권 전환을 완결키로 하였다. 그러나 북한의 지속적인 위

5. 송대성, 「전시작전통제권 전환의 문제점과 대책」, 「국회 안보와 동맹 연구포럼」 주최, 「북한핵과 전작권 이양, 그 쟁점과 대책」(2007.4.19)발표문, p. 3.

6. 전시 작전통제권T/F(2007), p. 1.

7. 한국국방안보포럼(編), 『전시작전통제권 오해와 진실』(서울: 플래닛 미디어, 2006), p. 308. 연합권한위임사항(CODA)에 포함되는 분야는 전쟁억제, 방어 및 정전협정 준수를 위한 연합 위기관리, 작전계획수립, 연합합동교리 발전, 연합합동훈련 및 연습의 계획과 실시, 연합정보 관리, C4I 상호운용성이다.

협, 특히, 올 4월에 있었던 천안함 사태는 전시작전통제권의 연기 주장에 힘을 실어주었으며, 2010년 6월 26일 한국과 미국대통령은 한미연합군사령부가 행사하는 한국군에 대한 전시 작전통제권을 당초 2010년 4월 17일보다 3년 7개월 늦춰 2015년 12월 1일부로 한국정부에 전환하기로 전격 합의하기에 이르렀다.[8]

Ⅲ. 전작권 전환계획 진행경과 분석

가. '2012년 4월 17일 목표 전환계획'

2006년 9월에 열린 한미 정상회담에서 양국 정상은 전시 작전통제권을 전환한다는 기본원칙에 합의하였다. 같은 해 10월에 열린 제38차 한미안보협의회의에서 양국 국방장관은 「전시작전통제권 전환 이후의 새로운 동맹군사구조 로드맵Roadmap」에 합의하였다. 합의 내용은 '2009년 10월 15일 이후, 그러나 2012년 3월 15일보다 늦지 않은 시기에 전시작전통제권을 한국군으로 전환하고, 한미 연합군사령부를 해체'한다는 것이었다. 이어서 2007년 1월에 한미 상설 군사위원회MC에서는 「한미 지휘관계 연합이행실무단 운영을 위한 관련약정」을 체결하였고, 2007년 2월에 열린 한미 국방장관 회담에서는 '2012년 4월 17일'에 전시작전통제권을 전환하기로 최종 합의하였다. 이에 따라 한미 연합이행실무단CIWG이 구성되어 「한미 연합군사령부로부터 한국 합동참모본부로 전시작전통제권 전환 이행을 위한 전략적 전환계획STP」을 작성하였고, 2007년 6월에 한국 합참의장과 주한미군 선임장교가 이에 서명하였다. 한·미가 합의한 전작권 전환을 위한 「전략적 전환계획」은

8. 「전작권전환 2015년 12월로 연기」, 동아일보 (2010. 6. 28)

매년 UFG 연습 시에 적용하여 보완소요를 도출하고 전작권 전환과정에 반영하고 있다. 이러한 과정을 통해 2010년 3월에 「전략적 전환계획 수정2호」가 작성되어 승인되었다. 한미 양측은 원활한 전작권 전환을 위해 김태영 합참의장과 월터 샤프 한미연합사령관이 6개월마다 상설 군사위원회MC를 개최하고 합참 전략기획본부장과 주한미군 부사령관이 매달 고위급 대표위를 열어 협의하고 있다. 전작권 전환에 대한 20개 분야별 담당부서도 월간 및 주간 단위로 협의를 진행 중이다. 군은 ① 전구작전 지휘체계 구축 ② 한미 군사협조체계 구축 ③ 작전계획 수립 ④ 전구작전 수행체계 구축 ⑤ 공동연습체계 구축 ⑥ 전작권 전환 기반 및 근거 구축 등 6개 분야에서 35개 과업, 114개 과제를 착착 진행하는 등 합참 중심의 전군全軍적 추진체계를 구축하고 있다. 먼저 전구작전 지휘체계는 한국의 합참의장과 미국 한국사령관을 정점으로 하되 합참의장이 주도하게 된다. 합참은 전구작전 지휘가 가능하도록 전투참모단을 편성 중인데 올 초 개편을 통해 2012년 이전에 편성을 완료할 계획이다. 전구지휘시설 신축의 경우 현재 예산 반영이 완료됐으며 2011년 완공을 목표로 설계 및 착공을 준비 중이다. 평택에 위치할 미국 한국사령부 내에 한국군협조단 시설 구축도 추진되고 있다. 한미 군사 간 협조를 위해 동맹군사협조본부, 연합공군사령부, 연합 징후 및 정보운영본부, 연합작전협조단, 통합기획참모단, 연합군수협조본부, 연합 C4I(지휘통제체계) 협조반, 다국적협조본부, 연합모델 및 시뮬레이션 협조본부, 합동 전장戰場협조단 등 연합 협조기구들이 만들어지며 이는 평시부터 상설기구로 운용된다. 전작권 전환에 따른 작전계획 수립을 위해선 2008년 7월 한미 간에 MOU를 체결, 단일 공동작계를 작성키로 했으며 2009년 8월 을지프리덤가디언UFG 연습 적용을 목표로 작성을 완료키로 했다. 한미연합훈련인 키리졸브KR 및 독수리FE 연습은 전작권 전환 전에는 작계 5027에 기반한 현 연

합방위체제 연습을 그대로 시행하도록 했다.[1]

나. 전작권 전환 연기에 따른 새로운 합의

한미 양국은 42차 SCM 공동성명을 통해 향후 5년간 대한민국 합참으로의 전작권 전환을 위한 기본 틀을 제공할 '전략동맹 2015SA 2015'를 승인, 서명하였으며 2015년 12월에 전작권을 전환할 것이라는 양측의 의사를 재확인하였다. 양 장관은 또한 변화하는 북한 위협에 특히 주목하면서 연례 SCM/MCM 회의를 통해 '전략동맹 2015SA 2015'의 이행상황을 주기적으로 평가 점검하여 전작권 전환과정에 반영해 나갈 것임을 재확인하였다. 이와 관련하여 양 장관은 전작권 전환이 체계적으로 이행되어 연합방위태세가 강력하고 빈틈없이 유지되도록 보장해 나가는 데 있어 전작권 전환검증계획 OPCON Certification Plan이 중요하다는 데 주목하였다. 애초 2012년을 목표로 했던 전작권 이행계획STP은 군사적인 계획에 국한됐으나 '전략동맹 2015'는 군사조치 상황과 동맹현안이 포함된 포괄적인 추진 상황을 담았다. 전략동맹 2015는 한마디로 이미 수립된 '전략적 이행계획STP'의 수정 및 증보판이라고 할 수 있다.[2] 국방부는 "작전계획 발전과 연합연습, 새로운 동맹 군사구조 구축, 연합방위에 필요한 능력 및 체계 등 전작권 전환 이행을 위한 제반 군사적 조치사항들이 담겨 있다"며 "전작권 전환과 연계해 동시적으로 추진할 필요가 있는 주한미군 재배치, 정전관리 책임조정, 전략문서 정비 등의 추진계획도 포함됐다"고 말했다.[3]

---

1. 합동참모본부, 「전작권 전환 추진 소개 교육자료 (2009. 1)」
2. 연합뉴스, '한·미' 전략동맹 2015 '무엇을 담나', 2010. 7. 22.
3. 연합뉴스, 2010. 10. 9, 제42차 SCM 공동성명 전문

Ⅳ. 전작권 전환 당면과제

미국의 지원을 바탕으로 한국군에 대한 전시작전 통제를 효과적으로 하기 위해 우리는 전·평시를 막론하고 무엇을, 어떻게 준비해야 하는가?에 대한 답을 찾아야 할 것이다.

1. 연합사 해체와 미 한국사령부

전시작전통제권을 한국군이 환수함으로써 생기는 가장 큰 변화는 한미 연합사령부가 해체된다는 것이다. 현 체제는 연합사령관에게 권한을 위임하여 지정된 한·미 양국군 작전부대를 지휘하는 단일 지휘체제였으나, 미래 지휘체제는 한국 합참이 주도하고 미 한국사가 지원하는 공동방위체제이다. 이는 독립적이며 상호 보완적인 2개의 전국급 전투사령부(한 합참, 미 한국사) 설치를 하여 전제대-전기능별 강력한 군사협조기구 편성으로 지속적인 작전협조를 보장하는 것이다. 작전범위의 명시, 전시작전통제권의 전환은 한국군에 대한 전시작전통제권 전환을 의미한다. 따라서 미군에 대한 작전통제권은 가지질 못한다. 실질적으로 연합작전 시 누가 지휘를 하는지에 대해 명확한 체제가 자리 잡지 못한 실정이다. UNC와 CFC에 이어, 이에 걸맞은 연합작전지휘체제가 필요한데, 그것이 바로 미 한국사령부KORCOM이다. 이 한국사령부의 실체에 대해 우리가 CFC를 창설했을 때와 같은 근본적이고 중요한 고민을 해야 할 것이다. 연합사는 그동안 우리군 합동참모본부와 주한미군사령부 간 각종 업무를 협조하는 역할을 해왔다. 전작권 환수 뒤에 전쟁상황이 발생하면, 우리 측에서는 합참의장이 사령관을 겸직하는 합동군사령부JFC와 주한미군사령부를 대신할 미국 한국사령부KORCOM가 공동전투작전을 수행하게 된다. 다만 전쟁 명령권자가 미군사령관에서 우리군 합참의장으로 바뀌기 때문에 '한국군 주도-미군 지원'이라는 지휘체계가 성립되는 것이다. 아직 창설 계획이 구체화되진 않았으나 합동군사령부와 KORCOM 사이의 기능별 군사협조기구MCC가 기존 연합사 역할을 하게 된다. 연합사 해체는 유사시 한미전투작전계획(작계 5027)을 더 이상 사용할 수 없게 된다는 의미이기도 하다. 그래서 현재 한·미 군 당국은 새로운 '작계 5029'를 수립하고 있다. 단일 작전계획에 따른 새로운 지휘관계가 시행되면 현행 연합방위체제라는 용어가 사라지고 공동방위체제라는 말을 사용하게 된다. 연합사 해체 후 주요 변동 사항으로는 한국방위의 성격이 한·미 연합방위에서 한국 주도, 미국지원으로의 변화이며, 전시작전통제권 행사는 한·미 연합사령부에서 한국합참과 주한미군사령부 분할 시행함으로써 1개 전구에 2개의 지휘권이 존재하게 된다. 공동협조본부의 역할에 제기되는 의문점은 첫째, 한반도 유사시 미국의 즉각적인 군사개입이 가능할 것인가? 평화 시의 외교적인 공약과 전시의 참전은 별개의 문제이다. 한때 하와이 이전을 검토했던 미 8군 사령부도 전작권 전환과 무관하게 계속 한국에 잔류할 예정이다. 이에 따라 전작권 전환 이후 주한미군은 'KORCOM(대장)–8군사령부(중장)–미 2사단(소장)'의 지휘 체계를 갖추게 된다.[4]

2. 연합분장 관계

가. 유사시 미군증원 문제

새로운 작전계획에서 가장 눈여겨봐야 할 부분은 기존과 다른 유사시 미군 증원 절차다. 전투뿐만 아니라 증원 임무 수행도 KORCOM의 주된 역할이다. 전작권 전환 합의 이후로 국내 일각에서는 연합사가 해체됨에 따라 유사시 전시 증원군이 보장되지 못할 것이란 우려가 있었다. 이를 불식하기 위해 우리 군 당국은 전작권 전환 전까지 '증원전력보장'을 작전계획에 명시하

4. 이유섭, 매일경제, 6월 27일, http://news.mk.co.kr/v3/view.php?year=2010&no=336607

는 데 많은 공을 들였다. 그리고 지난해 10월 제41차 한미안보협의회SCM에서 한·미 군 당국은 한반도 유사시 미국은 세계 전력에서 가용한 미군 병력 및 전력을 한반도에 증강 배치하기로 합의했다. 기존의 미국 본토 및 주일미군 전력 위주로 되었던 전시 증원전력을 전 세계 미군 전력으로 확대해 연합 방위 능력을 한층 강화한다는 것이다. 현재 작전계획대로라면 미군 증원전력 규모는 육·해·공군 및 해병대 등 병력 약 70만 명, 항공모함 전투단 등 함정 160여 척, 스텔스 전폭기 등 항공기 2,000여 대에 이르는 것으로 군 당국은 추산하고 있다. 국방부 관계자는 "전작권 전환 이후에도 유사시 한반도에 전개될 증원군 규모는 현재와 큰 차이가 없을 것"이라고 설명했다. 다만 미측은 "가용한 병력의 유연한 증강배치"라고만 명시해 우리 군의 자체적인 국방개혁계획에 따른 전력보강 필요성도 꾸준히 제기되고 있는 것이다.

한국과 미국이 유사시 미군 증원전력을 한반도에 신속히 전개한다는 문구를 안보협의회SCM 공동성명에 처음으로 명시하기로 합의해 미 증원전력의 구성과 전개방식에 관심이 쏠리고 있다. 제40차 SCM 회의에서 한반도 유사시 '적정appropriate 수준의 군사력(증원전력)을 신속히 제공한다'는 데 합의하고 이를 회의 후 채택한 공동성명에 담았다. 양국은 전시작전통제권(전작권) 전환 이후를 대비해 작성 중인 '공동작전계획'에도 미 증원전력의 규모 등을 명시할 것으로 예상된다. 먼저 미 증원전력의 구성과 관련, 합참은 현재까지 2006년 발간된 국방백서에서 소개하고 있는 내용과 별 차이가 없다고 설명하고 있다.

국방백서에 따르면 미 증원전력은 2개의 주요 전구戰區에서 동시에 전쟁을 수행해 어느 한 곳의 적이 전쟁 목적을 달성하기 전에 침략행위를 저지, 격퇴한다는 '윈-윈Win-Win' 전략에 기반을 둔 것으로, 신속억제방안FDO, 전투력 증강FMP, 시차별부대전개제원Time Phased Forces Deployment Data: TPFDD 등 세 종류가 있다. 미 증원전력은 육·해·공군 및 해병대를 포함해 69만여 명의 병력과 함정 160여 척, 항공기 2천여 대로, 다양한 임무를 수행할 수 있는 육군사단, 최신예 전투기를 탑재한 항모전투단, 전투비행단, 오키나와나 미 본토의 해병기동군을 포함한다. 전개방식 측면에서 보면 유사시 FDO, FMP, TPFDD가 순차적으로 한반도에 지원된다. 먼저 북한군의 이상 징후가 있을 때 전쟁억제에 목표를 둔 FDO는 1개 항모전투단, 스텔스 전폭기를 포함한 200~300대 규모의 항공기 등으로 구성돼 있으며 24~72시간 내 전개하게 된다. 전쟁억제에 실패할 경우 전투 초기에 필요하다고 판단되는 주요 전투부대와 전투지원부대를 증원하는 계획인 FMP에는 FDO에 추가해 2개의 항모전투단, 1천여 대의 항공기, 상당수의 해병 병력을 증파하는 계획이 포함돼 있다. TPFDD는 실제 전쟁이 발발할 때 이뤄지는 것으로, 주일미군 소속 공중조기경보기와 전자전電子戰기, F-15 등 항공기 140여 대, 주일미군 소속 해군 함정 12척 등이 수일 내 전개된다. 또 괌 등의 여단급 부대에 사전 배치된 물자와 미국 본토의 여단급 해병원정 상륙부대, 태평양함대 소속 핵잠수함, 패트리어트 미사일도 수주 내에 투입된다. 이 밖에도 미 본토와 일본, 알래스카, 하와이, 괌에서 5개 항모전투단, 핵잠수함, 이지스함 등 함정 60여 척, B-1.2, F-117, F-15.16, FA-18 등 항공기 2천 500여 대 등이 90일 내로 도착한다. 90일 내 전개되는 전력은 전체 미 공군의 50%, 해군의 40%, 해병대의 70% 이상 규모의 전력으로 자산가치로는 1천억 달러에 육박한다. 주한미군이 한반도에서 유사시 초기 방어 역할을 수행한다면 미 증원전력은 위기 및 전시에 결정적이고 신속한 전쟁의 승리를 보장하는 역할을 하는 셈이다.[5] 그러나 미군의 전시증원목록은 계속 유효할 것인가에 대한 명확한 합의가 명시되어야 한다. 전시증원목록은 한국방위의 책임이 있는 한·미 연합사에 대한 미군 자체의 증원목록이다. 이는 확정된

---

5. 국방부, 『국방백서 2006』(서울: 국방부, 2007) ; 국방부, 『한미동맹과 주한미군』(서울: 국방부, 2003) pp. 58-59

계획이 아니라 계획목적상 발전시킨 Data에 불과하다. 시차별 전개목록에 의한 미국의 전시증원전력이 실제 전쟁이 발생하였을 때, 계획대로 그 시간에 그 능력이 증원되리라고 어느 누구도 장담할 수 없다. 현재 미국의 병력수는 감소 중에 있으며, 여러 다른 분쟁지역에도 투입이 되어 있는 실정이므로, 실제 동원 가능한 병력은 사실상 제한될 것이다. 이러한 의문에 답하기 위해서는 한·미 간에 시차별 전개목록에 대한 상호 명확한 합의가 이루어져야 한다. '전쟁이 나면 잘 되겠지'가 아니라, 어떻게 전쟁을 억제할 것이며, 억제 실패 시에 연합작전에서 승리할 수 있는가에 대해 공동의 이해와 협조가 준비단계에서부터 필요하다.

나. 한·미 간 군수지원

한·미 간 군수지원은 기본적으로 자국군 지원책임을 원칙으로 하고 있으나, 연합방위태세 유지의 효율성·경제성 등을 높이기 위해 한·미 연합 군수지원 체제를 지속적으로 발전시키고 있다. 이를 위해 전시주둔국지원 WHNS, 동맹국을 위한 전쟁예비물자WRSA[6]이양, 상호군수지원협정MLSA[7] 등을 마련하고 있다.

WHNS는 한반도 유사시 미국은 한 · 미 상호방위조약과 한·미 연합군사

6. 「동맹국을 위한 전쟁예비물자」(War Reserve Stocks for Allies; WRSA)는 미국이 동맹국내 비축한 전쟁물자를 말하며, 「소요부족품목록」(Critical Requirements Deficiency List; CRDL)은 미군의 평시 운영재고 또는 전쟁 예비물자 중에서 WRSA로 지정된 물자 이외에 동맹국이 긴급히 필요로 하는 방위물자를 말한다. 이들 미국 소유 물자 이외의 한국 판매 관련 협의는 각각 1982년도, 1984년도에 한·미 양국 국방장관 간 이루어졌는데, 정상적인 판매일 경우 미 의회의 사전 검토와 승인 절차를 거치는 데 기간이 소요되기 때문에 전시 초기에 한국군의 부족장비 및 물자를 적시에 보충하기 어려운 점을 해소하기 위해서였다.

7. 「상호군수지원협정Mutual Logistics Support Agreement; MLSA」은 전·평시 연합 연습 및 훈련, 작전 및 합동임무 기간 중, 그리고 예상치 못한 일시적인 소요가 발생시 한·미 양국간 상호 군수지원을 목적으로 1988년에 한·미 양국 국방장관 간에 체결한 협정이다. 상호 군수지원의 절차는 어느 일방의 요청시 지원하고, 사후에 동종의 물자/용역 또는 현금으로 상환하도록 규정하고 있으며, 지원 대상은 보급품, 용역 등이다.

령부 작전계획에 따라 한국에 증원군을 파견하며 한국은 미증원군에 대해 접수국으로서 군수·병참 등 필요한 지원을 제공할 것을 포괄적으로 규정한 조약이다. 1980년대 'Nunn-Warner 법'에 의한 군축여론과 미 국방예산 삭감 등으로 인해 미국이 동맹국들의 안보부담을 요구하면서 생성되어, NATO의 중장기 방위력 증강계획 추진과정에서 발전되었다. 특히, 1982년에는 미국-서독 간 전시지원WHNS 협정이 체결되어 당시 소련을 비롯한 바르샤바조약기구WTO 공산진영 국가들의 안보 위협에 대한 준비태세가 확립되었다. 이후 1990년에 독-서독이 통일되면서 1995년에는 미국-서독 간 전시지원WHNS 협정이 종료되었다. 한반도 유사시 일정기간 미군전투부대의 군수지원을 한국이 담당함으로써 미군이 신속하게 전투력을 발휘하고 기존의 다양한 전시미군지원사항을 체계화·조직화하기 위한 이 협정은 1985년 한·미연례안보협의회에서 미국 측이 제기해 협상을 계속해오다가 1991년 7월 양국 당국자가 가조인함으로써 6년 만에 마무리되었다. 속전속결의 현대전 성격상 미증원군의 '전개여부'뿐만 아니라 무엇보다도 '전개속도'가 중요하므로, 이를 위한 전시지원WHNS업무의 중요성이 부각되고 있다. 이러한 전시지원의 법적체계를 완비해야 할 것이다. 참고로 한국과 미국은 제40차 연례안보협의회SCM를 열어 양국은 한국군 탄약고에 비축된 미군 전쟁예비물자WRSA의 49%를 한국이 이양받기로 최종 합의했다.

3. 무기 및 장비의 보강

전작권 전환 전까지 우리가 핵심적으로 갖춰야 할 전력, 또 전환 이후라도 당분간 미군으로부터 보완을 받아야 할 전력, 지원을 받아야 할 전력, 또 전환 이후도 영구적으로 우리가 미군의 전력에 의존해야 할 전력을 확정해야 할 것이다.[8]

8. 18대 국회 국방위 국정감사회의록, http://likms.assembly.go.kr/record/index.html

가. 대미 의존적 무기 체계

미군 정보자산 및 운영체제는 현재 24시간 한반도 상공을 감시하는 미국의 정찰위성과 최고 80,000피트 상공에서 정찰임무를 수행하는 U-2기 등 각종 첨단 정보수집 항공기 그리고 각종 지상장비로부터 정보를 받은 한국 전투작전 정보본부Korean Combat Operations Intelligence Center; KCOIC, 연합분석통제본부Combined Analysis Control Center; CACC에서는 세계 최첨단 분석장비를 통해 실시간 북한군의 움직임을 분석, 파악하고 있다.[9] 한국군의 작전권 단독행사에는 무엇보다도 미군에 의존하고 있는 대북 정밀감시능력, 전술지휘통신체계, 자체 정밀타격 능력을 갖추는 것이 급선무이다. 우리 군이 2015년 말까지 중점 보완할 대목은 북한 전역을 독자적으로 정밀 감시하는 능력이다. 현재 한국군은 미군이 KH-11 군사위성과 U-2 고공전략정찰기, RC-135 정찰기, 이지스함 등을 통해 수집한 대북정보에 상당 부분 의존하고 있다. 한국군이 전작권을 행사하게 되면 전·평시 작전통제권은 한국군이 주도하고, 미군은 작전을 지원하는 '주도-지원' 관계로 지휘체계가 바뀐다. 따라서 한·미 간 빈틈없는 공조를 위해서는 한국군의 전술지휘통제체계C4I와 주한미군, 주일미군, 미 태평양군사령부의 지휘통제체계가 상호 연동돼야 한다.[10] 그러자면 자연히 국방비 부담도 늘어날 수밖에 없지만 감수해야 할 것이다.[11]

나. 기술통제 완화와 기술이전

이러한 미국과의 협정은 그 이상의 부분은 미국이 담당해주리라는 기대

---

9. 국방부, 『한미동맹과 주한미군』(서울: 국방부, 2003), p. 54
10. "한·미 전작권 전환 연기/ 전작권 전환 작업 65% 정도 진행, 北 전역 정밀감시 능력 중점 보완" 국민일보(2010. 6. 28)
11. 김강녕, "한·미, 전작권 전환 시기 연기 국방비 증가 감수해야" 「통일한국」, 통권 제320호(2010. 8), pp.36-37.

때문에 한국의 기술개발은 제한받게 되었다. 그러나 전작권이 전환되면, 이러한 기술개발 문제에 있어서의 제한도 상당히 완화되어야 할 것이다. 미국이 우리가 필요로 할 때 자동적으로 지원을 하지는 않을 것이기 때문이다. 무기만 도입하는 것이 아니라, 이제는 미국이 전작권을 넘겨줄 정도로 한국에 대해 통제의 필요성이 감소되었다면, 한국의 자력방위self-reliance 수준의 기술이전이 필요하다.

다. 무기체계의 효과적 관리

우선, 중복되는 무기 장비는 없는지, 우리 전장 환경에 맞는 무기 및 장비 소요를 재평가하고, 획득계획을 수립해야 할 것이다. 정보자산에 대한 지속적인 투자, 비정규전에 대비한 전력강화, 직접적인 위협에 맞는 무기 장비가 아니라, 적 위협 양상을 철저히 분석하고, 그에 맞는 무기개발과 무기도입이 절실하다. 미국의 경우 무기체계를 가용성, 발전성, 상호운용성에 따라 폐기, 우선투자, 현대화 등 3가지의 범주로 구분하여 우선순위를 지정하고 선별적인 개발 프로그램을 실시하고 있다. 이는 우리에게 큰 시사점을 제공해 준다.

4. 합동성 제고방안

합동성이란 육·해·공군·해병대 가운데 2개 이상의 서로 다른 군이 참여해 수행하는 활동이나 작전, 조직을 의미한다. 우리나라의 '국방개혁에 관한 법률'에는 '총체적인 전투력의 상승효과를 극대화하기 위해 육·해·공군의 전력을 효과적으로 통합·발전시키는 것'이라고 규정돼 있다. 현대전은 육·해·공군의 합동작전으로 수행되는 추세여서 합동성 강화는 무기체계나 훈련의 질과 양 못지않게 전쟁의 승패를 결정짓는 관건으로 받아들여지고 있다. 미국은 1999년 합동전력사령부를 창설하였다. 합동전력사령부는 육·

해·공군·해병대 간의 합동 작전을 개발하고 합동 훈련 기획과 합동 부대 편성 등 미군의 합동성 강화를 총괄하는 사령부다. 핵심 부서인 합동전투센터에서는 육·해·공군 장병이 어울려 임무를 수행하고 있다. 미국이 1999년 합동전력사령부, JFCOM을 창설한 것은 91년 걸프전과 70년대의 베트남전, 이란 인질 구출사건 등에서의 뼈아픈 교훈에서 비롯됐다. “미군의 가장 큰 위협은 적이 아니라, 서로 다른 색깔의 제복을 입은 우군이다.” 미국의 군사전문지 디펜스뉴스가 2003년 4월 사설에서 육·해·공군 간의 뿌리 깊은 경쟁의식과 ‘단독 플레이’의 폐해를 신랄하게 지적한 말이다. 걸프전에서 미군은 44명의 오폭 사망자를 냈다. 교전으로 인한 사망자 수(181)를 감안하면 적지 않은 숫자의 미군 병사가 이라크군이 아닌 동료에 의해 희생된 것이다. 지상전을 수행하는 육군과 근접항공지원CAS에 나선 공군 사이에 손발이 맞지 않았던 탓이었다.[12] 특히, 전작권 전환 이후 한국에 있어 한·미의 연합성 제고뿐만 아니라, 한국 육·해·공군의 합동성은 통합적이고 효과적인 전투력 투사를 위해 선결과제이다. 합동성 제고를 위한 방안에는 어떠한 것이 있을까? 여기에는 크게 무형전력과 유형전력의 합동성 증진 방안을 고려해야 할 것이다. 최대의 시너지 효과를 달성하기 위해서는 물리적 결합과 화학적 결합을 동시에 요하기 때문이다. 우선 무형전력으로는 각 군 간의 이해증진을 통한 통합가능성에 대한 방안이 될 것이다. 다음으로 유형전력 무기체계, 지휘통신체계 등의 상호 운용성 증진으로 대표된다.

가. 무형전력

천안함 사태를 계기로 합동성의 중요성이 더욱 부각되었다. 이는 한·미의

12. “군 개혁 10년 프로그램 짜자. 〈2부 해외 사례〉 ① 현대전은 합동성이 좌우 – 한국 언론 최초 미국 합동전력사령부를 가다“, 중앙일보(2010. 10. 20.)

연합성 강화보다 국지적 도발에 따른 육·해·공군의 합동성 문제가 현실적인 문제로 뼈저리게 다가왔기 때문이다. 한때 합동성 강화를 위해 육·해·공군 사관학교의 통합문제가 제기되었고, 최근에는 우선 육군 내 사관학교의 통합을 우선 실시하는 방안까지 검토되었으니, 삼군사관학교의 반발로 논의가 유보된 상황이다. 또 다른 시도는 각 군 대학의 과정을 통합하여 교육하는 방안이다. 이는 교육내용과 기간, 어떻게 통합할 것인가는 여러 가지 고려요소가 있을 것이기에, 심도 있는 논의가 추가적으로 이루어져야 할 것이다. 또한 각 군의 통합에 대한 의지도 매우 중요한 요소이다. 이러한 것은 합동성의 중요성과 필요성에 대한 지속적인 교육을 통해서만이 가능하리라 생각된다. 한편 미 국방부는 지난 8월 합동전력 사령부의 해체 방안을 밝혔다. 그러나 이는 합동성의 중요성을 경시한 탓이 아니다. 이제 미군 내에서는 합동성이 충분히 정착됐기 때문인 측면이 크다. 합동전력사 측은 "아직 최종 확정되지 않았지만 사령부가 해체되더라도 우리의 기능은 합참 어느 곳에서든 반드시 유지시킬 것임을 로버트 게이츠 국방장관이 명백히 했다"고 밝혔다.[13]

나. 유형전력

유형전력은 무형전력과는 달리 무기체계와 지휘통제체계로 대표될 수 있다. 여기에는 합동성 증진을 위한 상호운용성interoperability을 의미한다. 상호운용성interoperability이란 "서로 다른 군, 부대 또는 체계 간 특정 서비스, 정보 또는 데이터를 막힘없이 공유, 교환 및 운용할 수 있는 능력"을 말한다. SPT에 의하면 전구작전 수행체계 구축을 위해 단일 공동위기조치예규와 단일 공동작전예규를 작성함으로써 한·미 공동작전수행을 보장하는 한편, 합

13. 중앙일보 특별취재팀, "미군 합동전력사령부를 가보니," 중앙일보(2010. 10. 20)

동 전구작전본부 운용체계를 정립하고 합동화력 운용체계 및 기능별 임무 수행체계를 발전시키는 노력을 하고 있다. 이에 나아가, 무기체제나 장비의 개발 생산을 위한 표준화 협정Standardization Agreements: STANAG을 NATO 회원국 수준으로 격상시키는 노력을 해야 할 것이다. NATO 회원국들도 연합작전 간 상호운용성의 취약점을 도출 및 제거하기 위해 계획을 수립하고 지속적인 시험훈련을 실시하였는데, 그 결과 최상의 상호 운용성을 달성하기 위해서는 NATO 회원국 간의 STANAGs가 절대적인 것으로 결론지었기 때문이다. 그러나 그 이전에 한국은 지형적인 특성과 재정적인 한계, 그리고 기술적인 제한사항을 지니고 있기 때문에 한국의 특수한 여건을 고려한 한·미의 연합작전을 위한 상호운용성 방향을 설정하여 발전시켜 나가야 할 것이다. 그러나 각국 군대의 연합작전은 서로 다른 부대 사이의 기술호환성으로 문제가 더욱 많이 발생한다. NATO의 'STANAGS'처럼 기술표준을 확립하는 것으로 어느 정도 해결할 수는 있지만 연합작전에서 더 크게 문제되는 건 정보공유 문제이다. 이에 전구 C4I 체계는 한국군 주도의 AKJCCS를 개발하여, 미측의 C4I와 연동을 목표로 추진하고 있다. 이러한 전구 C4I 체계 하의 육·해·공군의 지휘통신의 상호운용성은 신중한 결심과 신속한 행동을 위해 필요한 사항이다.

6. 부대구조

새로운 연합방위체제는 전략적인 수준에서 기존의 SCM, MCM 등 전략대화체제를 그대로 유지하면서 한·미 군사위원회MC의 전략지시를 받아 한국 합참이 한국군을 작전통제하는 체제로 긴밀하고도 강력한 협조체계를 유지하는 체제이다. 이러한 주도-지원의 관계를 보장하기 위해 전제대-전기능별 강력한 군사협조기구를 편성함으로써 지속적인 작전협조를 보장하게 된다. 아울러 한국 작전사와 美 구성군사 간에는 전투참모단·협조반 등의 협조기구들을 통해 노력이 통합되도록 시스템을 구축하게 된다. 특히 공군의 경우 연합공군사령부CAC : Combined Air Command를 설치해 한·미 공중작전을 통합 운용하게 된다. CAC를 통해 미국의 최첨단 항공우주전력을 포함, 한·미 항공우주전력이 중앙집권적으로 통합 운용됨으로써 전쟁억제, 억제실패 시 전승 보장의 핵심적 역할을 수행하게 될 것이다. 그러나 이러한 지휘체계가 목표로 하는 한미 간의 주도-지원의 관계는 유사시 어떠한 SOP로 유기적 결합을 이룰 것인가는 언뜻 눈에 그려지지 않는다. 물론 시뮬레이션을 통해 최적의 상황을 도출하겠지만, 주도와 지원의 문제는 계획대로 이루어지는 것이 아니므로, 충돌의 가능성이 내재되어 있다. 오히려 주도와 지원을 따라 상정하는 그것도 국가이익이 다른 두 국가의 문제라면 작전에 혼란만 가중되지 않을까 우려된다.

7. 교육 및 훈련

가. 연합훈련

전작권 전환연기로 인해 양국군의 군사협조체계 구축 일정도 수정될 전망이다. 양국은 원활한 군사협조를 위해 동맹군사협조본부, 연합공군사령부, 연합 징후 및 정보운영본부, 연합작전협조단, 통합기획참모단, 연합군수협조본부, 연합 C4I(지휘통제체계) 협조반, 다국적협조본부, 연합모델 및 시뮬레이션 협조본부, 합동 전장戰場협조단 등 연합 협조기구를 만들 계획이며, 현행 연합사 작전계획인 '작계 5027'을 대신해 수립되고 있는 신新작전계획(작계 2015)도 보완된다. 한미는 2012년까지 작계 5027을 적용해 연합훈련을 하되, 오는 2013년부터 새로운 작계를 적용한 연합훈련을 할 계획이다. 군은 오는 2013년부터 한·미 연합훈련을 전시작전통제권(전작권) 전환 체제를 적용해 진행하는 방안을 검토 중인 것으로 알려졌다. 군은 애초 올해까지 연합훈련을 통해 전작권 전환 준비상태를 평가하기 위한 기본운용능력IOC을 점검한 뒤 내년 봄과 가을에 완전운용능력FOC을 검증하고 2012년 4월 이전에 최종 검증하는 계획을 마련했었다.[14]

나. 인재의 적재적소배치

전작권 전환 추진단이 합참에 존재한다. 그리고 합참의 능력이 과연 한미 연합방위체제를 지휘 통제할 수 있을 정도의 능력이 되는가에 대해 우선 의문을 가지고 접근해야 한다. 합참의 역할은 명실상부 한국의 육해공을 작전 통제하고, 미군의 지원을 한국의 요구에 맞게 요구하고 협상하는 역할을 맡아야 할 것이다. 그러나 현재 합참의 인적구조는 야전 작전이 대부분을 차지하고 있다. 전작권 전환 이후 합동참모본부의 역할에 대해 생각하고, 이를 구현하기 위해서 인적 풀을 어떻게 양성할 것이며, 배치할 것이고, 배치 후에 어떠한 교육체계를 적용해야 할 것인가에 대해 고민해야 할 것이다. 결국 사람의 문제이다. 삼군사관학교 통합문제, 각 군 대학 통합교육문제, 합동참모본부의 확대된 기능과 역할에 부합하는 인적 풀 양성과 획득이 절실하다. 현재 군사영어반의 실태파악을 통해 합동참모본부 선발자들 대상으로 미국 DLI 파견의 타당성을 검토해야 할 것이다.(일부 교관요원만이 교육의 기회를 가지고 있음) 이는 어학능력뿐 아니라, 한·미 인적네트워크 형성에도 큰 도움이 된다.

다. 특수부대의 전문화

일례로, 현재 특전사의 교육훈련은 소총부대 또는 수색부대의 약간의 수정본이라 해도 과언이 아니다. 특전사 교육훈련은 임무에 맞는 교육훈련과제의 염출이 필요하다. 또한 평가제도도 실전적으로 대폭 수정해야 할 것이다. 부대 훈련평가도 여단 내 평가가 아닌, 사령부 전체 여단의 쌍방훈련평

---

14. "한미 연합훈련, 2013년부터 전작권 대비체제로," 연합뉴스(2010. 7. 14)

가로 전환되어야 할 것이며, 이에 따라 수도권 지역 특전사령부의 팀 내 부사관의 연령도 재고해야 할 것이다.

라. 동원자원의 실전적 관리

국방부는 동원체제의 혁신적 개선을 위해 많은 노력을 하고 있다. 현대전은 국가의 모든 인적·물적 자원을 최대한 활용하여 수행하는 국가 총력전이다. 국가 가용자원을 전시에 효율적으로 동원하기 위해 국방동원정보화 체계를 개발·운용하여 동원물자를 체계적으로 전산화하고 있으며, 또한 전방사단에서 대량 손실 발생 시 병력+장비·물자+훈련 등을 package화 한 정밀보충대대를 창설하여 적기에 대대 단위로 보충함으로써 전방전투부대의 전투역량을 지속적으로 유지토록 개선하고 있다. 특히, 유사시 연합전시증원계획에 차질이 생길 경우나, 상비전력의 부족으로 인한 적시의 동원전력 보강은 전쟁의 승리를 결정짓는 요소이다. 이는 동원전력의 전투능력수준의 유지가 무엇보다도 중요한 이유이다. 따라서 동원체제와 현역체제와의 유기적 결합과 실전과 같은 동원훈련프로그램이 보장되어야 한다.

8. 전략적 유연성 문제에 대한 한·미 합의가 필요

전작권 전환으로 인해 '한국군 주도–미군 지원' 원칙이 실현되었을 때, 주한미군에게 생길 가장 큰 변화는 임무수행을 위한 차출범위의 전지구화 내지 전 지역화라고 할 수 있다. 소위 말하는 전략적 유연성을 의미하는 것이다. 비록 2006년 1월 19일 워싱턴에서 열린 제1차 '한미 장관급 전략대회'에서 양국의 외무장관들이 표현상 타협점을 찾아 합의함으로써 논란은 많이 수그러들었지만, 아직까지도 완전한 의견일치를 보지 못했다. 여전히 주한미군의 입·출입의 가능성을 열어두고 있는 상황이다. 한반도 이외의 지역에서의 분쟁발생 시의 한미 간의 작전통제권 설정문제. 전작권 전환, 전략적 유연성 패키지이다. 함께 해결해야 한다. 한국군의 전작권 단독행사를 위해서는 원활한 연합작전수행체제와 작전수행능력에 대비해야 한다. 한·미 간 포괄적 전략동맹과 관련해서 미국이 전략적 유연성 보장을 요구해 올 가능성에도 대비해야 하고, 유사시에 필요한 독자적 방위역량을 구비해 나가야 한다.[15]

9. 북한의 불안정사태에 대한 대응계획

한·미 양국이 지난 8일 발표한 제42차 한미안보협의회SCM 공동성명에 북한의 급변사태를 의미하는 '불안정 사태'라는 문구를 처음 명기한 가운데 군 당국도 북한 급변사태 시 발생할 대규모 탈북 난민을 단계적으로 수용하는 계획을 준비 중인 것으로 확인됐다. 국방부는 국회 국방위 소속 한나라당 김옥이 의원에게 제출한 자료에서 "대규모 탈북 난민 발생 시 정부기관 통제하에 조직적인 대응이 시행된다"며 "군은 탈북 난민을 임시로 수용·보호하고 정부기관으로 안전하게 인도하는 계획을 준비 중"이라고 밝혔다. 군은 이 계획을 '홍익 계획'으로 명명됐다. 휴전선 인근의 임시집결지 수용(1단계), 군 난민보호소 이송(2단계), 정부 난민수용소 이송(3단계) 등 3단계로 난민을 수용해 보호한다는 게 골자다. 급변사태 시 우리 군은 서울과 신의주를 잇는 북한의 1번 국도, 원산과 남측 동해안을 잇는 북한의 7번 국도, 경의선 등을 통해 탈북자들의 이동을 유도한다는 것이다.[16] 북한의 불안정사태로 인한 난민수용계획 뿐 아니라, 통일과정에서 발생 가능한 사태계획(특히, 한국군의 북한지역 전력투사 가능성 등)을 수립해야 할 것이다.

15. 윤정원 · 한석표, "주한미군의 전략적 유연성과 우리의 정책추진 방향", 『정책연구』(2008 겨울)
16. '북 급변 때 휴전선 인근에 탈북난민 수용소' 중앙일보(2010. 10. 13.)

V. 결론

지금까지 전작권 전환에 대비한 우리 군의 당면과제에 대해 간략히 서술해보았다. 현재 진행 중인 전작권 추진 계획의 내용은 극비사항이므로 어느 정도까지 진척되었는지는 알 수 없지만, 최근 장광일 정책실장의 말을 빌리면 65% 정도의 진행 상태를 보이고 있다. 전작권 전환연기 합의 후 게이츠 장관은 42차 SCM 공동성명을 통해 미합중국은 대한민국이 완전한 자주 방위역량을 갖출 때까지 구체적이고 상당한 보완능력을 계속 제공할 것임을 재확인하고, 동맹이 지속되는 동안 미 측의 지속능력을 제공한다는 미합중국의 공약도 확인하였다. 3년 7개월이라는 시간을 벌었지만, 남은 5년의 시간은 한국군의 능력이 유사시 주도적인 역할을 할 수 있는 수준이 되기에는 그리 여유로워 보이지 않는다. 한미 간에 주어진 시간 동안, 목표를 달성하기 위해서는 다음의 요건이 동시에 충족되어야 할 것이다. 첫째, 국방예산의 지속적인 확보이다. 전작권을 전환하는 과정에서 한국군의 능력은 미국의 역할을 대신할 수 있을 정도의 수준이 되어야 한다. 이는 유형의 전력뿐만 아니라 유형의 전력도 매우 중요하다. 이를 뒷받침하기 위해서는 지속적인 예산확보가 중요하다. 둘째, 국민의 지지 확보이다. 전작권 전환 연기논의에서도 보다시피, 갈라진 민심을 통합할 수 있는 명확한 안보 비전을 제시해야 한다. 지금이 대국민 지지확보를 위한 환골탈태를 할 때이다. 셋째, 전작권 전환과정에서의 효율성과 투명성 재고를 위한 국내외 민간·안보 전문가로 구성된 자문기관과 같은 제도적 장치가 보완되어야 한다. 마지막으로 한국의 특수성에 맞는 맞춤형 준비가 이루어져야 할 것이다. SA-2015를 통한 전작권 전환계획이 계획대로 그리고 양국의 최초 의도대로 진행되길 간절히 바란다.

참고문헌

1. 단행본

김일영, 『건국과 부국』(서울: 생각의 나무, 2004)

김일영·조성열, 『주한미군: 역사, 쟁점, 전망』(서울: 한울아카데미, 2003)

류병현, 『한미동맹과 작전통제권』(서울: 안보복지대학, 2007)

임종국, 『연합작전』(서울: 합동참모대학, 2001)

조성훈, 『한미군사관계의 형성과 발전』(서울: 국방부 군사편찬연구소, 2008)

차상철, 『한미동맹 50년』(서울: 생각의 나무, 2004)

한국국방안보포럼(編), 『전시작전통제권 오해와 진실』(서울: 플래닛 미디어, 2007)

2. 논문

국방부, 「국방백서 2006」(서울: 국방부, 2007), 「한미동맹과 주한미군」, (서울: 국방부, 2004)

김강녕, '한·미, 전작권 전환 시기 연기 국방비 증가 감수해야,' 『통일한국』, 통권 제320호(2010. 8.)

김영호, '전작권 전환과 동북아 안보,' 「국회 안보와 동맹 연구포럼」 주최, '북한 핵과 전작권 이양, 그 쟁점과 대책'(2007. 4. 19.) 발표문

송대성, '전시작전통제권 전환의 문제점과 대책,' 「국회 안보와 동맹 연구포럼」 주최, '북한 핵과 전작권 이양, 그 쟁점과 대책'(2007. 4. 19) 발표문

윤정원 · 한석표, '주한미군의 전략적 유연성과 우리의 정책추진 방향,' 『정책연구』(2008 겨울)

정경영, '전시작전통제권 전환 재검토해야 하나,' KDR(군사세계) 2010. 4,

합동참모본부, 「전작권 전환 추진 소개 교육자료」 (2009. 1)

3. 신문

'전작권 전환 2015년 12월로 연기' 동아일보(2010. 6. 28.)

'전작권 전환핵심은 한미연합사 해체,' 매일경제(2010. 6. 27.)

'북 급변 때 휴전선 인근에 탈북난민 수용소,' 중앙일보(2010. 10. 13.)

중앙일보 특별취재팀, '군 개혁 10년 프로그램 짜자 〈2부 해외 사례〉 ① 현대전은 합동성이 좌우 – 한국 언론 최초 미국 합동전력사령부를 가다,' 중앙일보(2010. 10. 20.)

중앙일보 특별취재팀, '미군 합동전력사령부를 가보니,' 중앙일보 (2010. 10. 20.)

'한미 연합훈련, 2013년부터 전작권 대비체제로,' 연합뉴스(2010. 7. 14.)

'한·미 '전략동맹 2015' 무엇을 담나,' 연합뉴스(2010. 7. 22.)

4. 인터넷 자료

18대 국회 국방위 국정감사회의록(http://likms.assembly.go.kr/record/index.html)

국방부 (www.mnd.go.kr)

효율적인 국가위기관리를 위한 부분동원제도 발전에 관한 연구

충남대학교 군사학과 **송 승 준**

제1장. 서론

본 연구의 목적은 2011. 7. 1. 부로 제정된 부분동원제도(평시법)에 대한 보완요소를 제시하는 데 있다. 부분동원제도는 동원 관련 직위 종사자의 전시대비 국가위기관리 차원에서 실질적인 동원속도의 보장을 위해서 요망했던 과제이며, 우발 상황 시 국가총동원령 발령의 지연을 방지하기 위한 제도적 장치로서 매우 중요한 사안이었다. 이것은 국방개혁과 더불어 평시부터 국민에게 적용할 수 있는 동원기본법 제정과 부분동원제도의 반영이 필요하였다. 그러나 동원기본법(안)은 보류되었고, 전시법안으로 부분동원법으로 제정될 예정이며, 국방부는 통합방위법에도 역시 이 부분동원 개념이 포함되는 것을 검토하고 있다. 이 부분동원은 대통령의 동원에 대한 결심지연을 방지하고, 국가의 재정적 부담을 경감하면서 군이 작전을 수행하기 원활하도록 한다는 측면에서 향후 매우 유용하다. 그러나 여기에 국방개혁과 더불어 추가적으로 필요한 것은 부분동원의 대상을 기술적으로 조정하여 평시부터 후방지역 부대의 기동타격능력을 좀 더 확장할 필요가 있다는 점이다. 그러므로 부분동원제도의 적용범위를 대상별, 지역별 개념에서 시간제 개념이 추가되고 있다. 이 시간제 개념을 확장하면서 충무3종으로 국한하지 말고 그 이전에도 적용이 가능한 시간제 개념으로 확장하여야 할 필요성을 제시하고자 한다.

연구범위는 외국의 부분동원제도에 대한 고찰과 부분동원제도의 추진방향, 국방개혁 시 변화되는 동원조직의 변화, 그리고 후방지역 작전 시 필요한 기동타격능력의 확충방안에 대한 연구로 설정하였다. 연구방법은 선행연구에서 제시된 동원기본법(안) 및 부분동원제도 제정에 관한 연구결과, 외국의 동원제도 등에 대한 관련 자료를 수집하여 우리의 제도와 정책방향에 대해 비교분석하였다.

제2장. 이론적 고찰 및 관련된 사실

제1절. 위기관리 이론

1. 위기관리란?

위기란 갈등의 현상에서 일어나는 것을 말하며, 갈등이란 어떤 동기나 목표를 충족시키는 데 필요한 구체적인 반응이며, 하나의 동기나 목표를 충족시키기 위한 반응과 양립 또는 조화될 수 없는 경우 발생한다. 따라서 갈등의 개념은 국가, 사회 그리고 조직과 같은 개념과 밀접한 관계가 있으며, 인간의 사회생활을 이해함에 있어서 통합의 개념과 상대되는 개념이다. 그러므로 행위자들이 추구하는 목표들이 양립이 불가능하다고 인식하기 시작하면서 위기는 시작된다.

이러한 위기를 해결하기 위해 적절한 협상의 방법을 찾거나 스스로 판단하여 행동전략을 선택하게 되는데 이것을 쉐링Thomas C. Schelling은 게임이론으로 설명한다.

2. 위기의 어원과 정의

위기란 분리를 의미하는 Krinein이라는 그리스어에서 유래한 것이며 전통적인 의학용법에서는 위기란, 그 결과가 회복되느냐 혹은 죽느냐를 시사하는 병상의 변화를 의미한다.[1] 또한, 위기란 적대행위 가능성이 현저하게 증가되고, 반응할 시간이 짧은 가운데, 중대한 목표나 가치가 심각한 위협을 받고 있다는 사실을 정책 결정자들의 마음속에 불러일으키는 국제적 혹은 국내적 환경의 변화 때문에 생긴 것이라고 말할 수 있다. 위기에 대한 정의는 다양하다. 대표적인 학자들을 소개하면 다음과 같다. 허만은 위기를 의사결정 단위의 최우선 목표가 위협을 받고 있고, 반응을 취하는 데 소요되는 시간이 제한되어 있으며, 정책결정자들이 전혀 예기치 못한 상황이라고 정의하고 있다. 한편 스나이더는 국제위기는 전쟁까지는 미치지 않았으나 전쟁위기 일촉즉발의 감지를 포함한 심한 갈등 속에서 2개 혹은 그 이상의 주권국가 정부 간 일련의 상호작용이라고 정의하고 있다.[2] 위기관리는 전시대비와 평시대비 위기관리로 구분한다. 전시대비는 전통적인 군사안보에 대한 위기관리 체제를 말하는 것이고, 평시대비는 침투 및 국지도발과 재해재난을 말하는 것이다. 우리나라는 헌법 제 76조와 77조에 이러한 위기관리에 관한 사항이 언급되어 있다. 헌법 76조 1항에는 내우외환 천재지변 또는 중대한 재정 경제상의 위기조치에 관하여 다루고 있고 2항에는 국가의 안위에 관계되는 중대한 교전상태에 있어서 국가를 보위하기 위한 긴급 조치를 반영하고 있다. 77조 1항에는 전시 사변 또는 이에 준하는 국가비상사태에 있어서 병력으로서 군사상의 필요에 응하거나 공공의 안녕 질서를 유지할 필요가 있을 때 계엄선포에 관한 사항을 다루고 있다.

---

1. 조영갑, 『한국위기관리이론』(팔복원, 1995), p.274.
2. 상게서, p.275.

3. 전시대비 위기관리 제도(동원분야)

우리나라는 헌법 76조 2항과 대통령훈령 284호(국가전쟁지도지침)에 의하여 긴급명령을 발하게 된다. 이것은 각급 행정기관에 영향을 미치게 된다. 이 긴급명령이 발령되면 이를 기초로 국가동원을 위해서 '전시자원동원에관한 법률(안)'을 국회에 상정하고 각급 행정기관은 동원령을 발령한다. 만약에 국회에서 동의하지 않으면 동원령을 해제하여야 한다. 전시 동원령이 하달되면 각급 정부기관은 군에 필요한 동원소요를 기준으로 동원집행을 한다. 북괴군과 대치하고 있는 한국으로서는 전쟁초기부터 적의 기습을 방지하고 적과 싸워서 승리를 쟁취하기 위해서는 평시부터 북괴군에 상응하는 상비전력을 확보해야 한다. 그러나 이러한 상비군을 유지하기 위해서는 많은 경제적 비용이 들기 때문에 상비군 병력규모를 정함에 있어서 전시편성을 규모를 정하고 평시에는 규모를 감소시켜 운영하고 있다. 이러한 안보 환경하에서 감소시킨 만큼 신속히 부족한 자원을 동원해서 충원시켜주어야 야전부대 지휘관은 적과 싸울 수 있게 된다. 이를 보장하기 위해서 우리나라는 1965년에 동원제도를 정립하여 초기(긴급)단계 동원과 정상단계 동원(현재는 정상동원의 단계를 지속단계로 용어를 수정하였음)으로 구분하여 시행하고 있다. 이러한 동원병력을 보다 신속히, 정예자원으로 충원시키기 위해서 병역법, 비상대비자원관리법, 전시자원동원에 관한 법률(안), 대통령 훈령 284호 '국가전쟁지도지침', 충무계획 등 법과 제도를 마련하고 조직을 편성하고 관리하며, 훈련 등을 실시하고 있는 것이다.

4. 평시대비 위기관리 제도(동원분야)

한국전쟁 이후 남한에는 수차례의 무장공비가 침투하여 남한을 혼란스럽게 하였다. 이에 1968년 4월 1일부 향토예비군 설치법을 만들어 향토 단위로 '내 고향은 내가 지킨다'는 개념하에 향토예비군 부대를 편성하여 운영하고 있다. 향토예비군은 읍·면·동단위로 예비군 중대를 두고, 시·군·구 단위로 향토 방위를 담당하는 현역대대(예비군지휘관리 대대)를, 시·도 단위로 수임군부대를 두고 있으며, 전방지역은 군단을 수임군부대로 지정하여 운영하고 있다. 또한 향토예비군은 향토예비군설치법에 의하여 의무복무를 마치고 전역 이후 익년 1.1.부터 8년 차까지 예비군으로 편성하여 확보하고 있다. 이들은 지역 및 직장예비군 부대로 편성된다. 향토예비군의 임무는 책임지역에 침투한 적 무장공비 등을 소탕하는 것이 주 임무이면서, 재해재난 발생 시 지역 민방위를 지원하는 것으로 설정하고 있다.

5. 위기관리 관련법령(동원분야)

우리나라의 국가위기관리를 위한 동원분야의 개념은 군사적인 부분과 비군사적인 부분(재난 지원 등)에 대한 동원·운영과 향토예비군의 동원·운영으로 구분된다. 이를 위하여 국가의 전시 위기관리 조직과 평시 위기관리 조직, 병역법, 향토예비군설치법, 계엄법, 징발법, 통합 방위법, 재난관리에 관한 법률, 비상대비자원관리법, 전시자원동원에관한 법률(안) 등이 제정되어 있다. 그러나 동원기본법은 제정되어 있지 않다. 우리나라는 전통적인 위기관리관련 법령에 의하여 운용되는 작전가용요소가 다르다.

〈표 1〉 위기관리의 적용(법과 령의 차이점)

대통령 훈령28호			통합방위법	국제법(한·미방위조약), 전자법(안)/긴급명령 등
훈령 수준(정부기관만 해당)			법령 수준(국민까지 확대)	
경계태세(진도개)			통합방위사태	방어준비태세,
1	2	3	병종, 을종, 갑종	DEF-3, 2, 1, 충무-3, 2, 1
군, 경, 관 등 각급행정기관 행동 강요 → (계속)				
향방동원(의명)			〈국민의 행동 강요〉 민방위 및 예비군동원(병력동원+향방동원)	

대통령 훈령은 각급 행정기관에 영향을 미치는 것으로 이들의 행동을 통제한다. 경계태세의 발령은 군부대장과 경찰서장이 소정의 요건을 갖추었을 때 발령할 수 있다. 그러므로 군·경의 작전요소가 주로 가동된다.

여기에 향방예비군은 의명 동원사항으로 합참예규를 변경하였고 대통령 훈령에 부록으로 있었던 내용들을 삭제하였다. 통합방위사태가 발령되기 위해서는 군부대장의 건의하에서 지방자치단체에서 의회심의를 거쳐서 자치단체장이 발령한다. 이때 방위지원본부가 구성되며 통합방위 작전가용요소에 대한 지원의 문제는 자치단체의 조례에 의하여 결정하여 시행된다. 연합작전의 측면에서 보면 한국군과 정부 등에 의해 진행되는 '경계태세'나 '통합방위사태'는 전시 방어준비태세 '3, 2, 1'의 단계가 아닌 '靜戰時'로 보는 것이다. 방어준비태세가 발령되면 우리는 '국가전쟁지도지침서'에 의하여 '충무사태'로 전환된다.

전시의 전통적인 위기관리를 위해서는 다음과 같이 국민에게 행동을 강요하느냐 아니냐를 다루는 '국가전쟁지도지침', '전시자원동원에관한법률', '충무사태 선포', '동원령 발령' 등의 법과 령의 구분에서부터 준비냐, 집행이냐 하는 측면으로 갈라진다. 이러한 절차에 의하여 한국의 전통적인 위기관리가 이루어지고 있다.

동원에 있어서는 향방동원과 전시동원의 개념이 정립되어 있다. 여기에 국가총동원령 발령 시 경제적 손실이나 국민적 혼란을 고려하게 되므로 대통령의 결심지연이라는 우려 요소가 내재되어 있으며, 동시에 조기에 동원을 하게 되면 국가경제손실이 크므로 적시성을 찾는다는 것은 매우 어렵다. 그렇기 때문에 선행연구가들은 평시부터 동원기본법 제정과 여기에 부분동원제도를 반영하기 위해 집요하게 주장해 왔던 것이다.

제3장. 국방개혁 시 동원제도 변화의 문제점 분석

제1절. 상비군과 예비군의 규모 동반축소

우리나라의 전통적인 전시대비 위기관리 개념은 '병농일치 사상'을 근간으로 하고 있다. 인구가 주변 중국에 비하여 많지 않았던 우리나라는 '평시에는 농사를 짓다가 유사시 군사를 일으켜 전쟁을 수행하는 개념'의 동원제도를 발전시켜 왔다. 북괴군은 평시 119만 명(2010 국방백서, p.271)이며, 유사시에는 165만 명으로 확장된다. 그러나 국방개혁은 2020년에 51.7만 명을 평시병력으로 하고, 전시편성 병력규모에는 국회나 국방부, 합참에서 아직 공개된 자료는 없다. 그러나 어떠한 이유에서든 2010년 현재 전시병력을 2005년 대비 이십만여 명을 감축시키고 있다. 이것은 정부의 동원계획과 군수의 비축계획 등을 변화시킨다.

한편, 국방부는 2005년 국방개혁기본법[3]을 제정하여 기술집약적 군으로 개편을 추진하고 있다. 이때 상비군과 예비군의 규모를 축소한다. 상비군은 전방위주로 배치되고 전방에 배치된 부대는 부대증편이 없이 대부분 전시편성으로 유지하게 된다. 반면에 육군정원(군인, 군무원)은 전방부대 위주로 최대한 상비군을 할당하여 전시편성을 유지하여야 하므로 후방부대에서는 오히려 상비군(군인, 군무원)을 축소하게 된다. 따라서 후방의 예비군을 관리하는 상비군 부대인 '향토사단 예하 보병대대'와 '관리대대'는 해체되고 이를 예비역으로 대체하게 된다.

---

3. 국방개혁 기본법: 2006.12.1 국회에서 제정된 법률의 정식명칭은 국방개혁에 관한 법률'임. 포함된 주요내용은 국방개혁위원회 구성 및 기능, 문민기반의 확대와 국방인력운용구조 발전, 군 구조 개편과 전력체계의 균형발전, 병영문화 개선 및 발전 등에 관하여 언급하고 있다.

여기에는 많은 문제점이 야기된다. 향방대대 편성 시 평시부터 유사시 부대를 증편하여 전투력 발휘가 가능하도록 하기 위해서는 최소의 기간요원(현역)이나 계약직 예비군part-time job, full-time job을 운영해야 한다. 그러나 만약에 여기에 국방경영의 논리나 국방정원의 논리(확대를 의미함)에 의하여 적절한 자원확보와 운영이 이루어지지 않는다면, 실질적으로 전투력 발휘가 곤란하고 수임군부대장이 작전임무수행이 불가능하다.

어쨌든 전통적으로 '상비군을 확장하면 예비군을 감축하고' '상비군을 축소하면 예비군을 늘리는 것'이 전통적인 위기관리의 개념이었다. 그러나 국방개혁은 이러한 개념을 획기적으로 변경하고 있는 것이다. '상비군의 병력도 축소'하고, '예비군의 규모도 축소'하는 개념으로 기존의 전통적인 개념과는 정반대로 정립하고 있는 것이다. 이것은 기술집약적인 기술군이 구축되어 을지문덕이나 강감찬 같은 군사적 천재가 등장하여 극히 소수의 병력으로 북괴군의 대병군을 승리하라고 하는 것과 마찬가지다. 병서에도 적은 병력을 가지고 곱절이 넘는 적 부대를 격멸한 예는 많이 있다. 그러나 전쟁에서의 승리의 확률을 논할 때는 어느 정도의 '수적 균형'을 언급하지 않을 수 없다는 점은 매우 당연하다. 그러므로 국방부개혁실이나 국방부 혹은 합동참모본부에서는 만약에 군 구조 개편 후 기술집약적인 첨단무기체계가 북한과 비교해 볼 때 '상대적 전투력지수의 우위달성이 가능하다'고 판단했다면, 클라우제비츠의 전쟁론에서 제시된 '수적우위의 개념'을 압도할 만한 명확한 근거들이 설득력 있게 제시되어야 한다.

제2절. 동원자원 정예화와 동원속도 보장 미흡

국방개혁은 동원조직의 변화를 필요로 하고 동원조직에 다음과 같은 사항을 요구한다. 첫째, 전시 증·창설, 향방작전에 소요되는 동원자원의 질을 기술군技術軍 시대의 상비군常備軍 수준으로 제고하여야 한다. 상비군은 고도화된 기술군인데 유사시 부대확장部隊擴張[4]이나 손실보충損失補充[5]을 위하여 동원되는 병력은 상비군 대비 낮은 수준의 훈련(主特技訓練, 戰術訓練) 수준을 유지해서는 안 된다. 그러므로 유사시 동원하여 상비군의 부대로 임무를 수행할 때, 상비군 수준의 전투능력이 발휘될 수 있도록 병력은 상비군 수준으로 훈련되어야 하며, 장비·물자 역시 '기술집약적軍'의 임무를 완수하기 위해서 상비군 수준으로 첨단장비로 무장해야 한다. 그래서 이러한 전시 증·창설부대는 상비군 수준으로 훈련되어야 하며, 무기·물자는 비축되어야 하는 것이다.

이것이 의미하는 것은 다음과 같이 네 가지로 정리된다. 첫째, 병력면에서는 상비군 수준의 '동원예비군 정예화'라는 것을 의미하며, 둘째, 상비군 수준의 무기·물자의 비축을 의미한다. 비축으로 운영하지 못할 경우에는 상비군 이상의 무기체계나 물자를 동원 지정하여 운용하도록 해야 한다는 것이다. 셋째, 병력이나 무기·물자의 동원 속도가 군의 규모를 축소하기 이전보다 훨씬 더 중요하게 되므로 동원 속도의 보장을 위한 법적, 제도적 정비가 요구된다. 이러한 것은 총체적으로 인사, 작전, 교훈, 군수, 동원적인 측면을 모두 망라하여 입체적으로 이루어져야 하나 그러지 못하고 있는 현실을 부인할 수 없다. 예를 들면 동원보충부대의 치장물자의 수준과 첨단무기로 무장 여부가 불투명하고, 동원지정자원의 인도인접 시 능력 발휘가 가능하도록 하는 동원훈련 시간도 제병협동·합동훈련이 가능한 수준으로 확장이 필요하다. 현재 2박 3일에서 향후 1주일 정도로의 단계별 훈련 기간확장은 부대전술훈련 완성이라는 목표달성을 위해서 매우 미흡하다. 넷째 동

---

4. 부대확장은 부대증설과 창설을 의미하는 것으로 부대 증설은 평시 적은 규모의 상비군으로 부대를 관리하다, 유사시 동원하여 이를 충원하는 것을 말하며, 부대창설은 전시에 병력을 동원하여 창설하는 것으로서 상비군에게 창설임무를 부여하거나 상비군의 일부를 창설부대로 전환하여 전환병력으로 하여금 부대를 창설하는 것을 말한다.

5. 손실보충은 전투시 발생하는 손실로 인하여 부족한 병력이나 물자를 보충하는 것을 말한다.

원속도의 차원에서 동원령이 발령되면 신속하게 부대 증·창설이 이루어져야 하며, 이것은 기존의 군 규모 축소 이전보다 더욱 중요하다 할 것이다. 그러므로 동원 이후 즉각 전투력 발휘가 가능하도록 하기 위해서 필요한 제반 모든 조치가 강화되어야 한다. 이러한 관점에서 부분동원제도는 충무 3종 이후에 인원동원과 물자동원을 제한적으로나마 실시할 수 있도록 법을 제정하는 것이므로 획기적인 사항이 아닐 수 없다. 이것은 동원령 발령의 지연을 방지할 수 있으며, 동원령 발령에 따른 국가 경제적 부담도 감소시킬 수 있다는 측면에서 매우 긍정적이다. 반면에 동원속도를 실질적으로 보장하기 위한 동원터미널 제도 등 시스템적인 측면과 국민의 동원에 적극적으로 응해야 한다는 정신자세 즉, 정신동원 면에서 보완대책이 시급하다.

제3절. 후방지역 기동타격능력 확보 미흡

후방지역작전의 기본은 원점에서 초기격멸이 가장 중요하다. 그렇기 때문에 분권화 작전이 중요하다. 이를 위한 기동타격능력의 확보가 매우 중요하다. 그러나 국방개혁은 이 문제를 다음과 같이 간과하고 있다. 첫째, 향방동원에 있어서 향방예비군의 동원은 초기 향방동원발령 후 6시간이 지나서 부대가 편성되도록 되어 있다. 이 6시간 동안에 원점에서 적을 봉쇄하고 초기격멸을 해야 향후 향방동원의 범위가 확대되지 않기 때문에 국가적 차원에서 경제적이다. 그러므로 초기작전 수행을 위한 병력이 절실히 필요한 것 또한 사실이다. 그러나 향방대대의 편성은 근본적으로 상기와 같은 6시간 이후 동원된다는 제한점을 가지고 있다. 따라서 이를 어떠한 방법으로 해결할 것인가 하는 문제가 심각히 논의되어야 한다. 물론 현재 현역대대를 그대로 유지시키는 방법은 향방대대의 편성보다 효율적인 방법일 것이다. 그러나 현역대대를 편성 유지하기 위해서 소요되는 현역 정원의 확보가 1년 이상 진척되지 않고 있는 것을 볼 때, 향방대대 편성을 재고해 보지 않을 수 없다. 만약 향방대대를 다시 편성하는 것으로 검토된다면 앞에서 거론된 6시간 이전에 향방대대를 편성하여 운용할 법적, 제도적 장치가 강구되어야 한다.

둘째, 후방지역에서 대규모 적 게릴라 등과 소요 등이 혼합된 상황이 발생할 때 수임군부대장에게는 기동타격 임무를 수행할 정예화된 부대가 필요로 하게 된다. 전장 상황을 고려할 때 특수전 부대나 보병사단 등을 후방에 운용할 수 있겠지만 이것은 6·25 전쟁당시의 모습과 같이 전투력의 분산현상이 발생하게 되어 전방전투력 집중에 문제를 야기하게 된다. 따라서 동원보충 부대나 안정지원사단 등을 조기에 창설하여 후방지역작전에 활용할 수 있는 장치가 필요하다. 현재는 정원의 개념에 의거 현역부대를 해체·축소하여 유지하거나, 혹은 향방대대를 편성하는 개념만이 있을 뿐이므로 대규모의 게릴라의 침투활동이 발생하였을 경우 실질적인 후방지역작전의 기동타격 작전능력을 확보할 수 있는 법적, 제도적 장치를 강구해야 할 것이다.

제4절. 동원조직의 정예자원 확보대책 미흡

국방사상적 관점(양병)에서 동원조직의 전문화는 매우 중요하다. 그러므로 군구조 개편과 더불어 동원조직의 변화가 심하기 때문에 그 전문성을 보장하는 대책이 강구되어야 하며 다음과 같은 문제들을 해결해야 한다.

첫째, 후방지역의 동원전력관리動員戰力管理나 훈련訓練을 위하여 편성되었던 상비군이 해체解體되거나 축소縮小되므로 이 역할을 대신할 전문요원專門要員이 소요所要된다. 이러한 국방개혁에 따라 동원환경의 변화에 능동적으로 대처하기 위해서 평시부터 예비역을 고용하여 동원전력관리 및 훈련을 전담하도록 하고, 전시 창설부대 및 손실보충을 위한 부대보충부대와 향방예비군부대의 창설 모체요원(지휘 · 참모, 핵심특기병)으로 활용하여야 한다.

둘째, 향토사단 연대 및 대대에 편성되어 있던 현역 동원실무요원은 행정기관 실무요원과 더불어 국가 및 군사동원의 말단 집행조직이다. 이들은 인적·물적 동원을 실시하기 위해 평시부터 유관 행정기관과 유기적으로 협조하고, 병력과 물자 등의 자원을 확인하는 각종 '날' 등의 행사를 통하여 행정기관이나 동원업체에게 사용자使用者=軍 입장을 제시한다. 또한 병무청과 협조하여 정예자원을 확인하고, 미흡할 경우는 '대체동원지정代替動員指定자'를 발굴하여 조정해 왔다. 이러한 현 동원집행체제는 많은 문제점을 안고 있었다. 그럼에도 불구하고 근근이 유지해 오던 대대급 군 동원집행조직이 국방개혁 시 상비군 규모 축소에 의하여 없어지게 되므로, 이를 대신할 대체 동원전문인력 확보가 시급한 것이다.

셋째, 수임군부대의 상비군 보병대대·관리대대·경비연대가 중심이 되어 실시하던 민·관·군 통합방위체제도 관련 상비군 보병대대·관리대대가 해체되므로 이를 대신할 새로운 부대가 필요하다. 따라서 상비군의 축소는 이러한 임무를 수행할 상비군이 아닌 대체조직이 요구되는 것이며, 이러한 직위는 복합적인 군사지식과 관련 전문성 그리고 지휘리더십 등의 전문성이 구비되어야 임무를 수행할 수 있다. 그러므로 가용 전문인력 범위에 예비역을 포함시키고 적극 활용하여야 동원전력을 극대화할 수 있다.

제4장. 외국의 동원·부분동원제도 분석

제1절. 독일의 동원 및 부부동원제도

1. 독일의 병역제도[6]

독일의 병역제도는 국민개병제(징병제)와 임기 복무제 직업군인 모병제를 혼합하여 적용하고 있다. 예비군은 약 39만 명으로 지정예비군(대기, 준비, 보충

6. 국방부, 『외국의 동원제도』, (서울: 국방부, 2003.11.24), pp.115~117.

예비군)과 미지정 예비군으로 구분한다. 훈련은 예비군 복무기간 중 병은 연간 24일(4년), 부사관은 연간 45일(7년), 장교는 연간 84일(10년)간 실시한다. 동원의 형태는 부분동원과 총동원 개념을 적용하고 있다.

독일군 병역제도의 특징은 국민개병제(징병제)로서 의무복무법을 제정하고 있으며, 임기복무제 직업군인을 모병하는 징모 혼합제를 운영하고 있는 점이다. 병역의무는 우리나라보다 1살이 빠른 18세가 되면 부과되고 징병검사는 18세 이상자를 대상으로 한다. 신체검사결과는 병역복무적격, 잠정적 부적격(징집연기), 부적격(징집대상에서 제외)으로 구분하여 복무형태를 판정한다.

병역의 종류는 현역 기본복무, 동원대기, 동원소집훈련, 전시복무로 구분한다. 현역 기본복무는 9개월이며 12~23개월까지 복무연장이 가능하다. 단, 국가 위기 발생 시 의무복무기간이 자동적으로 12개월로 연장된다. 우리나라는 병역법에 의거 40세에 면역을 시키고 있는 반면 독일군은 사병을 기준으로 45세까지 법적제한 기준을 설정하고 있다. 따라서 독일군의 병역의무기간 사병 45세이다. 단, 임기복무제 직업군인은 60세, 정규 직업군인은 65세로 설정하고 있다. 우리의 연령별 간부의 복무기간이 중령급 이하에서 53세 이하로 통제하고 있는 점을 볼 때 군 직업주의가 어느 정도의 수준에 이르는지를 가늠해 볼 수 있다.

2. 독일의 동원제도[7]

독일의 동원조직은 연방병무청과 지방병무청, 병무사무소, 합참 등으로 구분되어 있다. 연방병무청은 국방부장관 지침을 받아 일체의 병무행정 총괄한다. 지방병무청은 병력충원 위한 지역 내와 지역 간 병력수급 균형을 유지한다. 이때 1개 또는 수개 주 지역 관할 병무사무소에서 관장한다. 병무사

---

7. 상게서, pp.118~130.

무소는 지역차원의 관청으로 모든 병무 및 동원업무를 담당한다. 독일군의 합참에서는 병력수급계획 작성 및 기획·소요제기를 담당하고 있다. 우리나라는 이것을 행정기관에서 인력동원과 물자동원을 실시하고, 병력동원과 전시근로자는 병무청으로 이관하여 임무를 수행하고 있다. 여기에 평시부터 조직된 행정조직을 이용한 병무 업무와 동원업무를 수행하는 것이냐, 아니면 중앙·지방병무청 조직만으로도 긴급 동원 시 임무고지를 원활히 할 수 있는가에 대한 의문을 가질 수 있다.

이 문제는 기존에 예비군 중대를 통한 병력동원, 전시근로 대상자에 대한 긴급 동원 임무고지 전파시스템을 예비군 중대의 상근예비역의 축소로 인하여 평시부터 1달간의 부대확장이나 병력이나 손실보충자원에 임무고지를 해놓고, 유사시 우편엽서, 이메일로 전달하는 체제와 비교해 볼 때 우리의 전파시스템에 대하여 악조건하에서의 전달확실성에 대한 재고찰이 필요하다.

독일군의 동원지정은 다음과 같이 구분하고 있다. 대기예비군은 전역 12개월 내의 최정예자원으로 편성하고, 준비예비군과 보충예비군은 대비예비군을 필한 자로 지정하며, 미 지정 예비군은 31~45세의 보충예비군을 필한 자로 구성하고 있다.

〈표 2〉 독일군의 동원지정

구분		대상	편성방침
지정	대기예비군	20~21세	· 전역 12개월 내의 최정예자원으로 편성
	준비예비군	22~30세	· 대기예비군 의무 필한 자원으로 편성
	보충예비군	22~30세	· 대기예비군 의무 필한 자원으로 편성
미지정		31~45세	· 보충예비군 의무 필한 자원으로 편성

독일의 동원체제는 수상이 전시 동원에 관한 권한을 가지고 업무를 총괄하며, 국방장관이 평시 동원에 관한 권한, 동원전반에 관하여 조정, 통제를

하고 있다. 합참은 각 군의 군사동원업무 조정 통합하고, 각 군 총장은 자군의 동원업무 전반에 관하여 관장하고 있다.

독일의 병력 및 물자동원은 불시동원 시 48시간 내 소요의 80%를 동원목표로 설정하고 있으며, 국가 위기 발생 시 의무복무기간 12개월로 자동적으로 연장되도록 법에 설정하고 있다. 간부 20%는 사전 동원을 하여 완편 병력동원을 준비하도록 하는 사전동원제도를 마련하고 있다.

3. 독일의 군사혁신과 동원제도 변화[8]

독일은 군의 규모를 축소하고 군 혁신을 단행하면서 독일군의 주 임무인 국제분쟁 예방 및 위기극복을 위한 해외 파병 작전을 효율적으로 수행토록 군 전체구조를 개입군, 안정화군, 지원군으로 개편하였다. 여기서 독일군의 병력보충방법을 발전시켰다. 주제와 연관하여 고려하고자 하는 것은 독일의 병력보충방법이 부대를 만들어 두었다가 부대단위 보충을 하는 제도가 있다는 점이다.

〈그림 1〉 독일군 병력보충 방식 개선

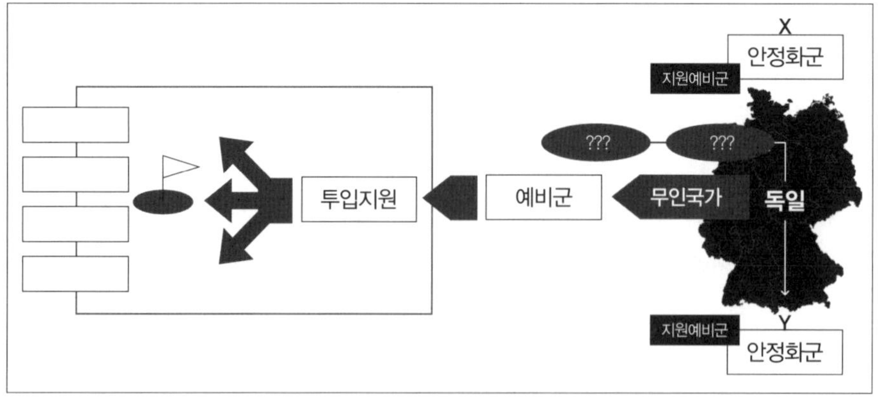

8. 석승규, '독일군의 동원 및 예비군 제도와 전시 병력보충 방법',(대전: 육군교육사 독일 교환교관 보고서, 2008.7), p.3~6.

즉, 개입군 작전간 병력손실 시에는 안정화군 및 지원군으로부터 보충을 하고, 안정화 작전 시에는 지원군으로부터 후속 병력보충이 가능하도록 개선하였다. 전투력 발휘의 핵심제대인 대대에는 평시부터 5중대로 지원군 성격의 투입·지원중대(완편)를 유지함으로써 병력손실 시 즉각 보충이 가능하도록 하였으며, 후속하여 안정화군 및 지원예비군으로 보충하는 개념이다.

〈그림 2〉 전체 독일 군 구조상의 지원군과 전투대대에 편성되어 있는 투입 · 지원중대

독일 연방군	
개입군	육군: 20,700
안정화군	육군: 36,300
지원군	육군 48,500
총: 105,500	

* 독일 연방군: 개입군, 안정화군, 지원군
 –개입군: 3.5만, 안정화군(7만), 지원군(14만)
 – 단위부대를 만들어 부대보충, 확장개념

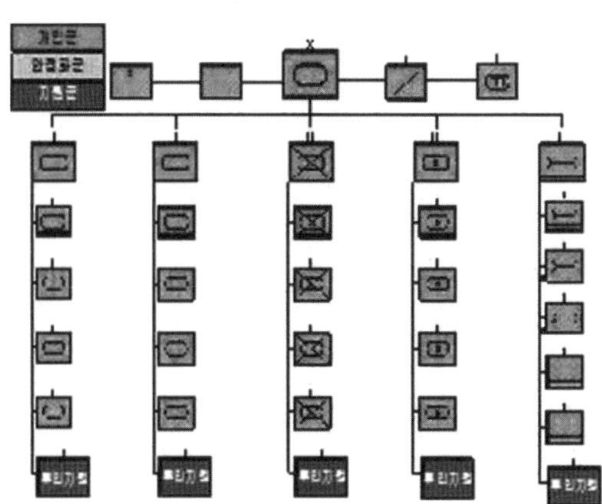

위 〈그림 2〉는 병력손실 시 보충이 가능한 독일군 전체 군 구조상의 지원군과 전투대대에 편성되어 있는 투입·지원중대를 제시한 것이다. 개입군 전력손실 시에는 기 편성되어 있는 안정화 군과 지원군으로 후속하여 병력을 보충한다. 전투대대 병력손실 시에는 자체 편성되어 있는 투입·지원중대로 즉각 보충하며 후속하여 안정화군과 지원군의 병력으로 보충한다. 독일군 병력보충방법은 교리 면에서 우리 군과 유사하게 개인보충, 부대보충, 집단보충을 실시한다. 군 구조를 완편된 개입군, 안정화군, 지원군으로 유지하여 개입작전 또는 안정화작전 간 병력손실 시 동원 없이 지원군으로 즉각 보충할 수 있도록 편성하고 있으며, 전투대대에는 평시부터 투입, 지원

중대별도 편성·유지하고 있다는 점이 특징적이다.

제2절. 미군의 동원 및 부분동원제도

미군의 동원의 특징은 2003. 1월 국토안보부를 설치하여 전반적인 동원 업무 관장, 국방성 및 육군성에 다양한 동원전담기구 편성, 예비군 준비태세 평가제도 시행, 현역군에 의한 병력동원 일원화 관리체제 유지, 전국적인 국가비상경보 통신망 운영, 동원령 선포와 동시 간부 25% 사전동원을 통하여 전시편성 준비, 신축적인 동원을 위해 의회승인 없이 10만 명을 270일간 선별동원을 할 수 있도록 되어 있다. 동원령 선포절차는 각 군성 장관이나 합참의장의 자문을 받아서 국방부 장관이 건의하여 대통령이 선포하고 의회의 동의를 받도록 하고 있다.

〈표 3〉 미국의 동원선포 절차

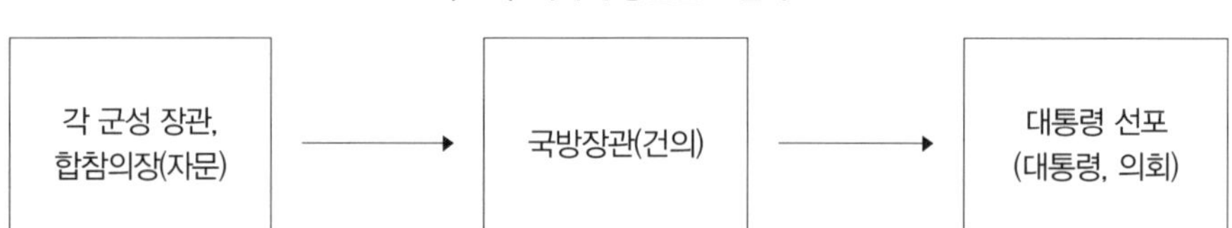

美 동원제도[9]는 평시 지원제이나 전시에는 징병제로 전환이 가능하며, 지원자는 현역, 예비군 또는 주방위군 중 하나를 선택(선택적 지원제)하게 된다. 이것은 현역·예비군 근무기간이 연계된 복무제도라 할 수 있다.

9. 국방부, 『외국의 동원제도』, (서울: 국방부, 2003.11.24), pp.39~54.

〈표 4〉 미군의 부분동원의 종류

동원형태	상황	동원범위	비 고
선별동원[10]	작전소집[11] 국가비상사태 미선포	현역부대 증편 270일 범위 내 예비군 20만 명 동원을 대통령이 소집	의회 승인 시 90일 연장
	심각한 상황 국내 위기사태 반정부 폭동위협	국방비를 GNP 10%까지 증액 부대/개별동원 대통령/의회명령	월남전쟁 /LA폭동
부분동원	우발사태 국가비상사태 선포	국방비 GNP 15%까지 증액 예비군 100만 명 동원	한국전쟁/ 아프간 전쟁

이러한 동원관계법은 제2차 세계대전 발발 시 제정된 것으로 전·평시 일원화되어 있으며 선별동원, 부분동원, 완전동원, 총동원 등 상황에 부합한 동원령 선포가 가능하도록 시스템이 구축되어 있다.

본고에서 우리가 주목하고자 하는 것은 부분동원제도에 관한 것이다. 미국의 부분동원제도와 우리의 부분동원제도 및 훈련에 관하여 살펴보면 다음과 같다. 미국의 선별동원은 단기간의 최소 동원 경우(월남전), 국방비를 GNP

---

10. 미국의 동원의 종류
- 선별동원(Selective Mobilization): 심각 상황(예; 월남전, LA폭동), □국방비를 GNP의 10%까지 증가 가능, 대통령이나 의회의 요구에 의해 국내 비상사태 발생 시 일부 군사력을 동원, 작전소집을 포함함.
- 부분동원(Partia Mobilization): 재래전 상황(예; 한국전쟁, 아프간전쟁), 국방비를 GNP의 15%까지 증가 가능, 대통령 또는 의회의 권한으로 선발예비군과 개인긴급 예비군을 24개월 동안 100만 명까지 동원
- 완편동원(Full Mobilization): 전예비군 동원(예; 걸프전쟁), 의회의 승인을 얻어 선전포고나 비상사태를 선포하여 현 군 조직을 충족시키는 대기예비군, 선발예비군을 포함한 모든 예비군을 동원
- 총동원(Total Mobilization): 전면전 상황(예; 2차 세계대전), 국방비를 GNP의 30%까지 증가 가능, 선전포고 시나 비상사태 선포 시 현 군 구조 및 자원 외에 추가로 요구되는 자원까지를 동원

11. 작전소집(Call-up for Oper.Mission): 비상사태의 선포 없이 270일의 범위 내에서 선발예비군 20만 명을 대통령이 소집할 수 있는 권한

10% 이상 증가를 실시하나 물자동원은 하지 않는다. 부분동원은 국지전 상황(한국전), 국가비상사태 선포 시 실시할 수 있으며 이때 국방비는 GNP의 15% 이상 증가가 가능하며, 동원병력은 100만 명 이내 동원 가능(지정, 개인 긴급예비군)하다. 특히 작전소집Call-up은 비상사태 선포 없이 270일의 범위 내에서 지정예비군 20만 명을 대통령이 소집 가능하며, 대통령은 의회의 사전 승인 없이 10만 명을 270일간 선별동원이 가능하도록 하고 있다.

반면에 우리나라 제도는 총동원제도를 채택하고 있으며, 2010년까지는 부분동원에 관하여 '국가전시지도지침(대통령 훈련 117호)'에 반영되어 있었으나 사실상 인원과 물자가 동시에 동원되어 부대를 증·창설하여 부대로 운용할 수 있는 계획은 미흡하였다. 또한 우리의 동원제도와 美국의 동원 제도와의 차이점은 다음과 같다.

첫째, 미국은 현역과 예비군 중 선택 가능하나 우리나라는 현역 복무를 필한 후 예비군에 편입하고 있다.

둘째, 미군은 현역에 준한 예비군 보상제도 가능하며, 현역에 상응한 전투력 창출을 위한 예비군 훈련을 실시하고 있다. 특히 긴급예비군 연 38일 훈련(주말훈련 24일, 동원 14일)을 실시함으로써 자원의 정예화를 할 수 있다.

셋째, 미국은 전·평시 일원화된 법 적용으로 융통성 있는 동원령 선포가 가능하다.

미국의 동원체제는 아래 〈그림 3〉과 같다. 국가안보회의는 국가안보와 관련된 국내외 및 군사 정책 등에 관하여 대통령에게 자문하며, 비상동원준비위원회는 국가동원 방침설정, 동원지원을, 연방비상관리처는 비상대비총괄 및 민방위 업무를 수행하였으나 국토안보법 제정과 동시 국토안보부로 업무 이관되었으며, 국방성은 병력 및 군수 동원을, 8개의 자원주관성은 산업, 수송, 건설동원을 담당하고 있다.

동원단계는 준비단계와 동원령 발령단계로 구분하는데 준비단계에는 상황에 따라 동원경보명령을 하달한다는 것이 특징이다. 동원준비단계에는 훈련 및 각종 계획 검토, 준비를 실시하며, 동원경보를 하달하면 동원준비명령을 하달하고, 소속부대 및 집결지 집결준비하며, 주요 기간요원의 25%를 동원한다.

동원령 선포되면 동원명령을 하달하고, 지역 동원훈련소에 집결하여 이동준비를 하며, 동원집결지로 이동 후에는 추가적 행정조치를 완료(부족인원 및 장비보완)하고 훈련 상태를 점검한다. 해외 전개 시에는 승선항구, 수송항공기지로 이동하게 된다.

〈그림 3〉 미국의 동원관리체계

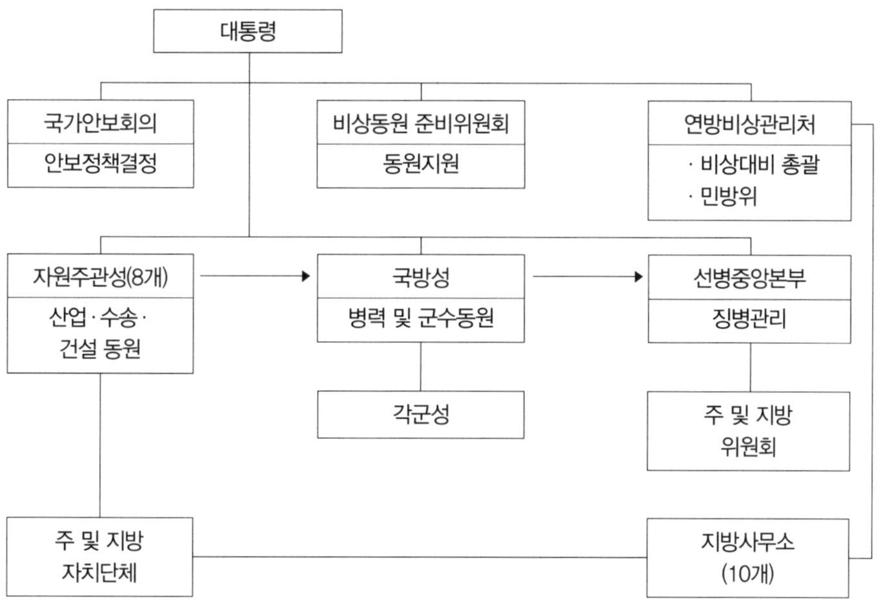

동원(비상)대비 훈련으로는 예비군 준비태세 평가제도를 시행하고 있으며, 전국적인 국가비상 경보망을 운용하고, 개인 긴급예비군으로 전시 보직처에 동원지정한다. 산업동원 준비태세 유지훈련과 민간사업 주도형 물자동원 훈련도 실시하고 있으며 민간항공 및 수송기지에 군 터미널 설치하여 수송동원 준비태세를 유지하는 훈련을 실시한다.

이 또한 준비단계에서는 훈련 및 각종 계획 검토, 준비를 실시하며, 이어 동원경보가 하달되면 동원준비 명령을 하달하고, 동원령이 선포되면 동원명령을 하달한다. 동원물자가 동원집결지에 이동을 완료하면 추가적 행정조치 완료(부족인원 및 장비보완), 훈련 상태를 점검하고 해외 전개 시에는 승선항구, 수송항공 기지로 이동하도록 하고 있다.

제3절. 이스라엘 동원 및 부분동원제도

이스라엘의 국방지휘체계는 현역지휘계통에 예비전력 지휘기구를 통합한 지휘관리 일원화 체계로서 지휘계선은 국방장관 → 총참모장 → 지역사령관 → 사단 → 동원여단 → 예비군대원으로 형성한다. 아울러 총참모부는 예비전력관리 일원화체제로서 징병, 자원관리·교육훈련, 전시동원·작전 운영 등을 담당한다. 이것은 전투와 작전위주 편성체로서 통합군체제를 구축하고 있다. 총참모장 통합 지휘하에 지상군, 해군, 공군으로 구성되어 있으며, 또한 전국을 각 지역사령부를 두어 전·평시 현역 및 예비군업무, 작전, 행정업무를 수행하게 하고 있다. 특징은 권한과 책임을 하부지휘관에게 과감히 위·분임하여 상황에 신속히 대응할 수 있는 융통성을 부여하고 있다. 이스라엘 국방조직도와 동원제도[12]와 특징은 다음과 같다.

12. 국방부, 『외국의 동원제도』, (서울: 국방부, 2003.11.24), pp.67~82.

〈그림 4〉 이스라엘 국방조직도

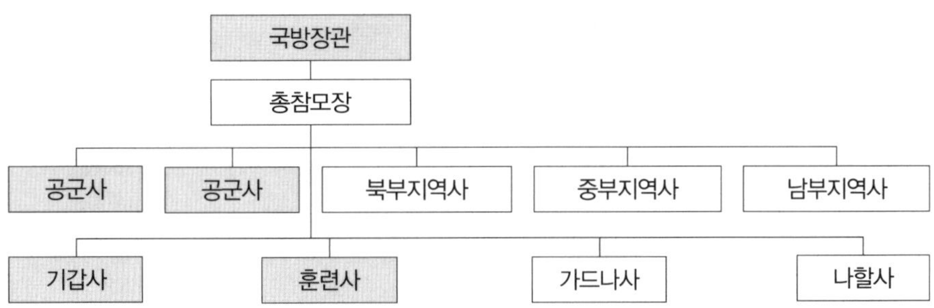

〈표 5〉 이스라엘 동원체제

구분	내용
병력동원	· 주관: 총참모부 작전참모부에서 지역사령부에 하달, 직접적인 책임은 여단장에게 있음 · 동원부대 구분: 지역방위부대, 공격부대 · 동원방법: 전투개시 전 비밀동원(군사상 비밀유지), 개전 후 공개동원 · 동원종류: 총동원(전국), 부분동원(부대단위) 병행 · 동원단계: 24시간 내 45만 명, 72시간 내 동원완료 전개 · 동원의 신속성 보장을 위해 행정지역 단위로 분할 동원: 인력지역 (Man Power Area)을 구획하고 이를 1개 보병여단의 동원지역으로 배정
물자동원	· 필수품목 이외는 동원을 원칙으로 함 · 정부관계부서 협조 하에 총참모부의 동원관리계통에 따라 동원여단에서 실시(군 계통으로 단일화) · 군수물자는 100% 확보 저장: 전쟁 3일간은 추가 보급 없이도 전쟁수행 가능하도록 확보
특징	· 국민 총동원 체제 · 단일 지휘체제: 상비군과 동일하게 총참모부 참모부서가 업무 수행 · 신속성 보장: 평시 편제상 중대단위 전투장비 확보 · 국가의 지역단위 분할, 비밀동원제도

첫째, 국민개병제에 의한 시민군제로도 남녀모두에게 병역의무를 부과하고 있다.

둘째, 동원예비군이 국방의 주력으로 역할 수행을 하고 있다. 이스라엘 국민의 역종별 복무현황은 아래 〈표 6〉과 같다.

〈표 6〉 이스라엘 역종별 현황

구분	연령	임무	비고
가드나	14~17세	준 군사훈련 유사시 전투근무지원	학교, 직장, 공군 (구분)
현역	18~20세	억제전력 역할	남: 36개월 여: 24개월
제1예비역	남: 21~39세 여: 21~34세	동원예비군으로 국방 주력군	공수, 기갑, 기계화 (부대)
제2예비역	남: 40~44세 여: 35~39세	제1예비역을 필한 자 보병/지원부대편성	후방지역
민방위	45~54세(지원자포함)	경계, 치안보조, 방공/재해복구	예비역 필한자 지원자

셋째, 이스라엘 동원의 형태는 동원방법 면에서 공개동원(각종 통신수단, 보도매체 이용 동원)과 비밀동원(군사목적상 관계부대만 동원-개별연락)을 실시하며, 동원범위 면에서는 부분동원(특정부대단위로 동원)과 전국적으로 실시하는 총동원방식을 취하고 있다.

넷째, 이렇게 편성되는 이스라엘 예비군의 임무기능별로 살펴보면 다음과 같다.

〈표 7〉 임무기능별 예비군의 임무

구분	임무 및 기능
동원 예비군	· 제1 · 2예비역 중심으로 공격주력군 · 여단 단위 부대편성 · 지상주력군: 40만 명 수준 동원
지역 방위군	· 집단농장, 협동농장 기타 요원을 부락단위 중대편성 · 담당 지역방어 및 동원부대에 대한 제한적 지원 임무 수행 · 역종 구분 없이 국경전략촌, 취약지 민방위대를 통합하여 편성
민방위대	· HAGA사령부 예하 지역별 조직(지역–지구–반–세포–가호) · 적 공격 지연, 정보 제공, 평시 산업군 임무수행
후방긴요요원	· 전 · 평시 주요 산업기관의 필수요원은 동원면제 (전기, 급수, 소방, 운수, 식품 생산, 군수공장)

다섯째, 이스라엘 예비군 지휘체계는 다음과 같다. 먼저 자원관리기관은 총참모부 인사참모부(현역군에서 일괄 관장)로서 예비군통제는 총참모장이 실시한다. 기관별 임무로 인사참모부는 예비군 자원관리, 정책 및 방책수립, 감독 및 시행, 군수참모부는 동원물자 및 장비에 대한 전반적인 관리임무, 지역사령부 동원여단 및 해·공군사령부 동원참모는 예비군 교육훈련, 교육 예비물자관리, 예비군 작전 및 행정업무를 관장한다.

〈그림 5〉 이스라엘의 동원 편성

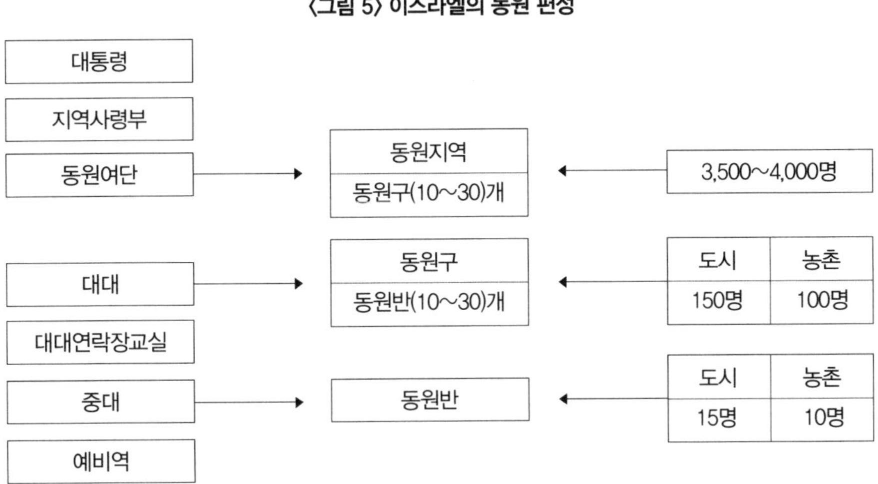

여섯째, 예비군 자원관리는 총참모부에서 일원화하여 관리하고 있는데 현역군에서 보수교육, 보직, 진급, 주특기 변경 등 질적 관리에 중점(개인특기와 소질을 최대 이용)을 두고 관리하며, 지정자원은 동원여단, 혼성부대 지휘관이며, 미지정 자원 지역사령부(분류부대)에서 관리한다. 부대단위(여단) 동원은 여단장 책임하에 실시되며, 보병여단은 지역자원 지정, 기갑·공수여단은 전국 자원 지정을 한다. 이를 위해서 여단단위 동원구, 동원반을 편성하여 운영한다.

〈표 8〉 이스라엘 동원지역, 동원구, 동원반 편성

구분	내용
동원지역	· 보병여단 단위 편성 · 수개 도시 또는 10~30개 동원구로 편성: 3,500~4,000명 · 동원구장에게 동원명령철 하달: 차량(행정관리중대 하사관)
동원구	· 부대 편제표에 준하여 편성 · 10개 동원반으로 편성: 100~150명 · 동원반장에게 명령철 하달: 차량
동원반	· 분대규모 편성: 10~15명 · 부대원에게 동원 명령하달: 도보

일곱째, 교육훈련을 가드나는 학교 교육을 포함하여 연 23~27일, 제1예비역은 연 55일, 제2예비역과 민방위는 연 38일을 실시하고 있다. 예비군 교육훈련은 총참모부 통제하 연간 훈련계획에 의거 특기훈련과 부대훈련으로 구분하여 실시하는데 예비군 교육은 예비군 신분의 지휘관에 의하여 실시한다.

〈표 9〉 이스라엘 예비군 교육훈련 시간

제1예비역	제2예비역	민방위	진급보수교육
연 55일	연 38일	연 38일	6주~10개월
· 집체소집 31일 · 비상 소집: 월 1일 · 동원훈련: 분기 3일 · 분대장급 이상 간부: 연65일	· 집체소집 14일 · 소집훈련: 월 1일 · 동원훈련: 분기 3일 · 분대장급 이상 간부: 연45일	· 제2예비역과동일	· 중대장 과정: 6~24주 · 지휘참모대 과정: 8~10개월

단, 여단급 이상은 현역이 교육을 통제한다. 예비군 간부와 주요 특기자, 진급보수교육 등은 현역군 학교 교육에 통합하여 실시한다. 또한 가드나 제도를 통하여 군 입대 전 체계적인 군사훈련을 실시하고 있다. 교육훈련은 '지휘관책임제훈련' 개념하 부대능력에 따라 부대훈련 계획을 조정하고 예비군 진급 시 현역군 학교 교육을 실시한다. 전략촌·내륙취약지 등은 통신 강

의를 실시한다. 부대훈련은 부대단위 협동작전 능력향상과 각 개인의 전투기술배양으로 이스라엘 주력군으로서 능력을 배양하는 데 목적을 두고, 전체 훈련시간의 60%인 31일간(제1예비역 기준)을 연속 또는 2회로 구분하여 실시하며, 이것은 4단계로 구분하여 연차별로 훈련을 실시하고 있다. 예비군 특기훈련은 다음과 같이 간부 교육, 진급보수 교육, 각개훈련, 과외 교육과정으로 구분하여 실시한다.

제5장. 추진 중인 부분동원제도 분석

제1절. 선행연구결과 분석

'동원'이란 정의는 시각에 따라 정의가 매우 다양한 것이나, 한마디로 축약해서 '평시 일상체계를 비상시 긴급체계로 전환하는' 조치라고 볼 수 있다.[13] 우리나라의 동원제도는 법령체계로 실체화되어 나타나는데, 이는 〈그림 6〉 같이 정리할 수 있다. 평시에는 향토예비군설치법과 비상대비자원관리법 그리고 통합방위법이 자원의 편성 및 관리를 중심으로 동원근거의 기반을 이룬다고 생각할 수 있다. 민방위기본법 역시 중요한 동원법률이며, 포괄안보개념이 정착되어 감에 따라 재난관리법 역시 동원과 밀접한 관계를 지니게 된다. 아래 〈그림 6〉에서 전환기라 함은 비상사태 조짐이 보이는 시점을 말할 수 있는 것으로, 주로 병역법과 향토예비군설치법이 이에 해당되는데 동원의 신속성을 보장하기 위해 궁여지책으로 사전준비 효과를 얻을 수 있도록 하고 있다. 계엄법은 체제전환에 있어 동원과 관련하여 중요한 위상을 지닌다.

13. 정원영, '동원관련법 정비 필요성/ 동원기본법 제정방안', (서울: 국방부세미나, 2010), p.2.

〈그림 6〉 동원근거 법령기준(2011년 기준)

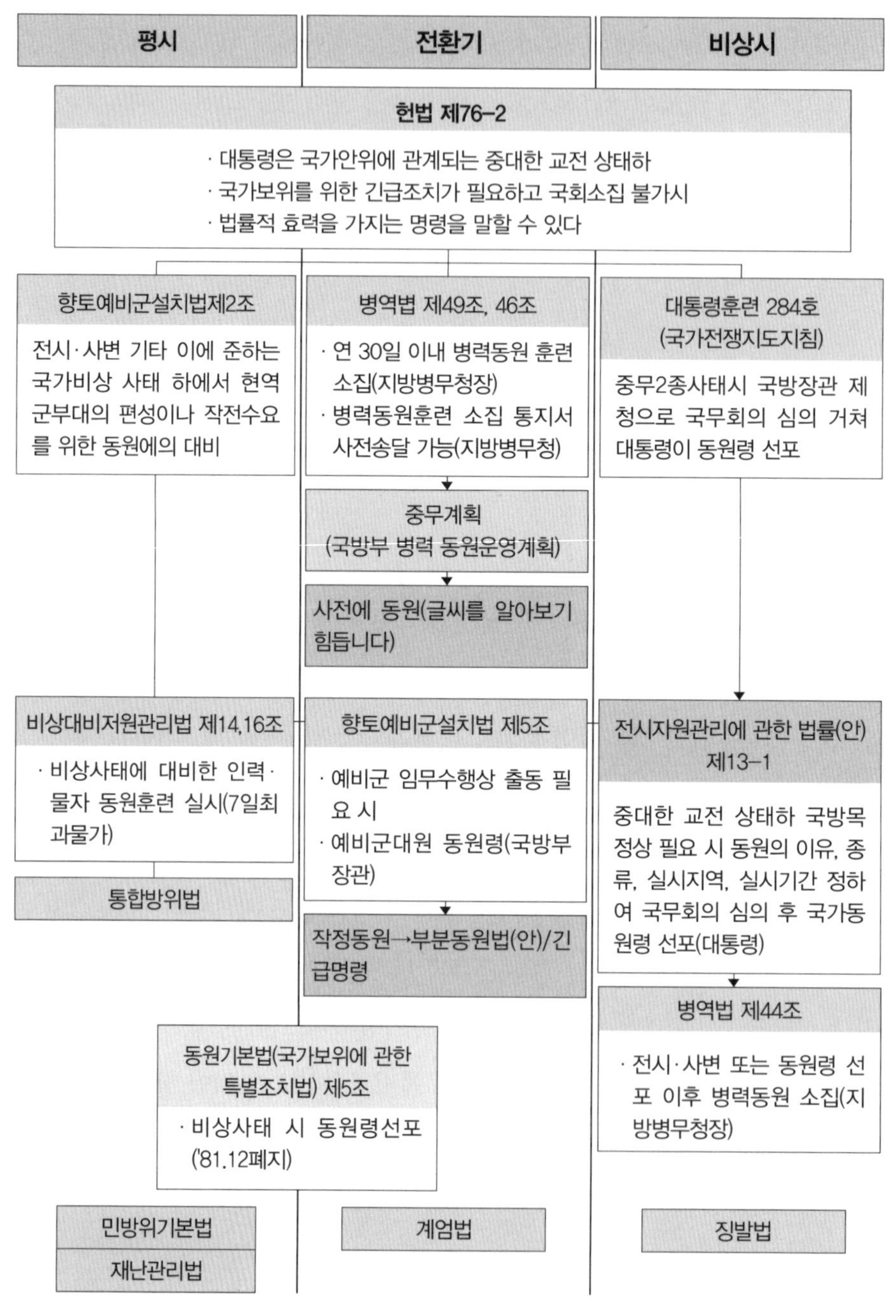
평시
전환기
비상시
헌법 제76-2
· 대통령은 국가안위에 관계되는 중대한 교전 상태하
· 국가보위를 위한 긴급조치가 필요하고 국회소집 불가시
· 법률적 효력을 가지는 명령을 말할 수 있다
향토예비군설치법제2조
전시·사변 기타 이에 준하는 국가비상 사태 하에서 현역 군부대의 편성이나 작전수요를 위한 동원에의 대비
병역법 제49조, 46조
· 연 30일 이내 병력동원 훈련 소집(지방병무청장)
· 병력동원훈련 소집 통지서 사전송달 가능(지방병무청)
대통령훈련 284호
(국가전쟁지도지침)
중무2종사태시 국방장관 제청으로 국무회의 심의 거쳐 대통령이 동원령 선포
중무계획
(국방부 병력 동원운영계획)
사전에 동원(글씨를 알아보기 힘듭니다)
비상대비저원관리법 제14,16조
· 비상사태에 대비한 인력·물자 동원훈련 실시(7일최 과물가)
향토예비군설치법 제5조
· 예비군 임무수행상 출동 필요 시
· 예비군대원 동원령(국방부장관)
전시자원관리에 관한 법률(안)
제13-1
중대한 교전 상태하 국방목정상 필요 시 동원의 이유, 종류, 실시지역, 실시기간 정하여 국무회의 심의 후 국가동원령 선포(대통령)
통합방위법
작정동원→부분동원법(안)/긴급명령
병역법 제44조
· 전시·사변 또는 동원령 선포 이후 병력동원 소집(지방병무청장)
동원기본법(국가보위에 관한 특별조치법) 제5조
· 비상사태 시 동원령선포
('81.12폐지)
민방위기본법
재난관리법
계엄법
징발법

* 출처: 정원영, '동원관련법 정비 필요성, 동원기본법 제정방안, (서울:국방부세미나, 2010), p.5

선행연구결과에서 정원영은 다음과 같이 '비상대비'관련법의 문제점을 지적한다. 첫째, 실제 동원이 필요한 비상시에 있어서는 궁극적으로 작용해야 할 '전시자원관리에관한법률(안)'이 비밀 문건으로 분류된 상태에서 법안으로만 되어 있고, 평시와 연계되는 실제 운용은 대통령령인 훈령 117호에 의존하고 있는 입장인 바, 우리의 동원 관련 법규는 그 내용의 불명료성과 함께 전·평시 연계성 미약, 법체계 위계질서 전도 가능성 등이다.[14] 둘째, 비상대비자원 관리법[15]에서 '자원관리'라는 용어의 사용이 대북한 자극우려 및 국제관계를 의식하여 선택한 용어로서 평시 동원기본법으로서 기능하고 있는 비상대비자원관리법의 역할이 매우 미약하다는 점을 지적한다.

셋째, '동원령 선포권'이 '전시자원관리에 관한 법률(안)'(국가 긴급사태 시 '대통령긴급명령' 또는 국회의 입법과정을 거쳐 효력을 발생할 수 있는 대기법)에 규정되어 있어 비상사태 시 즉시 동원할 수 있는 법적 근거가 미진한 점을 지적한다.[16] 넷째, 국가비상사태 시 정부가 취하여야 할 지침을 규정하고 있는 기존의(2010년 이전) '국가전시지도지침(대통령 훈령 제117호)'은 충무2종사태시 국방부장관의 제청으로 국무회의의 심의를 거쳐 대통령이 동원령을 선포(제2장 제1절)하도록 규정하고 있는데, 충무2종사태란 '적의 전쟁도발징후가 고조된 상태'에서 전시

14. 정원영, '동원관련법 정비 필요성/ 동원기본법 제정 방안', (서울: 국방부세미나, 2010), p.4.

15. 1971년 12월 27일 제정된 국가보위에 관한 특별조치법(약칭 국보위법) 제5조 '국가동원령 선포' 규정에 근거한 '자원 운영 등에 관한 규정'(대통령령, 1973년 8월 23일) 및 동시행령, '자원 운영 등에 관한 규정 시행규칙'(국무총리령, 1974년 1월 17일) 등으로 비상사태 시 국가동원을 위한 평시 준비를 하여 왔다. 그러나 1981년 12월 17일 국가보위에 관한 특별조치법이 폐지됨에 따라 상기 규정의 법적 근거가 상실되어 이에 대한 대체입법으로 1984년 8월 4일 '비상대비자원 관리법'을 제정(법률 제3745호)하게 된 것이다.

16. 전시자원관리에 관한 법률(안)의 동원령 선포요건은 "교전상태에 있어서 국방상 목적을 위하여 국무회의의 심의를 거쳐 대통령이 선포"하도록 규정하고 있는데, 헌법 제76조 제2항은 "국가안위에 관계되는 중대한 교전상태"일 경우에만 긴급명령을 발동할 수 있도록 규정하고 있는바 전쟁 발발 이후에 '전시자원관리에 관한 법률(안)'에 의거 동원령 선포가 가능하여 적절한 동원이 사실상 불가능한 법률체계를 형성하고 있다.

자원관리에 관한 법률(안)에 의하여 대통령이 동원령을 선포하도록 규정하고 있어 상위법과의 상충 가능성이 있다. 다섯째, 전시 관계법령[17] 중에 '전시자원관리에 관한 법률(안)'을 대기법으로 제정하고 있다. 여기의 제13조에 국가동원령을 규정하고 있으나, 법률 자체가 평시에는 비밀로 분류되어 있어 평시 국민의 인식이 없는 형편에서 '동원'을 논하기는 적합하지 않다고 보고 있다.

또한 충무계획에 대하여 다음과 같은 네 가지의 문제점을 지적하고 있다. 첫째, 현 충무계획이 이원적으로 운용되고 있는데, 각 부처는 동원계획보다 정부기능계획에 중점을 두는 경향이 있다는 것이다. 따라서 업무관장문제, 소요부처의 자원조사 문제 그리고 부정확하고 종합조정 기능이 미흡한 상태에서의 실제동원령이 발령되면 정상동원보다는 긴급소요에 따른 절차 운용 가능성이 높다는 것이다.

둘째, 동원령 선포요건[18]이 우리 헌법상 '중대한 교전상태하'에 발령할 수 있기 때문에 사전에 전쟁이나 교전에 대비하여야 하는 입장에서 동원을 할

---

17. 우리나라의 전시관계 법령
    - 전시행정조직에 관한 임시특례법/ 대통령 긴급명령
    - 전시 공무원 인사 및 연금에 관한 임시 특례법/ 대통령 긴급명령
    - 전시 금융통화에 관한 대통령 긴급재정·경제명령
    - 전시 예산·회계에 관한 대통령 긴급재정·경제명령
    - 전시 외국환 관리에 관한 대통령 긴급재정·경제명령
    - 전시 재정·경제에 관한 임시특례법/ 대통령 긴급 재정·경제명령
    - 전시 자원관리에 관한 법률/ 대통령 긴급명령
    - 전시 정부운영 등에 관한 임시특례법/ 대통령 긴급명령
    - 전시 법원·검찰조직 및 사법운영에 관한 임시특례법/대통령 긴급명령
    - 전시 범죄처벌에 관한 임시특례법/ 대통령 긴급명령
    - 여기에 부분동원에 관한 법률안이 새로 제정되어 추가된다.
18. 동원령 선포요건: 헌법§76-②: 국가안위에 관계되는 중대한 교전상태하 국가보위를 위한 긴급조치 및 국회소집 불가 시

수 없다는 단점을 가지고 있다는 것이다. 그런 연고로 이것을 완화해야 할 필요성이 있다고 지적한다.

셋째, 국가 총동원을 발령하기 위해서 절차가 필요한데 국무총리를 보좌하는 기구로서 평시에 행정안전부(재난안전실)를 두고 있으나, 이 기구는 전시를 대비한 자원조사·연구 기능이 주 임무이고 동원기능 집행선과는 연계가 약하기 때문에 총동원령을 발령할 수 없는 요인이 되고 있다는 점.

넷째, 물적 자원동원 측면에 있어서는 특히 동원 안전성을 확보하기 위해 평시에 지식경제부 주관으로 방위산업체를 포함한 동원지정업체제도를 운용하고 있음에도 불구하고, 극히 일부를 제외하고는 대부분이 주무부 장관들이 서로 '적극적으로 해야만 한다.'가 아니라 '권장'하는 성격이 크기 때문에 자원조사의 현실성 반영이 미흡하다고 지적한다. 따라서 선행연구결과에서는 이러한 문제점을 보완하기 위해서 동원기본법을 제정하고 부분동원제도를 정립하여 반영할 필요성을 제기하고 있다.[19]

제2절. 현 부분동원제도 추진 분석

국방부에서는 충무 3종사태 시 동원기본법을 제정하여 여기에 부분동원제도를 반영하기 위해서 동원관련 법령정비 공동연구 T/F편성·운영(4회, '10. 3~10월)하여 동원령 선포시기를 충무2종 사태에서 충무3종 사태 시로 조정하는 것으로 방안을 제시하였다.[20] 본고에서 분석의 관점은 다음과 같다.

---

19. 그러나 2011. 4월 현재 동원기본법 제정의 문제는 정부와 국방부 간의 조율에 있어서 진전이 없는 상태이며 부분동원제도만 기존의 지역별, 대상별의 개념에서 충무 3종 이후라는 시간제 개념을 추가하여 반영된 사항을 평시법이 아닌 전시법(대기법안)으로 제정하는 것으로 방향이 조정되고 있다. 아울러 통합방위법상에 부분동원이란 사항을 포함하는 것으로 내부정리가 되어 가고 있는 중이다. 그러나 이것은 선행 연구된 바와 같이 본적으로 동원기본법(안) 내에서 부분동원제도의 개념으로 발전되는 것이 바람직하다고 판단된다.

20. 국방부, '예비전력발전방향 추진현황', (서울: 국방부동원전력관실, 2010. 11.), p.2.

동원령 발령지연 방지가 가능한가(대상별, 지역별, 시기별로 구분), 초기 동원속도를 보장할 수 있는가, 대규모 비대칭 위협에 대응할 수 있는 기동타격능력을 확보할 수 있는가.

첫째, 개선되는 부분동원제도는 동원령 발령 지연 방지가 가능한가 하는 점이다. ① 국방부의 방안은 동원단계화의 개념으로 접근하였다. 즉, 충무 3종시 초전 긴요전력(병력+차량) 부분동원하고 상황이 발전되면 충무 2종시 총동원을 하는 개념이다. 이때 부분동원 대상을 설정함('10. 11월, 합참)에 있어서 병력 7.8만 명, 차량 1,300여 대를 실시하는 것으로 검토하였다. 부분동원 병력은 부대확장병력으로서 부분동원 대상자를 소집부대에 직접 수송하여 동원속도를 제고시키는 방안을 검토하였다. ② 또한 국방부는 전시자원동원에 관한 법률(안)을 전시대기법에서 평시법화를 추진하는 것으로 방안을 제시하였다. 향후 이 부분동원제도가 반영되면 국가전쟁지도지침을 수정해야 하고, 전시동원자원에 관한 법률(안)/긴급명령을 개정해야 한다.

둘째, 개선되는 부분동원제도는 동원속도를 보장하는가에 대한 것이다. ① 국방부 부분동원의 개념은 충무 3종사태 발령 시 군사작전 지원을 위해 긴요자원(인원, 물자)을 동원하여 활용하는 것을 말한다. 근거법령은 전시자원동원에관한 법률(안)/긴급명령(전시대기법) 제10조에 특정자원을 대상으로 동원하거나, 일부지역의 인적 물적 자원을 대상으로 하는 동원으로 설정되어 있다. ② 부분동원의 목표는 국가비상사태 시 긴요 자원 동원으로 조기 전투태세를 완비하는 데 있다. 이러한 부분동원의 필요성은 DEF-2(대략 충무 2종 사태발령 시기)이후 동원령 발령 시 전투준비 시간이 부족하므로 동원완료 전 전쟁이 발발될 수 있으므로 이를 보완하기 위해서 부분동원제도가 필요하다.

만약에 일시에 국가 총동원을 실시하게 되면 국민의 혼란과 국가경제적 손실이 막대하기 때문에 지역별로, 대상별로 상황에 따라 제한적으로 병력과 물자를 동시에 사전에 동원하여 전투준비를 할 수 있도록 부분동원제도가 필요한 것이다. 부분동원의 개념은 2010년까지는 작전동원의 개념으로 시행했으나 이것은 인원만을 부분동원하는 형태로 볼 수 있다. 그러므로 물자동원이 이루어지기 때문에 전투임무를 수행하는 데는 제한사항이 있었다. 이것을 2011년 현재 국방부에서 부분동원법 제정을 추진하는 방향은 인원과 물자를 동시에 동원하는 개념으로 추진되는 것이다. 부분동원을 훈련을 하게 되면 물적자원 동원에 따른 비용보상[21]이 되기 때문에 이에 대한 재원편성이 동원훈련계획에 수반되어야 한다. 작전동원 병력이 약 13만여 명이었다면, 부분동원의 규모는 약 7.8천여 명과 차량 1,400여 대로 방안을 수립하고 있고 이에 대한 세부내용은 지속적으로 합참과 국방부, 국토해양부와 논의 중에 있다.

셋째, 비대칭 위협 배비 기동타격능력 확보가 가능한가 하는 것이다. 후방지역 향토사단의 개편으로 인하여 수임군부대장의 가용기동타격부대의 확보는 시급하다. 그러나 이러한 능력을 확보하기 위해서 일부 연대단위 전시기동대대 편성을 고려하고 있지만 분권화작전, 초기작전 등을 수행하기 위해서는 현장에서 즉각 조치할 병력이 필요하다. 또한 중점지역작전 등으로 전환되어 대규모의 봉쇄 차단작전을 수행하기 위한 수임군 부대의 정예화된 기동타격 부대는 거의 없다. 따라서 동원보충부대와 안정지원사단을 조기에 창설하여 후방지역작전에도 활용할 수 있는 부분동원제의 발전이 요구된다. 현 부분동원의 개념은 이러한 부분이 다소 미흡하다. 즉 시간제 부분동원개념으로 확장이 필요하다.

---

21. 작전 동원 병력이 약 13만여 명이었다면, 부분동원의 규모는 약 7.8천여 명과 차량 1,400여 대로 방안을 수립하고 있고 이에 대한 세부내용은 지속적으로 합참과 국방부, 국토해양부와 논의 중에 있다.

제3절. 함의(含意)

이러한 부분동원제도를 발전시키면서 우선 고찰할 사항이 있다. 첫째는 부분동원에 대한 용어정의이다. 둘째는 부분동원의 범위를 어떻게 설정할 것인가 하는 것이다. 앞에서 각국의 부분동원제도를 살펴본 바와 같이 부분동원제도를 선택함에 있어서 미국은 선별동원이라는 개념과, 부분동원의 개념을 구분하고 있다. 또한 이스라엘이나 스위스는 부대단위, 지역단위로 동원을 실시할 수 있도록 제도를 발전시키고 있다. 셋째는 부분동원의 시기의 문제이다.

우리의 제도는 2010년 이전까지 국가전시지도지침(대통령 훈련 117호)에 의거 부분동원을 전시에 기준을 두고 지역별 대상별 부분동원만을 반영하고 있었다. 그러나 부분동원제도에 대한 선행연구결과들은 충무 3종 시의 시간개념을 추가하고 있다는 점이다. 여기서 부분동원제도의 시간제 제도의 확장개념이 추가되어야 한다는 것을 지적하고자 한다. 부분동원의 개념적 정의를 통해서 볼 때 총동원의 개념이 아닌 부분만을 의미하는 것이라면 평시의 향방동원개념도 추가해야 할 것이다.

제6장. 부분동원제도 발전 방안

부분동원제도의 발전은 우리나라의 지정학적 현실과 국가여건을 고려할 때 매우 필요한 제도이며, 물자와 병력을 동시에 동원하도록 제도화 한다는 측면에서 매우 획기적인 조치가 아닐 수 없으며, 군의 입장에서 늘 UFG훈련을 하면서 절실하게 필요하다고 인식하였던 부분이다. 부분동원제도를 발전시키면서 고찰할 부분에 대하여 앞에서 살펴보았다. 앞장에서 함의에 도출한 부분을 정리하면 첫째는 부분동원의 정의 둘째는 부분동원의 범위, 셋째는 부분동원의 시간개념이다. 금번에 부분동원법(전시법)을 제정하게 된다면 시간의 개념을 추가해야 한다는 것이다.

제1절. 부분동원의 정의 정립

선행연구결과에서 정원영은 동원기본법(안)의 핵심은 동원령 선포요건과 부분동원의 규정이라 하였다. 동원령 선포요건에 있어서는 교전이 확실시되는 비상사태로 하여 합참판단에 의해 국무회의 의결에 따르도록 한다. 정원영은 부분동원에 대해서는 〈표 10〉 같이 정의하였다.

〈표 10〉 정원영(KIDA 연구위원)의 부분동원(안)

구분	내용
목적	• 억제전력으로서의 동원계획 시행보장 실현 – 초전즉응 및 전쟁이전 단계 동원계획 시행(전시편제 완편) 중점 ※ 국방부문 잠정조치의 실용제도화 – 짧은 전투 종심 극복 – 국회동의 절차상 동원적기 상실 – 총동원의 혼란성 극복을 위한 예비단계 필요
규정(안)	• 목적: 전시에 적절히 대처 • 발령요건: 교전상태로 이어질 수 있는 중대한 비상사태 발생 시 대통령에게 국회동의 이전 행사 권한 부여(충무사태 돌입 시; 조기경보로 판단일 확정 시가 M일) • 범위: 전국 또는 일부지역(반드시 해당지역 명시)에 걸쳐 – 병력 경우 전시편제 완편을 위한 사전소요 – 물자 경우 1단계 동원지정 방산업체 임무고지량 • 비고: 총동원령 발령 시 소급인정하며 부분동원 발령일부터 1단계 개시로 보며, 총동원으로 미연계 시 해지와 동시에 동원자원에 대한 보상 실시

부분동원제도는 동원령 선포 여건제약에 따른 비상대처 미흡점 처리와 국방부문 잠정조치(작전동원, 훈련소집)의 실용제도화를 위한 측면에서 필요하다고 보았다. 그래서 부분동원은 총동원의 소모를 예방하고, 한반도의 지정학적 조건에서 오는 외적의 선제기습공격·배합전에 의한 short warning time

에 신속하게 대처할 수 있고, 전국적으로 분포된 자원소재와 자원 밀도 등의 특성상 우리나라에 적합한 측면이 있으며,[22] 부분동원을 통해서 시간차원의 사전동원과 범위차원의 권역동원으로 구분하고 적용순서는 권역동원(범위 차원) → 사전동원(시간 차원) → 총동원 순하자는 것이다. 굳이 사전동원이라는 개념을 논의할 때 이야기이다. D보다 M을 먼저 한다는 의미에서 사전동원을 이야기하는데 엄정한 의미에서 사전동원이란 개념은 있을 수 없다고 상기 문서에서 정원영은 주장한다.

〈표 10〉의 내용을 보다 구체화하여 표로 정리하면 〈표 11〉과 같다.

〈표 11〉 정원영의 부분동원제도 법령 정비방안(안)

구분		권역동원	사전동원	총동원
목적		· 전시 및 이에 준하는 비상사태 극복이나 사태예방을 위한 조치로서 · 전국민의 응집된 결속을 바탕으로 이를 이룩할 수 있도록 평시 준비하여 · 정부 주도하 전·평시 업무를 연계하는 측면에서 각종 동원을 통제·운영하는 사항을 규정		
여건		· 지역차원 급비상사태 시 · 국회인준 불가	· 전쟁징후 급작도래 시 · 국회인준 불가	· 전쟁발발 시 · 국회인준 후
범위		일부지역	전국 또는 일부지역	전국지역
		동원자원 한도 명시	동원자원 한도 명시	자원 총동원
동원령	발령	대통령		
	총괄	권역 책임자	국방부장관	국무총리
	주무	권역담당 비상조정관	합참의장	행정안전부장관
	해지	국회요구/ 총동원 시		사유해제/ 국회요구 시
절차/책임		· 즉각적인 국회보고 및 사후승인 획득 · 총동원 미연계 시 적절 보상실시		

22. 국가자원 활용 측면에선 민수용으로 동원 충당이 가능한 장비 및 시설 등의 일부를 군에서 평시부터 확보하고 있어야 하는 관계로 효율적 운용이 저해되는 까닭에 이를 해결할 현안도 있게 된다.

이러한 것을 기초로 부분동원의 정의에 대하여 정립해 보면 다음과 같다. '부분동원은 총동원과 대별되는 개념으로 전체를 동원하는 것이 아니라 지역별, 대상별, 시간별로 동원대상의 일부를 동원하는 것'이라고 할 수 있다. 본고에서는 시간별 동원대상의 일부를 동원하는 개념을 확장할 것을 주장한다.

제2절. 부분동원의 범위 설정

1. 부분동원의 범위 전·평시로 확장

앞에서 전제한 부분동원의 정의를 기초로 볼 때 부분동원 동원의 범위는 평시와 전시로 구분되어야 한다. 전시의 개념은 동원령이 선포되었을 경우의 병력동원, 전시근로자 동원, 물자동원을 대상으로 부분동원을 하는 것이고, 평시의 개념은 향방동원을 부분적으로 실시해야 한다는 개념으로 정립해야 한다. 물론 향방동원은 '부여 대침투 작전', '강릉 대침투 작전'이나 북공작원에 의한 '이한영 피살사건 시 대침투 작전' 등에서 실질적으로 동원지역을 제한하여 향방동원을 실시하거나 미실시한 바 있다.

이와 같이 현재의 대통령 훈령 28호나 통합방위법, 향토예비군 설치법에 의하여 지역을 한정하여 부분동원을 할 수 있으며, 향방예비군의 교대를 고려하여 동원대상을 제한적으로 동원할 수 있도록 되어 있는 것이다. 그러므로 이러한 개념이 실재하는 만큼 부분동원의 범위를 전시와 평시로 확장해야 한다는 것이다.

2. 전시의 부분동원 개념

기존의 부분동원은 전시 개념하 지역별, 대상별 부분동원 개념이었다. 여기에 전시 총동원의 부담을 해소하기 위해서 상황전개가 긴급하다고 판단되거나 긴급한 지역을 대상으로 부분동원을 해야 한다. 또한 동원에 대비하여 일부 간부나 핵심특기요원을 우선 동원하여 부대 증·창설을 할 수 있도록 준비하는 차원의 대상별 부분동원이 이루어져야 동원속도를 보장하고 부대 증·창설을 체계적으로 실시할 수 있다.

〈그림 7〉 전시 부분동원 개념(증 · 창설, 손실보충 부대)

전시 부분동원 개념	
지역별 부분동원	1. 전방군단 지역(인원/ 물자) 2. 축선별 군단, 군사지역(인원/물자) 3. 향토사단 등 후방지역(인원/물자)
대상별 부분동원	1. 전투긴요부대(인원/물자) 2. 상비사단, 동원사단 등(인원/물자) 3. 동원보충대대(인원/물자) 4. 안정지원사단(인원/물자)
부분동원지정부대 내 부분동원	1. 부분동원 대상부대 핵심인원/물자 2. 부분동원 대상부대 일부제대(인원/물자)

예를 들어 서부축선에서의 적의 침공의 우려가 농후한 상황이 진행되는 가운데 국방부 장관과 대통령은 서부축선의 동원사단의 조기창설이 요구되는데 전국을 대상으로 동원령을 발령하는 것을 건의하거나 결심하는 것은 매우 어려울 것이다. 그러나 동원령을 발령하기 위해서는 대통령 긴급명령(국가 전쟁지도지침)에 의하여 동원령을 선포하고 전시자원동원에 관한 법률(안)을 국회에 상정하여 의결을 할 수 있도록 해야 한다. 이때 국회의결 역시 국가경제의 부담을 고려할 때 총동원령을 발령하는 것에 대한 논란이 많을 것이다. 그러므로 경제적인 부담을 덜어주어서 국민적 혼란을 최소화할 수 있다면 부분동원을 해야 한다. 필요한 지역에 한정하여 부대단위 부분동원을 하여 군 지휘관이 필요한 부대를 조기 증·창설을 하게 해주어야 한다. 필요한 부대 내에서도 부대의 운용시점을 고려하여 지정된 부대 전체를 동원하는 방법과 시차를 두고 동원준비를 고려하여 지휘관 및 참모와 핵심특기병

대상별 부분동원 개념을 접목하여 부대 병력 전체가 동원되어 증 · 창설하기 전에 사전 준비를 할 수 있도록 하는 방법이 발전될 수 있을 것이다.

이와 같이 전시 부대 증·창설 부대 및 손실보충부대, 안정화작전부대 등의 부분동원개념을 정리해보면 우선 지역별 부분동원과 대상별 부분동원으로 구분할 수 있을 것이다. 이때 부분동원 지정부대의 인원과 물자의 부분동원 개념도 역시 핵심요원 및 장비와 기타로 구분하여, 또는 부분동원 지정부대 중에 지휘부와 여러 예하 제대 중에 1~2개 부대로 지정하여 동원할 수 있다. 아울러 시간별 개념을 접목할 수 있으나 여기서는 전시로 한정하였기 때문에 충무 3종 이후부터 필요시 부분동원을 할 수 있도록 해야 한다.

3. 평시의 부분동원 개념

평시 부분동원의 개념은 향방동원과 사변, 이에 준하는 비상사태 시 발령하는 부대 확장자원의 부분동원을 말한다.

〈그림 8〉 평시 부분동원 개념 발전(안)

평시 부분동원 개념	
향방 예비군 부분동원	1. 지역별 부분동원(인원/물자) 2. 대상별 부분동원(인원/물자)
부대확장/손실보충 부대 부분동원	1. 동원보충대대(인원/물자) 2. 동원사단, 수색대대 등(인원/물자) 3. 안정지원사단(인원/물자)
부분동원지정부대 내 부분동원	1. 부분동원 대상부대 핵심인원/물자 2. 부분동원 대상부대 일부제대(인원/물자)

첫째 향방동원의 개념과 사변·이에 준하는 비상사태 시 발령되는 부분동원을 말한다. 먼저 향방동원은 현재 대통령 훈령 28호에 의거 경계태세 발령 시 적용되는 진돗개 1, 2, 3단계와 통합방위 사태 갑·을·병종 그리고 향

토예비군 설치법에 의거한 향방동원이 발령인 경우를 말한다. 이때의 향방동원은 향토예비군설치법과 합참의 전투준비태세 조치부호에 의거 수임군부대장이나 수임군 부대장의 위임을 받은 경찰서장 등에 의하여 향방동원요건이 충족되었을 경우 발령할 수 있다. 이때 향방동원의 범위는 수임군부대장의 판단에 의거 향방동원지역을 결정할 수 있다. 그러므로 부분동원제도(동원기본법으로서의 부분동원제도 발전 시)에 향방동원을 부분동원의 범주에 포함하여야 할 것이다. 향방동원 역시 향방동원을 전체적으로 발령하여 군부대 등으로부터 무기, 탄약 등을 작전지역으로 운반해야 하기 때문에 선先소집 요원을 소집하여 준비해야 한다. 그러므로 수임군부대장이나 권한을 위임받은 자가 향방동원을 발령하기 전에 먼저 이러한 준비를 위한 요원을 설정하여 부분동원을 선행하고, 향방동원이 발령되면 향방예비군을 동원하는 방법이 발전되어야 한다. 이러한 개념이 향방동원발령이 되면 선소집 요원이라 하여 예비군중대에서는 사전에 협의하여 편성하여 운용하고 있기는 하지만 이러한 제도를 법적으로 정비해야 한다는 것이다. 이때 역시 인원과 물자(무기, 탄약 등 운반차량)도 동시에 부분동원이 되도록 해야 할 것이다.

둘째, 사변이나 이에 준하는 비상사태 시의 부대확장요원의 동원은 지역별, 대상별로 부분동원이 되어야 한다. 주로 후방지역의 소요발생이나 무장폭동, 충무 2종에 의한 동원령이 발령되기 이전(충무 3종)에 지역별, 대상별로 부분동원을 하는 것을 말한다. 전쟁 발발 이전, 동원령이 선포되지 않은 상태에서 부분동원[23]은 충무 3종(국방부 부분동원제도 검토안) 이전에는 불가능하다. 국방부에서는 이 부분동원의 대상을 기존의 작전동원 대상부대를 축소하여

23. 국가전쟁지도지침(대통령 훈령 284호)에 의거 충무 2종이 동원령이 발령되기 이전(충무 3종)의 제한적으로 대규모의 소요가 발생되고 무장폭동 등이 발생되었을 경우나, 대규모의 비정규전 부대가 후방에서 활동할 경우의 부분동원의 개념을 말한다.

M일 증·창설되는 부대의 병력과 물자를 부분동원하는 것으로 방향을 설정하고 있다.

셋째, 두 번째 항의 부분동원 개념은 국방부 부분동원제도 입법안으로서 충무 3종에서 동원령 발령(충무 2종) 간에 이루어지는 부분동원을 말한다. 그러나 본 연구에서는 충무 3종 이전에 혹은 평시의 상황발생 시 제한적인 부대 증·창설부대(동원사단, 수색대대 등)와 안정지원사단, 부대단위 손실보충자원(동원보충대대)에 대한 부분동원을 실시하자는 것이다. 즉, 전시, 이에 준하는 비상사태가 아닌 평시에 적의 침투 및 도발이나 이러한 사태가 예상되거나, 혹은 천안함 사건과 같이 합조팀에 의하여 현장에서 합심이 불가능한 경우에 적의 침투 및 도발이라고 추정결론을 내렸다면, 거의 확실시되나 확증이 부족하여 단정하기에 제한되는 '추정'되는 상황이라도 향방동원이 되어야 한다. 이때 향방동원의 수준으로 작전을 감당할 수 없다고 판단될 경우 수임군부대장에게 향방예비군 이외의 기동타격 능력, 봉쇄차단 능력을 제공하기 위해서 수임군부대에서 전시에 증·창설되는 부대확장요원이나 동원보충대대의 일부를 부분동원하여 활용할 수 있도록 해야 한다는 것이다.

즉, 전시가 아닌(충무 3종 발령상황이 아닌) 상황이라도 어떠한 조건을 충족할 경우 필요에 의하여 향토사단에서 창설하는 동원보충대대나 안정지원사단과 전방군단에서 부대확장 하는 동원사단, 기타 수색대대 등을 부분동원하여 수임군부대장이 활용할 수 있는 기동타격부대를 만들어 준다면 후방지역작전 임무수행이 한층 더 수월할 것이다. 이것은 충무 3종 이전의 적의 비대칭 위협에도 풍부한 가용부대를 활용하여 능동적으로 대처할 수 있게 해준다는 장점이 있다는 것이다.

이러한 부분동원제도를 적용한다면, 지정된 부분동원 부대 내에서도 부분동원 발령을 단계화하여 먼저 핵심요원 및 물자를 우선 부분동원하고, 상황

진척에 따라 나머지 부대요원을 동원하는 개념을 발전시킬 수 있다. 그러므로 부분동원제도는 기존의 지역별, 대상별 개념을 확장하여, 시간제 개념을 발전시켜야 하며, 국방부 부분동원법(전시법)을 충무 3종 발령시 작전동원 부대의 인원·물자의 부분동원을 하는 개념을 평시와 전시로 구분하여 평시에도 상황이 발생하면 필요에 따라서 수임군부대장(향토사단장과 전방군단장, 기타 지정부대장)에 의하여 부대를 단계별로 증·창설하여 운용할 수 있도록 제정해야 한다는 것이다.

제7장. 논의 및 결론

지금까지 제2장에서는 우리나라의 전·평시 위기관리 개념과 주제와 연계하여 전통적인 안보의 개념에 입각한 법령들과 동원령, 동원제도들이 어떻게 정립되어 있는가, 대통령 훈령 28호와 통합방위법, 그리고 한미방위조약 등의 법령 간에는 어떠한 차이점이 있는가를 살펴보았다. 또한 한국의 동원제도는 전통적으로 삼국시대, 고려시대, 조선시대에는 정예군 중심의 동원, 국민개병주의 정치와 군사의 일체화개념으로 동원의 개념을 유지해 오다가, 일제시대를 지나 해방 이후에는 국민개병주의를 채택하였고, 한국전쟁 이후에는 군사동원, 병력동원, 정신동원, 국가동원의 순으로 발전해왔으며, 아직도 이러한 동원의 개념들이 우리나라 제도에 내포되어 있음을 확인하였다.

제3장에서는 국방개혁 시 동원제도의 문제점을 분석하였다. 핵심은 첫째, 상비군과 예비군의 규모의 동반축소의 개념은 전통적인 국방사상과 배치된다. 둘째, 동원자원 정예화와 동원속도 보장을 위한 제도보완이 필요하다. 셋째, 동원조직을 구성하는 정예자원의 확보대책이 미흡하다는 점이다. 내용을 정리하면 다음과 같다.

우리나라는 국방개혁 2020/국방개혁 307 등에 의한 군 구조 개편을 추진하면서 오랜 기간 동안 조금씩 사회적 실험을 통해서 발전되어 오던 동원제도가 급격한 군구조의 변화기를 맞아서 다양한 각도에서 동원의 법·령·제도·조직·단계·속도·정예화·작전·훈련 등의 모든 개념에 혼란이 발생했고, 어느 분야는 국방개혁 2020/국방개혁 307의 수정에 의거 진퇴양난의 문제에 봉착되어 있다.

이러한 문제들을 조속히 국방사상의 구성요소인 양병(상비군 및 예비군의 조직·편성을 위한 법제, 그리고 훈련), 용병(후방지역 작전 시 초기격멸, 원점봉쇄를 위한 실질적으로 적기에 운용 가능한 가용병력 확보), 전쟁관(정신동원)측면에서 군, 정부기관, 국민 등 모든 요원의 정신무장과 그들의 직무에서의 실천이 시급히 이루어져야 한다.

제4장에서는 외국의 동원 및 부분동원제도를 살펴보고 우리에게 적용함에 있어서 문제점이 무엇인가를 진단하였다.

외국의 동원제도는 나라마다 처한 상황에 따라서 다양한 동원제도를 마련하고 있으나 일반적으로 총동원을 하기에 부담이 있기 때문에 동원령 발령의 결심 지연을 방지하기 위해서 보다 부담이 적은 동원방식, 그리고 작은 규모의 동원으로부터 점차 확대해 나가는 방식, 동원 시 즉각적으로 전투력 발휘가 가능하도록 지역별, 부대별로 동원하는 방식을 취하고 있음을 확인하였다. 물론 나라마다 약간의 차이점이 있기는 하지만 미국, 독일, 북한, 이스라엘 등은 부분동원을 통해서 부대단위로 단계적으로 충원할 수 있는 시스템을 가지고 있다는 점에 주목해야 한다는 것이다.

제5장에서는 추진 중인 우리의 부분동원제도가 지향하는 바가 무엇인가를 살펴보았다. 또한 부분동원제도를 도입할 때 무엇을 보완해야 할 것인가 하는 문제를 진단하였다. 이를 재정리해 보면 다음과 같이 두 가지로 정리된다.

① 첫째는 부분동원에 대한 용어의 정의를 재정립해야 한다는 것이다. 여기에는 평시의 부분동원과 전시의 부분동원으로 개념을 구분해야 함을 주장하였다. 왜냐하면 부분동원제도를 발전시킬 때 용어 그 자체가 부분동원이므로 동원대상의 일부를 부분적으로 동원하는 것이기 때문에 전시동원대상과 평시동원 대상을 보다 사용자 측면에서 구체화할 필요가 있다는 것이다. 그러므로 향방예비군과 일부 전시 증·창설되거나 손실보충부대로 창설되는 부대들을 전시만이 아닌 평시에도 필요에 따라 소정의 절차에 의하여 부분동원(인적자원, 물적자원)을 할 수 있도록 해야 함을 확인하였다. 따라서 부분동원의 개념은 지역별, 대상별 부분동원뿐만 아니라 시간제 개념을 단지 충무 3종 이후만이 아니라 평시의 상황발생 시까지 필요에 따라 시행할 수 있도록 확장하여 적용해야 한다.

② 두 번째는 부분동원의 범위를 재정립해야 하며, 다양한 형태의 부분동원시스템을 마련해야 한다. 평시의 부분동원 개념에는 기존에 있는 향방동원의 개념이 포함되어야 하며, 이 향방동원도 향방동원을 위한 결심조건이 요구되고 있고, 이러한 과정에서 결심 지연이 발생될 수 있기 때문에 이것도 핵심요원의 선 소집 및 물자를 향방동원령 발령 이전에라도 준비명령으로 동원할 수 있도록 해야 하며, 향방동원속도의 보장과 향방동원준비의 내실화를 위해서 부분동원의 개념이 접목되어야 한다. 또한, 후방지역 작전 시 적의 비대칭 위협(소규모, 연대급 이상의 대규모의 비정규전 부대)에 대비하거나, 초기 작전 시 원점에서 봉쇄 차단을 하기 위해서는 충분한 기동타격부대가 필요하다.

그러나 군규모를 국방개혁 목표연도에는 축소됨에 따라 우리는 이러한 후방지역작전수행을 위한 가용병력을 확보하도록 법적, 제도적 장치를 강구해야 한다. 그러므로 이를 위해서 우리는 부분동원제도(통합방위법의 일부로 부분동원을 포함시킬때, 혹은 동원기본법의 일부로 부분동원을 발전시킬 때)를 정립하면서 향방예비군의 부분동원은 물론 부대확장 부대, 동원보충대대, 안정지원사단 등의 일부를 제한적으로 수임군 부대장이 부분동원하여 사용할 수 있도록 부분동원의 시간제 개념을 평시까지 확장하여 적용해야 한다는 것이다.

결론적으로 본 연구의 주제인 부분동원제도의 발전에 대하여 연구를 하면서 부분동원은 결심권자의 동원결심지연을 방지하면서도, 전평시를 망라하여 임무수행가능성이 높은 가용병력을 창출하는 방법임을 확인하였다. 여기서 부분동원제도를 통하여 실질적으로 지휘관이 작전수행 시 사용 가능하도록 하기 위해서는 관련 법과 제도, 훈련을 통하여 달성해야한다.

그러므로 부분동원의 개념을 설정할 때 그 정의를 대범위, 중범위, 소범위로 압축해 나가면서 구체화 할 필요가 있으며, 부분동원제도를 시행함에 있어서는 지역별, 대상별 부분동원의 개념은 보다 실현 가능한 순서대로 단계화, 구체화할 필요가 있다. 그리고 시간제 개념의 부분동원은 전평시를 망라해서 법과 제도에 의하여 사용자가 실질적으로 동원하여 운용하기 편리하도록 부분동원의 개념을 발전시켜야 할 것이다.

본고를 연구하면서 다소 미흡한 부분은 국가 위기관리 기본법 제정 시 이러한 부분동원제도를 통해서 예비군 및 민방위의 조직을 국내재난지원, 해외재난지원 등의 활동을 할 수 있도록 평시에도 적용 가능한 모법을 제정하여 국가차원의 다양한 위기관리에 대응할 수 있는 법과 제도를 발전과 관련 조직과 인력의 평시 확보, 이러한 임무를 수행하기 위한 기획, 계획, 집행제대의 역할 구분과 네트워크 구축 등에 관한 사항을 전제하며 본고를 마친다.

〈참고문헌〉

1. 국방개혁 기본법: 2006.
2. 국가전쟁지도지침(대통령 훈령 284), 2011.
3. 국방부, 「위기관리규정」, 국방부. 2011.
4. 국방부, 「외국의 동원제도」, (서울: 국방부), 2003.
5. 국방부(동원전력관실), '이스라엘 · 미국예비군제도/ 적용가능 분야 검토', 국방부 e-지샘. (검색일: 2011. 3.16.)
6. 국방부, '부분동원제도소개, (서울: 국방부 e-지샘), (검색일: 2011.3.16)
7. 육군본부, '동원 50년 발전사(창군'-1998)", 1998.
8. 육군본부, 「한국고병서의 현대적 이해」, 육군 인쇄창, 2006.
9. 석승규, '독일군의 동원 및 예비군 제도와 전시 병력보충 방법',(대전: 육군교육사 독일 교환교관 보고서), 2008.
10. 이동훈, 『위기관리사회학』, 집문당, 1999.
11. 조영갑, 『한국위기관리이론』(서울: 팔복원), 1995.
12. 정원영, 정수성, 권태영, 김봉철, 안석기, '3장 발전적인 예비전력 육성 및 관리방안' – 한국전략문제연구소, 2005년 육군전투발전 미래지향적 인력설계 및 정책방향', 동진문화사, 2005.
13. 정원영, '동원관련법 정비 필요성/ 동원기본법 제정방안', (서울: 국방부세미나), 2010.
14. 조영갑, 『국가 위기관리론』, (서울: 신학사), 2006.
15. 합동 참모본부, 인터넷 홈페이지, 검색일: 2007.

제3회 최우수상

효과적인 안보의식 제고 수단으로서의 영화, 드라마에 대한 고찰

국군간호사관학교 간호학과 **윤 지 연**

제1장. 서론

지금 이 글을 쓰는 순간에도 대한민국은 여전히 전쟁 중이다. 잠시 휴전협정만 한 것일 뿐, 그 끝은 어디로 흐를지 모르는 분단국가이다. 1950년 6월 25일 북한의 남침 이후, 60여 년 넘게 지속되고 있는 전쟁은 여전히 우리 가까이에 상주하고 있는 거대한 비극이자, 우리 사회의 가장 큰 위협이다.

그렇지만 휴전 이후 수십 년이 흐른 지금, 미디어를 통해서 유통되고 있는 콘텐츠와 사회 분위기 속에서 그런 비극의 흔적을 쉽사리 찾기가 힘들다. 뿐만 아니라 때로는 안보에 대해 언급하는 것이 이데올로기적 갈등을 조장하는 우익으로 매도되기도 한다. 하지만 안보와 조국에 관한 문제는 진보와 보수라는 이분법적인 프레임으로 판단할 수 없는 문제이다. 국가와 안보에 관한 이슈는 정치적 이념만으로 바라볼 수 없는, 우리가 한 국가의 구성원이라면 누구나 갖는 필수불가결의 문제이기 때문이다.

최근의 북한의 천안함 피격사건, 연평도 포격도발 등 일련의 사건과 이명

박 정부로의 정권교체로 이후 이전 김대중, 노무현 정부 시절보다는 안보와 관련한 이슈에 대한 국민들의 관심과 경각심은 비교적 높아졌다 할 수 있다. 그러나 전쟁과 냉전시대를 경험한 적이 없으며 미디어를 통해 가상의 전쟁을 경험한 근래의 신세대들에게 전쟁이란 무엇일까? 이 시대의 미디어와 사회적 상황은 그들에게 먼저 취업, 불안한 진로 결정, 자본주의 사회에서 만들어지는 치열한 경쟁 속에서 생존을 위해 동료들과 피할 수 없는 전쟁이 기다리고 있다는 냉엄한 현실을 끊임없이 주입시킨다. 무한경쟁, 적자생존, 승자독식 등의 단어는 근래에 미디어가 가장 자주 사용하는 단어로 자리 잡았다. 그런 이들에게 주어진 병역의 의무는 그들의 생존을 위한 실제 전쟁과는 동떨어진 문제이며 오히려 자신의 진로에 악영향을 주는 하나의 커다란 장애물처럼 인식되기도 한다. 왜 이런 상황이 벌어지게 된 것일까?

먼저 첫 번째 원인은 김대중, 노무현 정부 당시의 남북관계 변화로 인해 장장 10여 년간 자라나는 당시 10대, 20대이던 세대들의 안보의식에 마비를 가져왔다는 것이다. 김대중 정부 출범 당시 악화된 경제상황에서 외자유치 분위기 조성을 위해 한반도의 평화와 안정이 필요했고, 이에 따라 '평화와 화해·협력을 통한 남북관계 개선'이라는 대북정책을 설정하게 되었다.[1] 또한 수많은 아사자와 탈북자, 꽃제비가 발생한 북한의 실상이 방송되어 북한동포를 돕자는 온정의 물결이 쇄도했다. 오랫동안 감춰져 왔던 한민족의 남은 반쪽에 대한 실상이 기아와 굶주림, 아사로 드러나자 동포애가 발동한 것이다.[2] 이러한 상황 속에서 국민들의 북한에 대한 인식은 크게 바뀌었다. 김영삼 정부 시기에는 20%~30% 이내에 불과하던 '북한을 협력 대상으로 인식'

1. 김정란, '대북포용정책의 변화와 지속성 : 김대중정부와 노무현정부의 대북정책 비교연구', 2008, p.20
2. 통일교육원, '통일교육 : 과거 · 현재 · 미래', 통일자료집, 2012, p.260

한다는 응답률이 김대중 정부시기에 점차 상승세를 타고 2000년에 이르러서는 49.8%로 높아졌다.[3] 이러한 북한에 대한 인식의 변화는 안보교육보다는 통일교육이 중시되는 분위기로 바뀌면서 대적관의 약화를 가져왔다.[4]

또한, 주목할 만한 것은 김대중 정부의 햇볕 정책 이후 남북 간의 첨예한 갈등을 다루는 영화보다는 「공동경비구역 JSA」, 「간첩 리철진」 등과 같이 남북 간의 적대적 현실을 희석시키고 남북의 평화와 포용 분위기를 조장하는 작품들이 주로 조명되었다는 것이다. 이어서 노무현 정권에 이르러서는 더욱 그 분위기가 심화되고 고양되어, 「괴물」, 「효자동 이발사」, 「화려한 휴가」, 「그때 그 사람들」 같이 과거의 정부를 비판하거나, 주한미국에 대한 비판, 공권력에 대한 비판이 더욱 심화되었다. 그리고 최근에도 「더킹투하츠」와 같은 드라마를 통해 북의 체제의 모순에 대한 비판보다는 남북 간의 평화적인 교류가 더욱 중요한 가치로 자리 잡게 되었다. 이로 인한 20대 층의 안보 약화는 몇몇 언론의 지적을 통해서도 드러났듯이 현재와 미래의 국가안보에 있어 심각한 문제로 인식되고 있다.

2010년 모 중앙일간지 기사에 따르면, 최근 20대들은 제대로 된 안보의식이 형성되어 있지 않으며, 특히 국가안보를 책임져야 하는 군인·법조인 사회에서 이 문제가 더 심각한 것으로 나타나고 있다.[5] 2004년 1월 육군사관학교 가입교생 250여 명을 대상으로 주적主敵을 물었는데 33%만 북한이라 답하고, 34%는 미국을 꼽았다. 2006년에는 사법시험 3차 면접시험에서 "주

3. 이교덕, '대북정책에 대한 국민적 합의기반 조성 방안', 통일연구원, 2000, p.30

4. 통일교육원, 2012 전게서, p.261

5. 곽수근,'[戰線 지켜야 平和 지킨다] 좌파정권 10년 흔들린 안보기강… 2004년 육사 假입교생 34% "미국이 주적", 조선일보, 2010, 12, 6.

적은 미국이다." "북한 핵은 우리나라에 위협이 되지 않는다."고 대답했다가 입장을 번복하는 합격자가 있기도 했다. 2008년에는 공군사관학교 4학년 생도가 개인 홈페이지에 'F-15K 전투기는 살인기계'라는 글과 좌파 불온서적 내용을 올리는 등 반군·좌파 성향을 드러내 퇴교 조치되는 일이 있었다.

이뿐만 아니라 천안함 피격사건과 연평도 포격사건 직후의 설문조사에서도 역시 이러한 문제가 심각함을 알 수 있다. 천안함 피격사건 조사결과를 신뢰한다고 답한 응답이 대다수인 기성세대와 달리 20대와 30대는 절반도 채 되지 않는 것으로 나타났다.[6] 천안함 사태의 경우 천안함 침몰원인에 대한 물증이 제시되었고 사건 해역이 북한과 여러 차례 군사적 충돌을 빚은 바 있는 백령도 인근이라는 점, 미국을 포함한 여러 국가들이 북한을 천안함사건의 범인으로 지목하고 있는 점을 고려할 때 결코 높은 응답률이 아니다.[7] 행정안전부의 보도자료(2012)에 따르면 북한의 체제변화 및 군사위협이 안보의식에 미친 영향이 성인의 경우 절반 이상이 '안보의식이 높아졌다'고 응답한 것에 비해 청소년은 '변화 없다'가 절반 이상인 것으로 볼 때 다른 세대에 비해 북한과의 전쟁 위험성 등에 대한 주적개념이 낮은 것으로 판단할 수 있다.[8]

이상신의 천안함을 중심으로 살펴본 정부신뢰의 위기에 대한 한 연구자료(2010)[9]에 따르면, 정부에 대한 신뢰수준에 중요한 영향을 미치는 변수 중 젊은 세대인 20대는 50세 이상의 노년층보다 천안함 사건에 대한 정부 발표를 불신하였다.

---

6. 이대희, "'나꼼수' 열풍, '조중동' 종편…'진짜 기자'가 설 곳은 어디에?', 프레시안, 2011. 12. 31.
7. 이상신, '정부신뢰의 위기 : 천안함 사건을 중심으로' 「한국정치학회보」 44 (4):97-117.(7, 8), 2010.
8. 행정안전부, 2012년 6월 보도자료 '지난 1년간 국민 안보의식 높아져'
9. 이상신, 2010 전게서.

이러한 안보 의식의 저하와 희석은 20대뿐만 아니라, 30대 층에서도 나타나는데 그 바로 대표적인 사례로 「나는 꼼수다」(이하 '나꼼수')를 들 수 있다. '나꼼수'는 종편 채널 개국, KBS의 민주당 도청사건 연루 의혹 등의 문제로 뉴스소비자들로부터 불신이 커진 시점에 등장했다. '나꼼수'의 주 내용은 대통령과 특정 정당에 대한 풍자와 비판으로, 정통 시사프로그램이라 볼 수는 없으나, 정치에 무관심한 세대로 통칭되던 2030 세대들을 정치에 참여하게 했다는 데 의의가 있다.[10][11]

20대, 30대 청년층의 이러한 사회 문화적 분위기를 통해 드러나는 국가관과 안보의식은 북한의 대남 선전보다도 위협적일 정도로 국가관과 안보의식을 잠식하며 크게는 반反국가관을 주입함으로써 국가의 존립을 위태롭게 할 수도 있다. 이러한 20·30대의 안보 불감증은 향후 한반도 위기 상황 발생 시 총체적인 안보 위기를 넘어, 자유민주주의 국가로서의 존립에 대한 커다란 위협이 될 수 있다. 최근엔 지속적인 북의 대남 선동을 비롯해 중국과 일본 등 인접국과의 역사와 영토 분쟁 등으로 다양한 국가와의 국제적 갈등이 벌어지고 있는 시대이다. 그렇기에 더욱 굳건한 국가관과 애국을 필요로 하지만, 우리의 현재는 그 수준에 못 미치는 상황이다.

필자는 본 연구를 통해서 2030세대로 통칭되는 20·30대 세대의 중요성과 특성 그리고 이에 따른 안보의식 제고를 위한 새로운 접근법들에 대해 먼저 알아본 후, 그중 가장 효과적이라고 판단되는 영화, 드라마의 활용에 대해 보다 심층적으로 고찰해보고자 한다.

---

10. 이대희, 2011 전게서.
11. 정용인, "'나꼼수', 대선국면에서도 핵심 역할 할 수 있을까", 경향신문, 2012. 4. 21.(10, 11)

제2장. 2030세대의 특성과 새로운 접근법

2030세대는 현재 만 19세부터 만 39세까지를 말하며 이들은 대한민국 인구의 34%가량을 차지하며 이는 전체 유권자의 46%에 해당한다.[12] [13] 때문에 2030세대는 비단 국가안보에 대한 문제에 있어서 뿐만 아니라 정치, 산업, 교육 등 광범위한 분야에 영향력 있는 중요한 세대로 다뤄지고 있다. 이번 단락에서는 2030세대의 특성에 대해 먼저 알아보고, 최근 국민 안보의식 제고를 위한 새로운 접근법들에 대한 논의를 통해 2030세대의 안보의식 고취를 위해 어떤 방법으로 다가가야 할 것인가에 대해 알아보고자 한다. 2030세대의 특성에 대해 더욱 다양하고 흥미 있는 스펙트럼을 가지고 논의할 수도 있겠지만, 이 글에서는 2030세대의 안보의식 제고와 관련하여 유의미한 특성들만을 가지고 제한적으로 논의하고자 한다.

가. 2030세대의 특성

2030세대는 한마디로 표현하자면 다분히 개인중심적이고 실용주의적인 세대이다. 특히, 경제문제에 있어 매우 민감하며 심지어는 국가관의 문제에 있어서조차 실용주의적 태도를 취하는 경향이 있다.「이들은 세상을 바라볼 때 나와 가족을 중심에 놓고, 그다음에는 필요에 따라 바뀔 수 있는 사람들이라고 본다. 좌파든 우파든 이들에게 국가나 민족과 같은 거창한 명분을 내세웠다가 본전도 못 건지는 이유가 바로 이 때문이다. 이들의 중심가치관은 바로 돈이다. 젊은 여성들이 유흥업소에서 일하는 것, 돈이 되는 일이라면

12. 전경웅 '[심층분석]'무주공산'2030세대 그들은 누구인가",
미래한국 Daily http://www.futurekorea.co.kr/news/articleView.html?idxno=20666

13. KYJ 한국청년연합 http://blog.daum.net/_blog/BlogTypeView.do?blogid=0GYvp&articleno=6445462#ajax_history_home

제약사 임상실험 등 뭐든지 하는 세태, 사람을 스펙과 학벌로 평가하는 모습, 외모에 따라 호불호가 극명하게 갈리는 모습을 보면 기성세대들이 보기에는 천박하고 중심이 없는 듯 보인다. 하지만 2030세대가 이렇게 된 건 생존 그 자체가 어려워졌기 때문이다. 2030세대는 우리나라에서 돈이 있으면 안 되는 게 없는 상황을 태어나면서부터 보고 배우며 자랐다. 수천억 원을 횡령하거나 빼돌려도 휠체어 타고 나타나면 몇 달 있다 풀려나는 재벌과 정치인들, 성추문과 음주운전 등 온갖 범죄를 저질러도 돈만 있으면 집행유예로 나오는 권력자와 연예인 등을 계속 봐왔다. 여기에 외환위기를 겪으며 그들의 부모나 친척이 실직한 뒤 가정이 풍비박산 나는 모습을 본 2030세대에게 가장 중요한 것은 생존이고, 그 생존의 필수요소가 돈이라는 것은 관념이 아닌 현실이다.」[14]

이러한 기준에서만 본다면 2030세대에게 있어서는 가족이나 국가와 같은 공동체의 중요성과 국가안보에 대한 논리 역시 경제와 생존의 논리로 풀어나가야 할 것이다. 그러나 한편으로 이들에겐 국가의 주인은 나라는 강한 의식도 동시에 존재한다. 「2030세대는 유교질서를 배운 세대들과는 달리 무조건 국가에 충성하는 것은 바보라고 본다. 때문에 국가가 나에 우선하기보다는 내가 있어야 국가가 있고, 내가 국가에 의무를 다해야 내 가족이 국가로부터 보호를 받는다는 사회계약설을 믿고 따른다. 2030세대의 이런 마인드는 병역의무 문제, 천안함 폭침이나 연평도 기습도발 전후 모습에서 드러난다. 어떤 정치인이건 재벌이건 간에 군 입대를 회피한 사람은 국민의 자격이 없다고 본다. 천안함 폭침에 있어서도 국방부와 청와대의 어설픈 대응을 비판하는 여론이 조작설보다 강했다. 연평도 기습도발 후에는 되레 해병대 지

---

14. 전경웅, 전게서.

원자가 두 배 넘게 늘었다. 이 모든 것이 국가에 대한 의무와 국민의 자격을 보는 시각이 뚜렷하기 때문이다.」[15]

나. 국민안보교육에 대한 새로운 접근

그럼 이들의 마음을 사로잡고 안보의식을 고취하기 위해서는 어떤 방식으로 접근해야 하는가? 한마디로 요약하자면 2030세대에게는 과거와 같이 국가와 민족에 대한 맹목적 충성을 요구하며 무조건 끌고 가려 하기보다는 국가안보의 주체로서의 그들의 지위를 존중하고 책임을 공유하며 국가안보를 소비하는 소비자로서의 권리를 인정하고 국가안보의 문제에 있어 함께 소통하는 자세가 필요하다. 「대부분의 사람이 그렇듯 2030세대도 자신들의 눈에서 기성세대를 비교 평가한다. 2030세대의 입장에서는 자신들보다 외국어 실력도 못하고, 전공이나 전문지식도 부족하게 보이는 기성세대들이 큰 소리를 치며 자신들의 의견을 무시하거나 외면하는 게 마음에 들 리가 없다는 것을 기억해야 한다.」[16] 쉽게 말해 2030세대를 대함에 있어 무조건 가르치려하는 자세보다는 그들을 존중하고 소통하려 하는 자세가 보다 효과적이라는 말이다.

이러한 점들은 오늘날 신세대를 대상으로 하는 軍의 안보교육 현장에 그대로 반영되고 있다. 최근 각 급 부대에서는 과거 지휘관이나 정훈장교에 의한 교육은 물론 또래 병사들로 구성된 교관을 육성·운영하기도 한다. 교육 후 가진 설문조사에서 병사의 95.4%가 "신분이 같은 병사라 솔직하게 소통할 수 있어 좋았다"는 긍정적인 반응을 보였다.[17]

---

15. 전경웅, 상게서.
16. 전경웅, 상게서
17. 이영선, "秘境〈비경: 빼어난 경치〉 품은 가을들녘… 뛰는 가슴마다 안보 새겼다", 국방일보, 2012, 9, 11.

또한 교육은 강의라는 고정관념에서 벗어나 교육과 문화를 결합시킨 에듀컬처Educulture 개념이 각광을 받고 있는 것도 국민들을 더 이상 안보교육대상이 아닌 소비자로서 인식하는 태도를 잘 반영하고 있다. 2008년 기획단계에서부터 군의 획기적인 시도로 많은 이들의 관심을 받았던 뮤지컬 MINE을 제작한 육군본부는 문화예술을 활용한 군의 성공적인 문화마케팅 전략을 대외적으로 인정받아 2008 한국 PR대상을 수상하기도 했다. 또한 공연에서 실시한 관객설문조사에서도 약 70% 이상의 관객들이 군과 예술의 만남을 고무적인 것으로 평가하였으며, 89.1%의 관객들이 이 공연을 주변인들에게 추천하겠다는 응답을 하였다. 또한, 2010년 주지훈-이준기의 열연으로 큰 인기 끌었던 '생명의 항해' 역시 티켓예매를 시작한 지 30분 만에 예매순위 1위에 오르는가 하면, 발매 1시간 만에 주말과 저녁공연의 R석을 모두 팔아치웠다.[18] 특히 고무적인 내용은 티켓 예매자 중 80% 이상이 국가안보의 취약계층인 여성이었으며, 그중 20~30대가 70%로 당시 군 복무 중이던 배우 이준기, 주영훈(주지훈), 뮤지컬 스타 김세현(김다현)의 출연에 대한 관심과 더불어 뮤지컬 배우 윤공주와 손현정, 문종원 등이 '생명의 항해'에 출연하였으며, 뮤지컬 '명성황후'와 '영웅'의 연출자 윤호진 총 감독, 김정숙 작가, 미하엘 슈타우다허 작곡가, 권호성 연출, 박동우 무대감독 등 국내 뮤지컬계에 내로라하는 스태프진이 참여해 완성도를 높였기 때문으로 풀이된다. 당시 '생명의 항해'의 프로듀서였던 육군본부 이영노 중령은 "모이기 힘들 사람들이 '6·25 제 60주년 기념사업'을 위해 땀을 흘리고 있다. 많은 관심을 가져주신 만큼 작품성과 예술성을 기대해도 좋을 것"이라고 말하기도 했다. 이는 뮤지컬이 병영 내 문화 예술 활성화의 발판을 마련하는 한편, 국민들과 군의 소통 매개체로서 역할을 하게 할 것이라는 육군 측의 기획 의도가

18. 뉴시스, "참 착하다, 블록버스터 전쟁뮤지컬 '생명의 항해'", 2010. 8. 27.

성과를 거두었음을 확인시켜 주는 것이다.

이처럼 새로운 개념의 軍의 대국민 안보교육 프로그램은 각 주체마다 그 형태와 규모가 다르긴 하지만 보다 핵심은 국민들에게 친숙하게 다가갈 수 있도록 스토리텔링식으로 전달한다든가, 뮤지컬, 비보이 댄스, 마술, 군악 밴드 등 국민들이 즐길 수 있는 형태로 구성되어 있다는 것이다. 다시 말해 우리 軍의 대국민 안보교육이 기존의 강의나 선전 위주의 일방향의 주입식 홍보의 개념에서 2030세대들의 문화적 욕구를 이해하고 즐기며 소통하는 엔터테인먼트식 쌍방향 커뮤니케이션으로 변화하고 있다는 것이다.

이러한 변화는 2030세대들의 효과적인 안보의식 제고 수단을 논함에 있어 가장 대중적이면서도 강력한 파급효과를 지닌 엔터테인먼트 매체인 영화, 드라마를 최우선적으로 고려해야 한다는 점을 강력히 시사하고 있다. 무엇보다 문화콘텐츠에 대한 소비욕이 강한 2·30대 젊은이들의 특성을 고려할 때 2030세대의 안보의식 고취에 있어 영화, 드라마보다 더 자연스럽고 친숙하게 이들의 일상생활 속으로 파고들 수 있는 효과적인 방법은 없을 것이다. 특히 영화, 드라마를 즐기는 주요 소비층이 안보의 최대 취약층인 30대 주부, 20대 여대생임을 고려할 때 더욱 그러하다.

제3장. 효과적인 수단으로서의 영화, 드라마

1895년 뤼미에르 형제가 만든 영화가 처음으로 상업적으로 상영된 이후 19세기와 20세기를 구분 짓는 가장 큰 잣대 중 하나는 그 전에는 단일한 이미지나 산문이나 시 등을 통해서 대다수의 문화적 소비가 이뤄졌다면, 20세기에는 그중 상당부분이 영상문화로 헤게모니가 넘어왔다는 점이다. 초기의 영화에 대한 전망은 단순히 일상의 한 단면이나 역사적 사실을 기록한 다큐멘터리적인 측면에 그쳤다. 영화를 처음으로 만들었던 뤼미에르 형제조차 얼마 가지 않아서 영화에 대한 관심이 시들어질 것이라 예언했다.

하지만 그런 뤼미에르 형제의 예언은 형편없이 빗나갔다. 1920년대 혁명 이후의 러시아에서 개봉되었던 「전함 포튬킨」은 혁명 이후의 러시아 사회를 가장 효과적으로 그려냄과 동시에, 세계 영화사에서 영상 매체가 사회에 영향을 끼친 가장 획기적인 사례로 기록되고 있다.

한국에서도 최근 「부러진 화살」이나 「도가니」, 「그놈 목소리」 등의 영화는 흥행성공과 함께 한국 사회에 상당한 반향을 일으켰다.[19] 「부러진 화살」 같은 경우 사법부에 대한 재고찰과 석궁판사 사건에 대한 환기를 불렀다. 그리고 「도가니」는 입법부까지 나서서 도가니 법을 만들고, 이미 종결된 사건을 다시 수사하게 하였으며, 성범죄를 비롯한 강력 범죄에 대한 관용 없는 문화가 형성되었다. 그 밖에도 「그놈 목소리」나 「아이들」 등의 실화를 바탕으로 한 작품을 통해서 영화는 끊임없이 현실에 개입하였고, 또한 막대한 영향력을 우리 사회에 보여주었다.

한편, 20세기 초반 전기의 보급 시작과 동시에 전 세계에 급격히 퍼지기 시작한 TV 역시도 거대한 사회적 변화를 만들기 시작했다. TV를 대중 참여적인 매체로 분류하고, 미디어는 메시지라는 짧은 경구로 집약한 맥루언의 주장처럼 TV는 어떤 미디어보다도 강력한 대중 매체로서 자리 잡았다. 특히

19. 영화진흥위원회, '2011년 1월~11월 영화산업통계', '2012년 1분기 한국 영화산업 결산'

한국에서는 TV가 보급되기 시작한 70년대 이후부터 대중의 여가문화이자 정보전달의 가장 중요한 창구로 자리 매김하고 있다. 2000년대 들어서는 기존의 TV뿐만이 아니라, DMB, 위성방송, 인터넷 방송, UCC 등으로 그 외연이 확장되고 있다. 하지만 그 기본적인 형태는 여전히 100여 년 전부터 우리 곁에 등장한 TV라는 점을 부정할 수 없다.

드라마 「시티헌터」는 첫 회에 아웅산 폭탄 테러 사건을 재현하여 시청자들에게 역사적 사건에 대한 재조명을 통해 관심을 얻었고,[20] 드라마 「유령」의 경우 해킹이라는 전문적인 컴퓨터 영역에 관련된 소재를 쉽고 재미있게 풀어가면서, 대중들에게 해킹에 대해 관심과 이해를 높이는 계기로 작용했다. 또한, 최근에는 성폭행 전과자에 대한 음란물 단속 및 아동 음란물 유포자에 대한 형사처벌이 강화되고 있다. 이러한 사회적 논의의 이면에는 어떤 영상물이 그것을 보는 사람의 태도와 행동에 영향을 미친다는 전제가 깔려 있다고 할 수 있을 것이다.[21] [22]

이러한 각종 영상콘텐츠는 스마트폰이나 태블릿PC 등과 같이 이제 더욱 작고 간편해진 도구를 통해 더욱 손쉽게 다가갈 수 있으며, 광범위하게 제작되는 여러 방송콘텐츠들은 우리 지구를 하나의 지구촌을 만들고 있다. 어제 한국에서 만든 유명 가수의 뮤직비디오를 실시간으로 생생하게 미국에서 볼 수 있다는 것, 어제 한국 가수의 공연을 동남아시아에서 다음날 이면 볼 수 있는 것이 다 그 덕분이다. 이는 맥루언이 언급한 대로 미디어를 통해서 우리 사회가 실시간으로 서로가 서로에게 영향을 미칠 수 있는 거대한 하나의

---

20. 손지은, '「시티헌터」 드라마 최초 아웅산테러 완벽재현 화제', 티브이데일리, 2011, 5, 23.
21. 이창무, '아동음란물의 천국 대한민국', 동아일보, 2012, 9, 11.
22. 이경기, '아동음란물 소지자 형사처벌 본격화', 내일신문, 2012, 9, 5.

소사이어티가 되었다는 것을 의미한다.

이처럼 다양한 미디어 중심으로 문화적으로 하나로 통합되고 있는 글로벌 미디어 소사이어티에서 우리의 국가안보와 軍은 어떻게 형상화되고 있을까? 이번 단락에서는 각종 정부 정책과 국가안보 문제에 있어 영화, 드라마를 가장 적극적으로 활용하고 있는 미국의 사례에 대해 알아보고 이를 우리 한국 사회에 어떻게 적용할 것인가에 대해 우리의 현실에 비추어 집중적으로 논의해보고자 한다.

가. 대국민 안보의식 제고 성공모델로서의 미국

미국은 20세기 초부터 이미 영화가 효과적인 선전 수단으로 활용될 수 있음을 인식하고 경기부양을 위한 소비자들의 소비촉진 등에 활용해 왔다. 특히, 미군은 1, 2차 두 차례의 세계대전을 거치며 절대적으로 필요했던 장병 모집을 위한 주요 홍보수단으로 영화를 적극 이용해왔으며, 영화계 또한 전 세계를 무대로 하는 미군을 이용하여 동서양의 신비롭고 이국적인 문물과 풍광 등 새로운 것에 목말라하는 관객들에게 즐거운 경험을 제공할 수 있었다.

이후 1950년대에 들어서면서부터는 영화는 세계대전의 종식과 함께 미국을 위시한 자유진영과 소련을 위시한 공산진영과의 냉전, 핵무기개발, 베트남 전쟁 등 세계대전을 거치며 거대한 규모로 성장한 미국의 군사력 유지 및 주요 안보현안에 대한 공감대를 형성하기 위한 수단으로 적극 활용되기 시작한다. 달 전략기지 선점에 대한 과학자들의 경쟁을 다룬 「데스티네이션 문」(1950)이나 베트남전쟁에서 특수부대의 영웅적인 활약을 다룬 영화 「그린 베레」(1968), 2차 세계대전 당시 일본의 진주만 습격을 소재로 다룬 영화 「도라!도라!도라!」(1970) 등이 모두 이 시기에 만들어진 영화들이다.

80년대에 들어서면서부터는 그간 잠시 화해의 조짐을 보였던 미·소 관계가 1979년 소련의 아프가니스탄 침공으로 끝이 나며 강력한 군사력 유지 및 핵무기 확보, 재래식 무기의 현대화 등 신냉전시대에 들어선 미국의 강력한 국방정책에 대한 정당성 선전으로 영화들이 제작되기 시작한다. 사회의 부당한 처우와 인식에 대한 베트남전 영웅의 분노, 그리고 신냉전시대의 새로운 미션 등이 함께 어우러져 나타나고 있는 「람보 I(1982), II(1985), III(1988) 시리즈」, 소련의 코를 납작하게 만드는 미국 복싱 챔피언의 이야기를 다룬 「록키IV」(1985), 핵무기의 위협, 첨단 로봇 무기 개발 등 미래전에 대한 내용을 소재로 한 SF블록버스터 영화 「터미네이터」(1984), 미국의 1급 전투조종사를 양성하는 학교를 소재로 다룬 영화 「탑건」(1986), 마약밀매 등으로 부패하고 몰락해가는 공산주의 소련을 소재로 한 버디무비 「레드 히트」(1988) 등은 80년대의 미국의 시대적 상황과 요구를 잘 반영하고 있다.

1990년대 들어서면서부터는 냉전의 종식과 함께 외계의 침공이나 테러리즘과 같은 미국의 국가안보시스템을 유지하기 위한 새로운 위협요소의 필요성이 대두되면서 「에어포스원」, 「블랙호크다운」, 「아이언맨」, 「트랜스포머」 등 새로운 형태의 전쟁을 그린 영화들이 제작되기 시작한다. 물론 이 시기에도 「햄버거 힐」, 「위워솔져스」와 같은 과거의 전쟁을 그린 영화들도 다수 등장한다. 그러나 이러한 과거전쟁에 대한 재생산 역시 냉전 이후 밀리터리 수퍼파워를 바탕으로 한 미국의 경찰국가로서의 정당성을 그리는 데 이바지하고 있다.

이처럼 헐리우드에서 국가안보와 관련된 영화들이 많이 제작되는 것은 물론 미국 국민들의 상무정신과도 연관이 있겠지만, 그 뒤에는 이러한 영화들을 많이 양산해내고자 하는 미국 정부와 국방부의 피나는 노력이 자리하고 있다. 미국의 정치적 지도자들은 양차대전과 냉전, 제3세계에 대한 군사적 개입 등 미국적 세계질서를 보다 확산, 정당화해 나가는 과정에서 자유민주주의 체제하의 모든 국가가 그렇듯이 미국이 추진하는 대내외 정책에 대한 국민 절대 다수의 확고한 지지가 필요했고 이러한 국민적 동의를 얻어내는 수단으로써 헐리우드 영화를 적극 활용하고 있는 것이다. 국방부를 비롯하여 CIA, FBI 등 미국의 각 정보기관은 물론 대부분의 정부기관에서도 영화, 드라마가 그들이 하는 일을 대중들에게 가장 쉽고 효과적으로 홍보할 수 있는 훌륭한 도구임을 경험을 통해 체득하고 있으며, 헐리우드와의 유대관계를 더욱 발전시켜 나가기 위해 관련 부서의 조직을 더욱 강화해 나가고 있다.

특히, 미 국방부는 미국 영화의 총본산이라고 할 수 있는 할리우드가 위치한 로스앤젤레스 지역에 육해공이 통합된 LA사무소를 운영하고 있어 영화계 인사들과 활발한 교류를 하고 있다. 미 국방부는 1947년 이후 연평균 2.7편의 영화를 제작지원해 왔으며, 2002년까지 총 224편의 영화 중 57% 이상의 영화들이 미군의 인력과 장비, 장소 및 기술조언 등 제반 사항에 대한 전폭적 지원을 받았으며, 미군이 제작지원 요청을 받고도 지원을 하지 않은 경우는 15% 정도에 불과하다.

〈표 1〉 미 국방부의 영화 제작지원 현황(1947~2002)

구분 / 계	요청거부	적극지원	제한적지원	소극적지원	해당없음
224편	33편	129편	15편	7편	40편
100%	15%	58%	7%	3%	18%

- 적극 지원(FC: Full Cooperation): 인력 / 장비 / 장소 적극지원, 기술조언
- 제한적 지원(LC: Limited): 장소 / 최소인력 지원, 기술조언
- 소극적 지원(CC: Courtesy Cooperation): 기술조언, 영상자료(combat footage) 지원

출처) 현창용,“美 국방부의 영화 홍보 전략”참고자료, 육군본부 정훈공보실 열린게시판, 2008. 11. 25.

또한 인터넷을 통해 영화, 드라마 제작지원을 위한 온라인 가이드북을 제공함으로써 직접 LA사무소를 방문하지 않는 영화제작자들에게도 어떻게 하면 영화제작지원을 받을 수 있는지 쉽게 이해할 수 있도록 Q&A식 가이드라인을 제공하고 있다. 또한 LA사무소의 시나리오 검토를 통해 영화제작·지원이 결정된 작품의 경우에는 영화 한 편당 이를 전담하여 군의 제작지원을 총괄할 별도의 사업장교를 임명하여 군의 지원 관련 제반영역에 있어 제작사와 유기적인 협조가 이루어질 수 있도록 지원하는 한편, 현장에서 발생할 수 있는 우발적인 변경사항들에 즉각적으로 대처하게 함으로써, 영화 한 장면 한 장면에 대해 자기 주도적이고 능동적인 검토가 이루어지고 있다.

나. 우리 軍의 영화, 드라마 제작지원 성과와 한계

이러한 점들은 국방부 및 육해공 각 군 본부에 분리되어 영화, 드라마 시나리오를 검토하고 해당부대 업무담당자에게 위임하여 제작지원하고 있는 우리 군의 시스템과는 매우 다르다고 할 수 있다. 우선 현대전이나 미래전의 성격상 이러한 부분을 다루는 SF나 액션영화들은 대부분 육해공군의 통합적인 지원을 필요로 하고 있는데, 우리는 육군이나 해군, 공군이 각자가 의뢰받은 제작지원 분야에 대해 독립적으로 지원하고 있으며, 그나마 이를 검토하는 각 군 본부의 담당장교도 이러한 영화, 드라마 등 엔터테인먼트 미디어에 대해 전담업무의 성격이 아닌 문화예술 전반에 대한 포괄적인 지원을 포함해서 함께 담당하고 있는 경우가 대부분이어서, 군으로부터 영화제작지원을 받아야 하는 제작자로서는 국방부는 물론 각 군으로부터 별도의 승인을 받아야 하는 것은 물론, 각 군에서는 각 군의 사항들에 대해서만 겨우 시나리오를 검토하는 정도의 여력밖에 없기 때문에 지원하면서 소극적이 되기 쉽다. 이러한 상황 속에서 민간영화를 제작·지원함에 있어 육해공군이 함께 동시통합적인 시너지 효과를 발휘하기는 거의 불가능에 가깝다. 더구나 일부 작품을 제외하고는 대부분 시나리오 검토 이후에 제작사가 필요로 하는 지원사항에 대해 해당부대에서 자체적으로 지원하는 수준에 불과해, 전담사업장교 임명을 통해 전문적으로 영화제작 전반에 대한 모든 사항을 총괄 모니터하는 미국의 시스템과는 당연히 질적인 수준 차이가 날 수밖에 없다.

이러한 제한점들이 우리나라의 영화제작자들에게 군으로부터 보다 쉽게 영화제작지원을 받을 수 있는 접근성을 떨어뜨리고 있으며, 이로 인해 제작자들이 군에 대해 느끼는 거리감과 폐쇄성, 경직된 구조, 비합리성 등 군 조직에 대해 느끼는 부정적 인식과 이에 대한 반감이 군이나 안보문제를 다루는 영화, 드라마 작품에 그대로 영향을 미치고 있는지도 모른다.

"민간인들에게 보안·작전상의 문제로 폐쇄적이라 할 수 있는 군 특성상 영화나 드라마가 실상을 정확하게 파악하기 힘들기 때문이라 생각합니다. 또한 군의 장점에 대해서는 편하게 묘사할 수 있지만 정서적으로 군의 문제점을 지적하기 어려운 사회 분위기 때문이라 생각합니다."[23]

물론, 상업성과 함께 예술성을 동시에 추구하는 영화의 특성상 작품 자체가 매우 독특한 예술의 세계를 추구함으로써 軍의 의도나 노력과는 관계없이 軍이 이미지에 손상을 입는 경우도 종종 있다.

그 대표적인 예가 바로 영화 「해안선」(2002)이다. 영화 「해안선」은 얼마 전 「피에타」라는 작품으로 베니스 영화제에서 황금사자상을 받은 김기덕 감독이 연출한 작품으로, 폭력이나 성폭행, 엽기적인 행위에 대한 지나친 묘사

23. 별첨자료 1) (주)신씨네 제작이사 서면인터뷰, 2012. 9. 15.

등으로 항상 논란의 중심에 서왔던 김기덕 감독의 작품답게 영화 「해안선」은 박쥐부대가 주둔한 한 해안선 마을에서 벌어지는 참극을 매우 극단적인 설정으로 리얼하게 묘사하고 있다.[24] 해안선을 지키는 의욕 넘치는 박쥐부대원 강 상병(장동건 분)은 민간인 통행이 금지된 해안선의 출입통제구역에서 밤늦게 애인 미영과 위험한 정사를 나누던 마을 청년 영길을 간첩으로 오인하여 무자비하게 사살하고 괴로워하지만 오히려 부대는 강 상병에게 포상을 준다. 한편, 박쥐부대원들의 총격에 의해 사랑하는 애인의 몸뚱아리가 자신의 몸 위에서 갈가리 찢겨나가는 충격적인 경험을 한 미영은 이후 정신이 나가 미친 가운데 야릇한 미소를 흘리며 해안선을 지키는 박쥐부대원들에게 지속적으로 접근하고 유혹하고 급기야 임신을 하기에 이른다. 격분한 미영의 오빠 철구(유해진 역)는 임신한 미영을 데리고 문제의 부대로 찾아가, 다 죽여버린다며 행패를 부리고, 이에 소대장은 소대원들을 집합시켜 미영에게 미영과 관계를 가졌던 박쥐부대원을 하나씩 지목하게 하는데, 마지막에 미영이 지목한 사람은 바로 부하들을 지도하고 잘못을 처벌해야 할 위치에 있는 다름 아닌 소대장 자신이다. 이로써 박쥐부대에 대한 관객들의 믿음과 신뢰는 그 밑바닥까지 추락하게 된다.

당연히 「해안선」은 軍으로부터 그 어떤 지원도 받지 못했다. 오히려 해병대로부터 해병대를 연상시킬 만한 그 어떤 상징물도 사용하지 말라는 요청을 받았지만, 영화 「해안선」에 나오는 박쥐부대는 관객들로 하여금 해병대를 연상케 하기에 충분하다.[25] 다행히 비록 흥행에는 성공하지 못했지만, 이 작품은 2002년 부산국제영화제 개막작으로 선정되고, 국제평론가협회상, 아시

24. 송응철, "이단아 주류를 비웃다… 기장이 되어…", 주간한국, 2012. 9. 14.
http://weekly.hankooki.com/lpage/people/201209/wk20120914070306121450.htm
25. 김병규, '영화 「해안선」에 "해병 상징물 사용말라"', 연합뉴스, 2002. 7. 1.

아영화진흥기구상 등을 수상하는 등 국제사회의 조명을 받았다.[26] 이로써 영화「해안선」은 아마도 분단된 한반도의 현실 속에서 우리 軍의 모습을 가장 폭력적이고 비윤리적으로 묘사한 몇 안 되는 작품 중 하나로 기록될 것이다.

또한 이러한 특별한 경우를 제외하더라도 소재 자체가 군 관련 부정적인 내용으로 사회적으로 이슈화되었던 작품들도 많다. 공동경비구역 JSA에서 벌어지는 남북 병사의 우정과 비극을 다룬 영화「공동경비구역 JSA」(2000), 실미도 684북파부대를 소재로 한 영화「실미도」(2003), 6·25전쟁으로 전쟁터로 내몰린 두 형제의 이야기를 다룬 영화「태극기 휘날리며」(2003), 특전사의 광주사태 진압을 소재로 한 영화「화려한 휴가」(2007), 최전방 GP에서 벌어진 전소대원 의문의 몰살사건을 다룬 영화「GP506」(2008), GOP철책을 무단으로 넘나들며 남과 북의 이산가족을 이어주는 중개상을 소재로 한 영화「풍산개」(2010), 휴전협상이 난항을 겪으며 서로 한 치의 땅이라도 더 차지하기 위해 남북이 서로 뺏고 뺏기는 치열한 교착전을 거듭하며 벌어지는 에피소드를 다룬 영화「고지전」(2011) 등이 그것이다. 이러한 영화들은 軍의 폐쇄성과 인간성 상실, 무능하고 비도덕적인 군 상부조직에 대한 불신과 도전, 남북 간의 대립상황 같은 민족으로서 느끼는 인간적 갈등과 모순 등을 그리며 그러한 상황 속에서 비판의식을 갖고 상황을 이끌어나가는 주도적인 존재이기보다는 대부분 주인공의 의지나 작가의 상황설정에 따라 피동적인 변화가 요구되어지는 변화의 대상으로 설정되면서 자연히 긍정적이기보다는 부정적인 대상으로 묘사되어지는 경우가 많다.

반면, 군이 제작지원한 영화나 드라마의 경우, 대부분 군에 대해 긍정적

---

26. 송응철, 전게서.

으로 묘사하고 있다. 군에 입대한 차인표, 구본승 등 젊은 신세대 스타들을 대거 출연시키며 육군의 병영생활을 소재로 한 드라마 「남자만들기」(1995)와 「신고합니다」(1996), 해군 잠수부대 SSU를 소재로 한 영화 「블루」(2003), 권상우가 해군장교로 열연한 드라마 「태양속으로」(2003), 이태란이 여군 장교로 나오며 군에 대한 건강하고 씩씩한 이미지를 보여줬던 드라마 「소문난 칠공주」(2006), 6·25 전쟁을 소재로 군인들의 전우애와 군인정신을 잘 보여준 드라마 「전우」(2010)와 「로드넘버원」(2010), 공군의 전폭적인 제작지원과 한류스타 비의 출연으로 최근 화제가 되었던 「R2B: 리턴투베이스」 등이 대표적 사례다. 특히, 「신고합니다」와 「태양속으로」, 「소문난 칠공주」는 시청률이 30, 40%대가 나왔던 드라마로 「소문난 칠공주」의 경우 14회 연장방영, 총 64회가 방영이 될 정도로 큰 사랑을 받았다.[27] 「소문난 칠공주」를 90% 이상 시청한 중학생의 경우 그렇지 않은 학생과 여군에 대한 직업이미지에 대한 인식의 차이가 유의하게 나타나기도 했다.[28] 또한, 「태양속으로」의 경우 권상우가 해군장교로 출연한 이후 해군의 모병 지원율이 급격히 향상되기도 했다고 한다.[29] 그리고 「전우」와 「로드넘버원」의 경우에는 비록 시청률은 10%대로 낮았지만 국군장병들의 군인정신 교육용 영상교재로 편집해서 활용할 만큼 군 내부적으로는 그 가치를 높이 평가받고 있다.[30]

그러나 아직까지 우리 군의 영화, 드라마 제작지원 수준과 그 흥행실적

---

27. 역대 드라마 시청률 TOP 50. http://cafe.naver.com/g41club/3939
28. 최일모, 'TV 드라마 속에 나타난 직업이미지(Image)가 중학생의 직업이미지 인식에 미치는 영향', 2007.
29. 별첨자료 2) 해군 관계자 서면 인터뷰, 2012. 9. 14.
30. 김은주,'명품드라마 '로드넘버원', 시청률에 무릎 꿇다…'쓸쓸한 퇴장'', 국민일보, 2010. 8. 27. http://news.kukinews.com/article/view.asp?page=1&gCode=ent&arcid=1282908510&cp=nv

은 2030세대의 안보의식을 제고하기에는 분명한 한계를 드러내고 있다. 특히, 드라마 부문과는 달리 이렇다 할 흥행성적을 낸 적이 없는 영화부문은 관객수 2백만, 3백만을 돌파한 「태극기 휘날리며」, 「실미도」, 「공동경비구역 JSA」, 「고지전」이나 관객 730만을 돌파한 흥행작 「화려한 휴가」등 군에 대한 부정적 묘사를 다수 포함하고 있는 작품들의 화려한 성적에 비하면 초라하기 그지없다. 최근 공군의 전폭적인 지원과 전투기들의 화려한 공중액션, 비와 신세경 등 월드스타급 주연배우와 주연급 조연배우들의 출연, 100억원대 제작비 등으로 흥행대박 기대를 모았던 「R2B: 리턴투베이스」 역시 예상보다 저조한 성적을 기록하면서 제작사를 비롯한 많은 이들에게 다소간의 실망감을 안기고 있다.[31]

그러나 「R2B: 리턴투베이스」의 경우에는 그나마 영화제작지원의 측면에서 본다면 비교적 성공적인 사례로 들을 수도 있을 것이다. 무엇보다 軍의 전폭적인 지원이 없었더라면 CG만으로는 스크린에서 보여진 다이내믹하고 사실적인 장면을 촬영하지 못했을 것이기에, 「R2B: 리턴투베이스」는 영화의 완성도와 군의 위상을 높인 확실한 지원이었다고 평가 받을 만한 것이다.[32] 앞으로도 「R2B: 리턴투베이스」 수준의 전폭적인 영화제작지원이 꾸준히 이루어진다면, 머지않은 미래에 우리도 「아이언맨」이나 「트랜스포머」와 같이 2030세대들의 마음을 사로잡을 만한 블록버스터급 SF액션 대작을 기대해 볼 수도 있을 것이다.

최근 많은 지자체에서 지역홍보와 애향심 고취에 활용하기 위해 로케이

31. 정지원, '100억 원대 블록버스터 'R2B'왜 날지 못했나?', 일간스포츠, 2012. 8. 27
http://isplus.live.joinsmsn.com/news/article/article.asp?total_id=9159676&cloc=
32. 별첨자료 1) 인터뷰.

션·자금지원, 오픈세트장을 관광지화하고 있다.[33] 인천시는 인천문화재단 산하 영상위원회를 통해 영화의 경우 전체 촬영 분량에서 인천이 차지하는 비율에 따라 장편 최대 1억 원, 단편 최대 500만 원을 지원하는 인센티브제를 운영하고 있다. 부산영상위원회는 해외영화나 공동합작 영화의 경우 부산에서 촬영에 들어가는 제작비용의 30%를 지원하고 있다. 지난해까지도 부산시는 매년 2억 5천만 원가량의 촬영비를 지원했다. 부산시청, 부산경찰청, 부산소방본부 등도 영화제작에 적극 협조하고 있다. 실제로 이들이 나서서 시민들의 협조 아래 영도다리와 도로 곳곳을 수일간 통제해 영화「해운대」와「친구」등과 같은 대작의 촬영이 가능했다. 경북도와 경주시는 지난해 5월부터 12월까지 62부작으로 방송된 드라마「선덕여왕」촬영을 위해 도 예산 10억 원, 시 예산 20억 원 등 모두 30억 원을 지원했다. 또 경주 동부사적지, 반월성, 신라 밀레니엄파크 내 세트장 등 7곳을 촬영장소로 지원했다. 충청북도는 2억 9천만 원의 제작비를 지원한 KBS 드라마「제빵왕 김탁구」의 주 촬영지인 청주시 수암골과 대통령 옛 휴양시설인 청남대 등을 연계하는 관광을 활성화하기 위해 안내판과 편의시설 정비, 먹거리촌 조성 등 14종 53개 사업에 9억 원을 투자하기로 했다. 또 50억 원 이상 소요되는 전시관과 체험관 조성, 촬영세트장 설치, 진입로 확장, 주차장·전망대 조성 등도 추진할 방침이다. 울산 울주군은 울산MBC가 주말특별기획 50부작으로 제작하고 있는「욕망의 불꽃」의 오픈세트 건립을 위해 서생면 간절곶에 5,530㎡ 부지를 제공하고 행정적 지원을 아끼지 않고 있다. 또 고리원자력본부는 당초 지역 문화 복지에 사용될 예정인 원전 지원금 30억 원을 오픈세트 건립비로 지원하기도 했다.

33. 이상원, '지자체 영화·드라마 촬영 지원 '후끈'', 문화일보, 2010. 10. 22.

이처럼 각 지방자치단체들의 영화 촬영 유치(로케이션)는 지역 경제 활성화에 크게 기여하고 있는 것으로 나타났다. 한국영상위원회가 최근 발표한 '로케이션 사업의 경제효과 분석' 자료에 따르면 지난해 전국의 7개 영상위원회가 영화 유치로 거둬들인 경제적 효과는 모두 613억 원으로 직접지출(인건비 · 음식값 · 숙박비) 효과가 277억 원, 생산유발 효과가 336억 원이었다. 이밖에 엑스트라 등 920명의 고용유발 효과도 있었다고 한다.[34]

2030세대가 현실적이고 돈에 민감한 세대임을 고려한다면 지방자치단체 및 공공기관들의 이러한 성과는 우리 군에도 많은 점을 시사한다. 우리 군이 영화제작지원을 통해 만들어내는 군과 안보 관련 콘텐츠들이 국가경제와 국방 과학산업 발전에 보탬이 될 수 있다는 가능성은 영화, 드라마를 통한 안보의식 제고에 대한 고찰이 관념 수준의 무형의 안보강화를 넘어 현실세계의 유형적인 안보강화에도 도움이 될 수 있는 딱 2030세대의 구미에 맞는 안보의식 제고방안이라고 할 수 있기 때문이다.

실제 타국의 사례에서도 이렇듯 민간 영화제작사와 국방 관련 기관 또는 기업이 시너지 효과를 발휘하는 경우를 우리는 심심치 않게 찾아 볼 수 있다. 미국의 경우, 美 국방과학연구소DARPA는 미국의 SF/액션 헐리우드 영화에서 영감을 받아 새로운 무기체계 연구개발에 이용하기도 한다. 그 예로 SF영화 「스타워즈」에 나오는 무기체계에서 영향을 받은 것으로 알려진 미군의 무인전투로봇 SWORDS를 들 수 있다. 또한 「터미네이터3」 영화제작에 참여하면서 최첨단 휴머노이드로봇 제작기술을 발전시킨 일본의 Honda사의 경우도 그렇다. 이밖에도 군은 물론 게임업체 등 민간의 기술과 접목하여

34. 장대석, '촬영지 대박 … 전주 경제 '최종병기'된 영화', 중앙일보, 2012. 8. 22.

영화제작이 다양한 시너지 효과를 발휘할 수 있는 부분은 많이 있다. 예를 들어 민간의 컴퓨터그래픽 기술과 전투시뮬레이션, 뮤직레코딩과 군의 음향 탐지기술, 게임소프트웨어와 군의 미사일유도기술 등이 그것이다. 심지어는 여기서 한 단계 더 나아간다면 정부나 국방부가 아예 과학자들에게 영화나 드라마 시나리오 교육을 지원하여 이들을 영화감독이나 시나리오 작가로 데뷔시킨다면 그 근본부터가 친과학적science-friendly인 영화제작이 유도됨으로써 첨단무기 개발을 통한 국방력 강화에 기여할 수도 있다. 이는 실제로 미 국방부가 가장 최근 적용하고 있는 기법이기도 하다.

제4장. 결론

서론에서 언급했듯이 대한민국은 여전히 전쟁 중이다. 그리고 그 전쟁은 이제 서로 총부리를 겨누고 있는 물리적인 대치를 넘어서 대남 미디어 선동, 사이버 해킹, 국제정세를 활용한 대남 압박 등으로 그 형태와 수법이 매우 다양화되고 있다. 21세기의 전쟁은 보이는 것에서 보이지 않은 것으로 확대되고 있는 것이다.

이 짧은 소논문으로 군의 안보 관련 미디어 정책의 실태를 확인하고 더 나아가 그 대안을 모색하는 일은 쉽지 않은 일이겠지만, 그렇기에 지금 이 순간에도 계속 진행되고 있을 여러 차원의 대남 공작들을 생각해 본다면 어쩌면 지금 이 순간에 가장 필요한 논의이자, 꾸준하고 치밀하게 진행되어야 할 논의일 것이라는 확신이 든다.

본 논고에서는 미국 국민들의 안보의식 제고를 위한 미국 정부와 국방부의 영화, 드라마 활용 성공사례에서 나타난 그들의 시스템과 주요 특징 등을 모델로 하여 우리 군이 추구해야 할 방향에 대해 논의해 보았다. 우선 우리 군의 입장에서 미 국방부의 제작지원 시스템을 우리의 현실에 맞게 창의적으로 벤치마킹하는 노력을 통해 우리 문화예술계 인사들이 군이나 안보 관련 소재의 영화, 드라마를 제작하고자 할 때 보다 손쉽게 다가갈 수 있는 접근성을 높이고 이를 효율적으로 지원해줄 수 있는 체계화된 조직과 지원방식 등을 개선할 필요가 있다. 이밖에도 그동안 우리 군이 제작 지원해 온 민간 영화, 드라마 등 성과물에 대한 내용들을 체계적으로 정리하여 주요 성공요인과 실패요인을 분석하는 등 차후에 유용하게 활용하기 위한 노하우 축적 또한 요구된다. 마지막으로 무엇보다 중요한 것 중 하나는 우리 2030세대들의 안보의식을 효과적으로 고취하기 위해서는 우리 군이 제작 지원하는 영화, 드라마의 흥행성공 역시 필수적인 요소이다. 따라서 흥행성공을 위한 영화의 상업성을 보장하면서, 최소한의 간섭과 선별적이고 적극적인 제작지원을 꾸준히 계속해 나가는 것이야말로 우리나라 문화예술계의 의식 속에 잔재하고 있는 군에 대한 뿌리 깊은 불신과 반감을 온전히 걷어내고, 보다 친군적인military-friendly 작품이 자발적으로 꽃을 피게 하는 중요한 밑거름이 될 것이다.

대한민국의 자유민주주의를 수호하기 위한 전쟁의 상처와 민족분단의 아픔을 경험하지 못한 신세대는 안보 관련 논쟁에 있어 매우 취약한 것으로 드러나는데, 앞으로 하루가 다르게 매섭게 변해가는 국제 사회의 냉엄한 현실 속에서 대한민국의 앞날을 이끌고 자랑스러운 대한민국 국민으로 살아가기 위해선 우리 2030세대의 가슴에 국가안보에 대한 문제인식의 불을 더욱 뜨겁게 지펴야 한다. 2002 한일 월드컵, 2008 북경 올림픽, 2012 런던 올림픽 등 몇몇 스포츠 행사에서만 종종 공동의 목표와 대한민국이라는 조국을 발견할 수 있었던 신세대들이기에 투철한 안보의식과 조국에 대한 애국심을 일깨우기 위해선 본고에서 논의된 영화, 드라마뿐 아니라 SNS와 각종 인터넷 커뮤니티를 활용한 거대한 미디어 소사이어티를 만들고, 지자체와 정부기관 등과의 보다 적극적이고 유기적인 소통과 협의를 통해서 국가안보망이라는 거미줄을 더 촘촘하게 엮어야 한다.

하나의 좋은 시사점을 제기하는 사례로 얼마 전에 타계한 스티브 잡스가 이끈 회사, 애플의 미디어 전략을 떠올릴 수 있다. 애플은 IOS, 즉 클라우드 시스템을 통해서 자사가 생산하는 모든 기종의 기기에서 하나의 시스템을 적용하였다. 그리고 통일된 시스템 적용을 통해 현실과 또 다른 세상을 구현하여 소비자를 참여시키고자 하였던 것이다. 그렇기에 애플의 사용자는 애플이 만드는 거대한 세상에서 공통의 경험을 느끼고, 거대한 사회를 만들어가는 구성원이 된다.

여기서 애플의 사례는 국민의 한 사람으로서 국가안보를 지키기 위해 당연히 희생을 감수하는 맹목적 관계를 호소할 것이 아니라, 이제는 국가 안보를 소비하는 2030세대적 관점에서 영화, 드라마 등을 활용하여 국가안보 관련 문화콘텐츠 소비를 통해 자연스럽게 안보의식을 제고케 하는 대중적인 홍보전략이 필요하다는 것을 보여주고 있다. 이제는 더 이상 일방적인 송신자와 수신자의 관계를 넘어, 서로 상대의 욕구를 이해하고 존중하며 상호소통을 통해 하나의 공감대를 형성해나가는 쌍방향 커뮤니케이션을 추구하는 것이야말로 2030세대는 물론 모든 국민들의 안보의식을 제고함에 있어 우리가 취해야 할 궁극적인 방향이 아닐까 생각해 본다.

〈참고문헌〉

1. 김정란, '대북포용정책의 변화와 지속성: 김대중정부와 노무현정부의 대북정책 비교연구' 2008.
2. 이교덕,『대북정책에 대한 국민적 합의기반 조성 방안』, 통일연구원, 2000.
3. 이상신, '정부신뢰의 위기: 천안함 사건을 중심으로',「한국정치학회보」 44 (4):97-117.(7,8), 2010.
4. 양동안 · 강진길 · 강옥경, '국가 안보의식 제고방안에 관한 연구', '2011년도 국가보훈처 정책 연구용역 최종보고서', 2011.
5. 최일모, 'TV 드라마 속에 나타난 직업이미지(Image)가 중학생의 직업이미지 인식에 미치는 영향', 2007.
6. 영화진흥위원회, '2012년 1분기 한국 영화산업 결산 보고서', 2012.
7. 영화진흥위원회, '2011년_1월~11월_영화산업통계보고서', 2011.
8. 통일교육원, '통일교육: 과거 · 현재 · 미래',「통일자료집」, 2012.
9. Boggs, C. and Pollard, T. (2007) The Hollywood War Machine, London: ParadigmPublishers
10. Dickenson, B. (2006) Hollywood's New Radicalism, London: I.B.Tauris
11. Hesmondhalgh, D. (2005) 'The production of Media Entertainment' in Curran, J. and Gurevitch, M. (eds.) Mass Media and Society, London: HodderArnold
12. Hyun, Chang Yong. (2007) The Desiring War Machine: A Deleuzian perspective on the military public affairs of south korea in the age of postmodern war, Unpublished MA dissertation, Goldsmiths College, University of London
13. Suid, L.H. (2002) Guts and Glory: The Making of the American Military Image in Film, University Press of Kentucky
14. Valantin, J.M. (2005) Hollywood, the Pentagon and Washington, London: AnthemPress

연구를 위해 국방부 및 각 군 본부 관계자와 영화제작사 관계자 등 5명에게 서면 인터뷰를 요청했고 이 중 해군본부 관계자와 (주)신씨네 제작이사와 서면 인터뷰가 성사되었다. 이에 그 결과물을 별첨자료에 담았다.

별첨자료 1)

(주)신씨네 제작이사와의 인터뷰

일시 : 2012. 9. 15.(토) 02:17 수신

1. 한국에서 제작되고 있는 안보 관련 소재의 민간 영화, 드라마가 국민들의 안보의식에 긍정적 또는 부정적인 쪽 중 대체로 어떤 쪽으로 제작되고 있다고 생각하시는지, 그리고 왜 그렇게 생각하시는지 간단히 기술해 주십시오.

-> 안보의식에 긍정적인 역할을 하고 있다고 생각합니다. 요즘 젊은이들은 이데올로기나 안보 등에 별로 관심을 가지지 않고 있는데 이러한 소재의 영화나 드라마로 인해 한 번쯤 생각하게 하는 효과가 있을 것 같습니다.

2. 한국에서 제작되고 있는 軍 관련 소재의 민간 영화, 드라마가 실제 軍의 현실을 얼마나 제대로 반영하고 있다고 생각하시는지 말씀해 주시고, 왜 그렇게 생각하시는지, 원인은 무엇인지 간단히 기술해 주십시오.

-> 현실을 제대로 반영하지 못하고 있다고 봅니다. 민간인들에게 보안·작전상의 문제로 폐쇄적이라 할 수 있는 군 특성상 영화나 드라마가 실상을 정확하게 파악하기 힘들기 때문이라 생각합니다. 또한 군의 장점에 대해서는 편하게 묘사할 수 있지만 정서적으로 군의 문제점을 지적하기 어려운 사회 분위기 때문이라 생각합니다.

3. 국방부의 민간 영화, 드라마 제작지원이 한국의 민간 영화, 드라마의 작품 성격에 어떤 영향을 주고 있다고 생각하시는지 간단히 기술해 주십시오.

-> 국방부의 제작지원으로 보다 풍부한 장면들을 연출해 낼 수 있고, 열악한 국내 제작환경(자본)하에서 할리우드 등 해외 영화들에 맞설 수 있는 규모와 완성도 있는 영화나 드라마가 제작되어질 수 있다고 생각하며 이는 한류의 열풍이 더욱 거세게 전 세계로 확대

되고 지속될 수 있는 한 축으로 작용할 수 있으리라 봅니다.

4. 국방부에서 민간영화, 드라마를 제작 지원함에 있어 지금까지 성공적인 사례라고 생각되는 작품과 실패했던 사례라고 생각되는 작품에 대해 기술해 주시고 왜 그렇게 생각하시는지, 그리고 각각의 성공요인과 실패요인을 간단히 설명해 주십시오.

-> 알투비: 「리턴투베이스」를 성공 사례로 들고 싶습니다. 군의 전폭적인 지원이 없었더라면 CG만으로는 스크린에 보여진 다이내믹하고 사실적인 장면을 촬영하지 못했을 겁니다. 영화의 완성도를 높이고 군의 위상을 높이는 확실한 지원이었다고 생각합니다. 군의 제작지원이 어떤 작품이든 영화의 완성도를 높이는 데 일조한 부분이 있으므로 특별히 실패 사례를 들기가 힘듭니다.

5. 국방부에서 민간 영화, 드라마 제작지원하는 영화, 드라마가 흥행에도 성공하고 軍 홍보 효과 또한 얻기 위해 이것만큼은 반드시 필요하다라고 생각되는 부분이 있다면 간단히 기술해 주십시오.

-> 최근 개봉된 『알투비: 리턴투베이스』가 비록 흥행에는 크게 성공하지 못했지만 이런 정도의 지원이 앞으로도 지속되고 군 내무반 생활이나 첨단 장비 등 민간인들이 쉽게 접하지 못하는 군 관련 내용들이 꾸준하게 영화나 드라마를 통해 보여진다면 좀 더 친숙하고 경직되지 않은 모습의 군으로 인식되어지고 군 이미지에 긍정적으로 작용하리라 생각합니다. 작품의 규모를 떠나 지속적이고 세심한 관심이 필요합니다.

6. 그 밖에 영화, 드라마를 활용한 국민들의 안보의식 제고방안에 대해 도움이 될 만한 좋은 의견이 있으시면 기탄없이 기술해주십시오.

별첨자료 2)

해군본부 관계자와의 인터뷰

일시 : 2012. 9. 14.(금) 16:44 수신

1. 한국에서 제작되고 있는 안보 관련 소재의 민간 영화, 드라마가 국민들의 안보의식에 긍정적 또는 부정적인 쪽 중 대체로 어떤 쪽으로 제작되고 있다고 생각하시는지, 그리고 왜 그렇게 생각하시는지 간단히 기술해 주십시오.

   -> 긍정적임. 군의 인지도를 높이고 이미지를 제고하기 위해서는 일반 국민이 쉽게 접근할 수 있는 군 관련 영화나 드라마 제작 지원이 필요함. 특히, 해군의 경우 일반 국민들이 접할 수 있는 기회가 매우 제한되기 때문에 미디어를 활용한 홍보는 매우 효과적임.

2. 한국에서 제작되고 있는 軍 관련 소재의 민간 영화, 드라마가 실제 軍의 현실을 얼마나 제대로 반영하고 있다고 생각하시는지 말씀해 주시고, 왜 그렇게 생각하시는지, 원인은 무엇인지 간단히 기술해 주십시오.

   -> 실제 군의 현실과는 다소 괴리가 있음. 그 이유는 영화는 상업성(흥행)이 보장되어야 하기에 군의 현실과는 다소 다른 국민의 관심거리와 흥미에 치중하는 경향이 짙음.

3. 현재까지 해군에서 제작지원한 영화, 드라마가 대략 총 몇 편 정도나 되는지 그리고 어떤 지원들을 해왔는지 세부 지원사항들에 대해 가능한 범위 내에서 구체적으로 기술해 주십시오. 또는 어떤 자료들을 찾아보면 보다 정확한 자료를 구할 수 있는지 기술해 주십시오.

   예) OOOO년대 이후 총 영화 O편, 드라마 O편 정도

   예) 잠수함, 전투함 등 장비 지원 O편, 병력지원 O편, 군 시설 등 장소제공 O편, 군복, 군화 등 장구류 지원 O건, 기술조언 O건, 영상물 제공 O건 등

   ※ 꼭 수치를 이용해 말씀해 주지 않으셔도 되니 대략적인 영화, 드라마 제작지원 횟수와 대략적인 지원내용을 알 수 있을 정도로만 간단히 설명해 주십시오. 또는 현재 가지고 계시는 최근 영화제작지원 사항이나 기타 관련 자료를 첨부해 주셔도 무방합니다.

   -> 드라마(「태양속으로」, 「네이비」 등)

   영화(「블루」, 「한반도」 등)

4. 해군의 민간 영화, 드라마 제작지원이 한국의 민간 영화, 드라마의 작품 성격에 어떤 영향을 주고 있다고 생각하시는지 간단히 기술해 주십시오.

-> 거의 영향이 없음.

5. 해군에서 민간영화, 드라마를 제작 지원함에 있어 지금까지 성공적인 사례라고 생각되는 작품과 실패했던 사례라고 생각되는 작품에 대해 기술해 주시고 왜 그렇게 생각하시는지, 그리고 각각의 성공요인과 실패요인을 간단히 설명해 주십시오.

-> 드라마 「태양속으로」 제작 지원을 통해 모병 지원율이 급격히 향상됨. 영화 「블루」는 지원 노력 대비 성과가 미미하였음.

6. 해군에서 민간 영화, 드라마 제작지원을 총괄하는 업무담당자로서 해군에서 제작 지원하는 영화, 드라마가 흥행에도 성공하고 軍 홍보 효과 또한 얻기 위해 이것만큼은 반드시 필요하다라고 생각되는 부분이 있다면 간단히 기술해 주십시오.

-> 민간영화 제작 지원을 위한 군 차원의 별도 부서 조직 필요

7. 그 밖에 영화, 드라마를 활용한 국민들의 안보의식 제고 방안에 대해 도움이 될 만한 좋은 의견이 있으시면 기탄없이 기술해주십시오.

-> 영화나 드라마 1편 제작지원을 통해 성과를 얻으려고 할 것이 아니라 꾸준한 지원을 통해 국민 속으로 파고드는 홍보를 실시해야 함. 또한, 이러한 지원 업무에 대한 중요성에 대해 군 내 공감대 형성이 필요

제3회 최우수상

대북 심리전의 중요성과 전략 연구

연세대학교 건축공학과 **지 승 민**

연세대학교 독어독문학과 **모 경 종**

제1장. 서론

제1절. 연구 목적

대한민국은 1950년에 발발한 세계 역사상 면적 대비 가장 치열하고 처참했던 전쟁인 한국전쟁을 치르고 '한강의 기적'이라는 세계 유일무이한 경제 기적을 일구어 2012년에 GDP 대비 세계 184개국 중 15위[1], 20-50 클럽(국민소득 2만 달러, 인구 5천만 이상)에 가입하는 등 여러 나라의 본보기가 되는 나라이다. 경제수준뿐만 아니라 2012년 여름에 런던에서 열린 런던 하계 올림픽에서도 종합 5위라는 경이적인 성적을 거두어 전 세계에 대한민국의 위상을 드높이는 쾌거를 이룩하였다.

대한민국은 작은 나라이다. 인구는 25위, 면적으로는 북한보다도 작아서 108위나 될 정도이다. 게다가 세계에서 유일한 분단국가이며 면적 대비 군사력 밀도가 세계에서 가장 높다. 심지어 불만 붙이면 터져버릴 화약고와 같은 위험과 불안 속에서 우리의 아버지 세대는 가진 국토도, 자원도 없이 대

1. 세계 GDP 순위, IMF(International Monetary Fund) Statistics Page, 2012

한민국을 세계 최빈국에서 이 정도까지 끌어올려 놓았다. 우리들 역시 더 나은 대한민국을 미래의 후손들에게 잘 물려줄 의무가 있다.

하지만 작년 2011년 12월에 북한의 김정일이 사망하고 김정은 체제 이후 북한 수뇌부의 불안정이 지속되면서 오래전부터 흔들리던 북한 사회는 점점 통제력을 잃어가는 모습을 보이고 있다. 탈북자의 급증, 군부세력의 불만 증대, 배급제도의 붕괴 및 시장경제의 확산 등 북한 내부의 여러 가지 변화들은 60년 북한 역사 상 가장 빠른 속도로 발생, 확산되고 있으며 이는 댐에 조용히 고여 있던 물이 댐에 뚫린 구멍을 통해 빠져나가며 어지러운 난류亂流를 형성하고 있는 모습과 비슷하다고 할 수 있다. 그리고 댐에 뚫린 그 구멍들은 여기저기서 점점 커지고 있다.

지금 북한을 지탱하고 있는 것은 북한 주민들이 영아 시기부터 지속적으로 받아 온 사상 세뇌교육의 효과와 북한 인민군의 무력 위협이다. 북한 주민들은 인간의 정서가 만들어지는 어린 시절부터 김일성 부자의 신성화, 대한민국과 자유민주주의 국가에 대한 맹목적인 적대감, 주체사상에 대한 위대함 등에 무조건적으로 노출되었기 때문에 외부와의 연락이나 다른 방법으로 바깥세상을 접하지 않는 이상 평생 북한의 신민臣民으로 살아갈 수밖에 없다. 이런 북한 주민들이 군에 입대하면 당과 국가에 충성하는 군인이 될 수밖에 없으며 공산 국가 특성상 군대를 통솔하는 당이 모든 권력을 독식하게 된다. 북한의 경우 한국전쟁 이후 김일성이 자신의 정치적 경쟁세력을 모두 무자비하게 숙청하고 당 위의 최고자리에 오름으로써 순수한 사회주의 국가가 아닌 '김일성 일가 왕국王國'으로 변질되었다. 북한군은 왕국 군대, 북한 주민은 왕국 신민이 된 셈이다. 이후 김정일-김정은으로 이루어지는 세습 체계는 북한이 확실히 전근대적인 사회로 퇴행했음을 보여주고 있다.

현재 북한은 사상적으로 만들어진 국가가 여러 가지 외부 변화의 유입으로 인한 사상적 체계가 가시·비가시적으로 무너지고 있으며 수뇌부는 이런 난국을 타개하기 위해 지속적인 국제, 대남 군사적 도발을 자행하고 있으며 핵실험, 탄도 미사일 개발, 악의적인 불안 분위기 조성에 더해 2009년 7.7 DDoS 사이버 테러, 2010년 천안함 피격, 연평도 포격 도발 등 강도 역시 점점 심해지고 있는 상황이다. 대한민국 역시 국가 안보와 평화를 위해 자위적 방위태세를 갖추고 대북 전쟁 및 도발 억제력을 길러 국민의 생명과 국가를 지켜내야 한다. 하지만 현재 우리가 할 수 있는 방법이 어떤 것이 있는지는 잘 생각해 봐야 한다. 적이 핵을 만든다고 해서 똑같이 핵미사일 무장을 하며, 천안함의 보복으로 북한에 잠수함을 보내 북한 함정을 똑같이 침몰시켜야만 하는 것일까? 적이 쳐들어 올 수 있는 모든 방법에 대해 대비와 방어만 하는 것은 능사가 아니듯이 적이 공격하는 대로 똑같이 보복하는 것 역시 올바른 해결책이 아니다. 적은 우리가 생각지 못한 약점을 어떻게든지 찾아낼 가능성이 있으며 모든 가능성에 대해 대비를 하기에는 자원과 시간이 극히 제한될 것이다. 북한은 우리나라의 약점을 여러 방향으로 파악하여 그에 알맞은 비대칭 전력戰力을 수십 년간 비축하여 왔다. 휴전선과 가까운 서울과 수도권을 겨냥한 수천 문의 장사정 포를 비롯하여 수많은 땅굴, 전쟁 시 후방에서 발전發電 및 통신시설을 타격하기 위한 20만여 명의 특수공작부대, 우리나라의 발달된 IT망을 표적으로 삼는 사이버 테러, 해군 대형 함정과 공군의 전폭기를 겨냥한 잠수함 함대와 대함 · 대공 미사일 포대, 자유 민주주의의 '자유'를 악용한 남한 내 종북세력의 민심 현혹 활동들에 이르기까지 북한은 남한과의 전면적 힘싸움이 아닌 철저히 우리의 약점을 타격하기 위한 맞춤식 전력을 확보하고 있다. 우리 역시 북한은 어떤 약점들을 가지고 있는지 파악하고 이를 대북 전쟁 억지력과 도발 억지력으로 잘 활용해야 한다. 이번 연구에서는 그런 주제 중 하나로 '대북 심리전'을 선정하였으며 현재 북한의 현실과 역사적으로 본 심리전, 북한에 적용할 수 있는 심리전의 전략과 방법, 우리가 대비해 둬야 할 과제가 어떤 것들이 있는지 알아볼 것이다. 필자는 이 논문을 통해 보다 많은 사람들이 현실 안보와 통일에 대해 한 번이라도 더 생각하고 우리 부모님 세대가 가꿔 놓은 소중한 대한민국을 보다 완전하게 후손들에게 물려주는 데 관심을 가져 주기를 바란다.

제2장. 대북 심리전의 중요성

제1절. 현재의 북한: 폐쇄가 낳은 기형적 국가

북한은 철저히 닫힌 국가이다. 북한은 외부의 경제적 도움은 받되, 내부 간섭은 철저히 배제하는 이중적인 태도를 취하며 자신들의 체제 유지와 사회 안정에 위협이 된다고 생각되는 외부에서의 모든 접촉은 배척을 하고 있다. 90년대 들어 전 세계 공산 정권의 맹주였던 소비에트 연방이 해체되고 중국 역시 덩샤오핑 집권 이후 개혁·개방 정책으로 나라의 문을 열어가자 지원이 끊긴 다른 세계 여러 공산국가 및 정권들은 민주화를 겪거나 해체되어 역사의 흐름 속으로 사라져갔다. 북한 역시 90년대 이후 과거 공산국가들로부터의 지원이 끊기고 잇따른 자연재해와 정신적 지주였던 김일성이 94년 심장마비로 사망하면서 33만 명의 아사자를 낸 '고난의 행군'[2]을 겪었다. 북한은 94년에 핵확산금지조약NPT 탈퇴, 98년 대포동 핵미사일 발사 실험 등 경제 회복 노력 대신 군비 확장 및 핵미사일 개발에 집중하여 국제적으로 고립되었고 유엔 안보리 제제로 인해 경제적 지원마저 끊기는 악순환을 초래하였다.

왜 북한은 일반적으로 생각할 수 있는 평화와 국제적인 지원을 마다하고 독자적인 고립 노선으로 스스로를 굳게 닫는 것일까? 이는 북한을 위협하는

2. '고난의 행군', 한국어 위키피디아(http://ko.wikipedia.org/) –에서 본문 내용 참고

세력으로부터 자신들을 보호하려는 행위가 아니라 내부 주민들이 발전된 바깥세상을 알지 못하도록 국가가 나서서 숨기려고 하기 때문이다. 북한은 김일성–김정일–김정은으로 이어지는 실질적인 '왕국'이다. 하지만 북한은 표면상으로는 조선민주주의인민공화국, 즉 '공화정'을 채택하고 있다. 북한 주민들은 김일성 우상화 교육과 편향된 교육으로 이러한 모순을 이상하다고 생각하지 않는다. 그리고 자신들이 힘든 노동에도 불구하고 배불리 먹지 못하는 이유가 '나쁜' 외국 놈들이 '무고한' 자신들에게 경제 제제를 가하기 때문이라고 생각한다. 북한에 가해진 경제 제제가 북한이 만든 핵미사일이 동아시아 및 전 세계의 안보 위협이 되고 계속되는 군사적 도발에서 기인한 것임을 모르는 것이다. 북한은 이렇게 주민들의 정신과 생각까지도 통제함으로써 내부에서 발생할 수 있는 반란을 예방하고 있다. 범죄를 저지른 범법자가 증거를 조작하여 자신이 아닌 무고한 사람을 범인으로 몰아가는 것과 같은 이치이다.

그렇다면 북한은 중국이나 베트남처럼 평화적인 방법으로 나라의 문호를 개방하지 않는 것일까? 결론부터 말하자면 북한은 개방을 '안' 한 것이 아니라 '못' 한 것이다. 지금은 사망한 황장엽 전 북한 노동당 비서는 "북한의 경제·재정 운영 중 20%는 김정일이 자유로 사용하는 당의 예산이고, 50%는 군비이며, 인민의 생활에 돌아가는 돈은 30%"라고 폭로한 사실이 있다.[3] 이는 북한 주민들이 김정일–김정일의 호화스런 생활을 모르고 있다는 사실을 말해주는 중요한 대목이다. 북한 주민들은 북한의 예산이 어떻게 쓰이는지 알 길이 없기 때문에 '자신들이 굶주릴 때 북한의 수뇌부는 더더욱 고생을 하고 있으며 인민들을 배불리 먹이기 위해 당과 국가가 열심히 노력하고 있으나 원수 같은 미 제국주의자들이 경제적 제제를 가하고 남조선이 경제

3. '황장엽 "북한 예산의 70%는 김정일 개인 용도와 군사비"', 조선닷컴 뉴스 2011. 4. 9.

적 지원을 끊었기 때문에 우리가 이렇게 굶주리는 것'이라는 당의 거짓 선전을 믿고 있는 것이다. 또한 북한은 대량 아사자가 발생한 90년대 중반 '고난의 행군' 당시에도 연평균 80만 톤의 식량을 외국으로부터 지원받았으며 이를 1인당 kg으로 환산하면 144kg 정도로 대량 아사자가 발생할 정도까지는 아니었다. 그러나 북한은 잠재적인 반대세력을 제거하기 위한 일환으로 식량난을 이용하고 94년부터 98년까지 김일성 시신을 안치하는 금수산 기념궁전을 무리하게 지었으며 평양 근교와 강제 수용소와는 현격한 배급 차별이 있었다는 탈북자들의 증언이 잇따르는 등 북한 정권은 많은 범죄를 저지른 상태였다.[4] 이러한 상태에서 나라가 개방되고 북한 주민들이 그동안 속고 있었다는 사실이 밝혀졌을 때에는 기존의 당과 수뇌부의 존폐가 위협받을 수밖에 없고 무력을 가진 군부 강경파에 의해서도 위협받을 수 있기 때문에 북한은 중국과 베트남과 같이 평화적인 나라 개방까지는 갈 길이 먼 것이 사실이다. 실제로 중국의 덩샤오핑과 베트남의 호찌민과는 달리 김일성-김정은 부자와 그 주변 세력의 경우 개인의 사리사욕을 채우기 위해 나랏돈을 함부로 가져다 쓴 것은 물론 수많은 무고한 사람들을 정치범 수용소 또는 교화소에 감금하여 죽인 사실 등 지은 죄가 많아 현재는 자신의 정권을 유지하고 북한 주민들의 불만을 잠재우는 데에 온 힘을 다할 수밖에 없다. 따라서 북한은 기타 사회주의 국가처럼 마음대로 개혁·개방을 하기에도 쉽지 않은, 폐쇄가 낳은 기형적 국가라고 할 수 있다.

4. '북한 집단 아사의 비밀', 동아 블로그-고난의 행군 기간 북한에 지원된 나라별 식량 통계, (http://blog.donga.com/sulak123/archives/22)

〈표 1〉 고난의 행군 기간 국가별 대북 식량지원 통계 [단위: 톤]

	한국	중국	미국	일본	EU
1995년	150,000	–	–	378,000	–
1996년	3,401	100,000	23,379	138,574	–
1997년	62,393	150,000	194,941	791	199,720
1998년	54,056	153,351	241,521	67,000	87,570
1999년	12,110	207,103	595,374	–	57,364
2000년	351,087	291,349	333,848	99,999	57,000

'이런 북한에서 북한 주민들이 가지고 있는 정신 무장, 즉 당과 김정일-김정은에 바치는 그릇되고 무조건적인 충성은 북한을 지탱하여 버텨주는 마지막 보루이다. 따라서 대북 심리전은 북한 주민들에게 현대 북한의 실상, 잘못 알고 있는 자유 민주주의 세계에 대한 인식 수정, 북한 수뇌부의 호화스러운 생활상을 폭로함으로써 무력을 사용하지 않고도 북한이 지니고 있는 제일 큰 약점을 효과적으로 타격할 수 있는 방법인 것이다. 2004년 6월 남북 장성급 회담에서 북한이 가장 먼저 요구한 사항도 '휴전선의 대북 확성기 철거와 삐라 살포 중지'였으며 당시 우리 측이 함정 간 교신 오해와 사고 방지를 위해 요구한 서해 함정 간 무선통신망 개통에는 소극적으로 대응하다가 현재는 통신망 6회선이 2008년 5월 이후 전부 불통되고 있는 상태이다.[5] 이처럼 북한의 태도는 자신들이 원하는 것만 수행하는 불통不通의 자세를 예전부터 일관해 오고 있으며 이런 북한이 가진 가장 치명적인 약점을 맞춤식으로 공략하는 심리전의 중요성은 매우 커져 있다. 다음 절에서 역사 속에서 어떠한 심리전이 전쟁에 사용되었고 그 효과는 어떠했는지 살펴보도록 하겠다.

5. [남북함정간 통신망운용 중지하고 대북방송 재개하라], 북한연구소 2011년 12월 6일 게시. (http://www.nkorea.or.kr/wizboard.php?BID=nkres_01)

제2절. 현대 전쟁사로 비춰보는 심리전의 사례

영화 「남부군」의 한 장면. 한국전쟁 당시 추위와 굶주림에 지친 지리산 빨치산이 동료 몰래 밤에 삐라를 보며 귀순을 결심하는 장면.

현대 전쟁에서 심리전이 차지하는 비중은 상당하다. 전세가 기울고 보급이 끊어지는 등 수세에 몰린 상황에서는 죽음에 대한 공포와 생존에 대한 강한 열망이 본능적으로 끓어오르게 마련이다. 이처럼 인간이 느끼는 본능을 억누르고 전쟁을 지속적으로 수행하기 위해서는 정신무장이라는 심리적인 무장이 제대로 되어 있어야 한다. 심리전은 이러한 정신무장을 해제시킴으로써 불리한 상황을 극복할 수 있는 능력을 마비시킬 수 있다.

심리학자 매슬로우Maslow[6]는 인간 욕구를 5단계로 분류하였다. 1단계 식욕(생리적 – Physiological), 2단계 본인의 안정(안전 – Safety), 3단계 종족 번영(사회적 – Social), 4단계 인정받고 싶음(존경 – Esteem), 5단계 자아 실현(Self–actualization)으로 인간은 하위단계의 욕구가 충족될 경우 상위단계의 욕구를 추구한다는 이론이다. 그러나 전장 환경에서는 4, 5단계까지 인간이 충족시키기엔 제한 상황이 많을 수밖에 없기 때문에 전투 중인 군인은 결국 1차적 욕구인 식욕

6. 『조직행동론 – Organization Behavior』, Stephen P. Robbins, Timothy A. Judge 저, 이덕로 외 3인 옮김, 225p

과 2차적 욕구인 본인의 안정에 대해 집착하게 될 수밖에 없다.[7]

제1차 세계대전 당시 미 24군단 정보참모인 스틸웰Jpseph W. Stillwell 대령은 포로가 먹는 식당 메뉴표를 자세히 기록한 것을 물품과 함께 전단으로 만들어 독일군 진영에 살포하였다. 이전까지 독일군들은 연합군에 투항하면 죽음뿐이라고 믿고 있었기 때문에 거의 투항하는 자가 없었지만 이것을 본 독일군은 선전에 대한 신빙성을 확신하게 되었고 자신들이 먹는 빈약한 식사보다 포로가 먹는 음식이 더 좋다는 게 알려지면서 순식간에 많은 투항자를 획득하는 효과가 있었다고 한다.[8]

또한 실제 6·25전쟁 당시 UN군은 인간의 가장 기초적인 욕구인 식욕을 활용하여 전단을 살포한 바 있다. 다음은 그 전단 내용의 일부이다.

"북한군 병사들에게.
(중략) UN군과 대한민국군에게 포로가 된 후에도 좋은 음식을 먹게 되고 인정 있는 대우를 받고 나서 일이 너무나 의외니만큼 한편 놀래고 한편 안심하고 있는 것입니다. 북한 포로들은 잡히기 전에 며칠씩 자지 못하고 행군에 싸움에 이외에 군무에 시달리면서 먹을 것이라고는 하루에 주먹밥 한 덩이나마 운이 좋으야 얻어걸리던 일을 다시 생각하면서 포로로서 좋은 대우를 받고 있는 데 감격을 하고 있습니다….(후략)"

식욕에 더해 전장에서 병사들이 본능적으로 추구하는 욕구는 본인의 안정 및 안전이다. 이 경우는 크게 두 가지 유형으로 나눌 수 있는데 첫 번째는 아군의 강력한 화력이나 신무기를 강조함으로써 적의 전투의지를 상쇄시키

---

7. 『들리지 않던 총성 종이폭탄! 6.25 전쟁과 심리전』, 이윤규 저, 25p
8. 『심리전의 기술 1914-1915』, Chalesr Roetter, 1974, 81~82p

는 방법과 '생명의 무조건 보호 및 보장'을 강조함으로써 투항 시 포로의 생명을 보장한다는 방법으로 심리전을 전개하는 방법이 있다. 아군의 강력한 화력이나 무기체계를 이용한 심리전은 전쟁 시뿐만 아니라 평시 상황에서도 상당히 보편적인 방법으로 쓰인다. 국제 사회에서 한 국가가 가진 일방적인 무력은 다른 나라로부터의 전쟁 유발 억제 효과를 지니며 외교 관계에서 유리한 위치를 점하는 데 이득을 주나, 국가 간의 군비 경쟁을 촉진시키는 부작용이 있다. 두 번째 방법은 전시에만 쓰일 수 있는 방법으로 대상은 주로 적군 군인이며 약속이 제대로 지켜진다는 점이 확실하게 전달될 경우 더욱 큰 효과를 불러올 수 있다. 왼쪽 사진은 두 번째 방법을 사용한 6·25전쟁 당시 심리전 전단의 예이다.

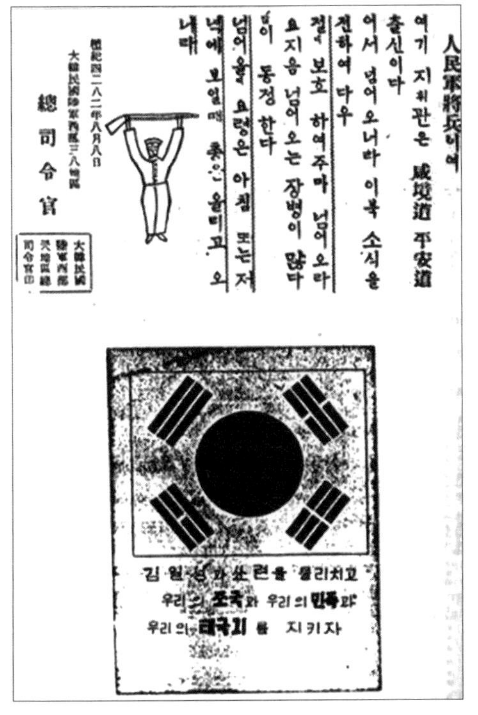

생명의 보장을 강조하는 그림을 첨부한 전단물

심리전은 전쟁 시 적군을 대상으로 전개할 수도 있으나 적국의 양민을 대상으로 심리전을 펼치기도 한다. 과거와는 달리 민간인 피해가 큰 현대 전쟁의 특징을 고려해 볼 때 전쟁에서 민간인이 차지하는 비중은 굉장히 크다. 만약 어느 한쪽의 군대가 그 지역의 민간인들에게 위험하고 흉폭한 존재로 이미지가 각인된다면 민간인과 군대는 심리적으로 멀어지는 효과와 함께 군대는 그 지역에서 보급이나 지원을 수행하기에 점점 어려워지고 최악의 경우 지역의 민간인이 적군에게 아군의 정보를 제공하거나 아군을 상대로 게릴라전을 수행하게 되는 상황이 오기도 한다. 이 경우 아무리 화력이 강하고 정예로 훈련된 군대라도 그 지역에서의 전쟁 수행은 끝없이 힘들어지는 경우가 대부분이다.

민간인을 대상으로 한 심리전에 실패하여 전쟁 전체를 망쳐 버렸던 대표적인 경우가 바로 미국이 공산 북베트남과 싸운 베트남 전쟁이다. 당시 미군과 한국 해병대는 베트남에서 정규 월맹군을 대상으로만 싸운 것이 아니라 베트콩이라 불리는 남베트남 해방민족전선 게릴라군, 현지 민간인들의 게릴라전 전투지원까지도 감당해 내야 했다. 일례로 적군이 깊은 정글과 야간을 이용하여 아군 진영 깊숙이 침투할 때는 현지인의 길안내 도움을 받았고 검문을 피하기 위해 민간인들의 의복을 지원받았다고 한다. 그 밖에도 베트콩들은 식수와 식량 등 게릴라전 수행에 필요한 여러 물품을 현지로부터 조달받았지만 아군은 모든 장비와 식료품을 휴대해야 했으며 기지 밖으로 오랫동안 멀리 작전을 수행하는 것이 제한되었던 아군에 비해 적군은 장기간의 정글 속에서의 침투 작전을 수행하는 것이 가능했다. 때문에 아군의 경우 정글에 매복하거나 정글 속에서 밤을 보내는 데 상당한 심리적인 부담감을 느낄 수밖에 없었고 이는 현지인에 대한 반감으로 발전되어 현지 주민들과의 사이가 멀어지는 악순환으로 이어졌다. 당시 월남에서 소대장과 중대장을 역임한 『전투감각』의 저자인 서경덕 장군은 자신의 저서에 자신과 부하들이 매복간과 작전간에 느낀 심리적인 압박감과 어려움에 대해서 자세히 기술하고 있다. 심리적인 공황 상태가 계속되어 조그만 외부 소리 하나에 크레모아를 격발시켜 매복 작전 전체를 망치는 경우도 많았고 현지 주민과 베트콩의 구분이 모호한 상태에서 부하들의 민간인에 대한 태도 통제를 하는 데 서경덕 장군은 많은 애로사항이 있었다고 책에서 기술하고 있다.

심리전이 전쟁에서의 불리한 상황을 단번에 뒤바꿔버린 사례도 적지 않다. 6·25전쟁 당시 공산군은 소련의 최신예 제트 전투기인 MIG-15기를 1950년 11월부터 보유하기 시작했고 이 미그기는 유엔 공군이 보유하고 있는 전투기 성능을 훨씬 능가하였다. 공중전에서 미그기는 유엔 최신 전투기인 F-86 세이버기보다 더 빠른 속도를 가지고 있었으며 급강하 시에도 훨씬 우세한 성능을 보였다. 그나마 F-86 전투기는 미국에서 생산을 시작한 지 얼마 안 되어 공급마저 부족한 상황이었다.[9]

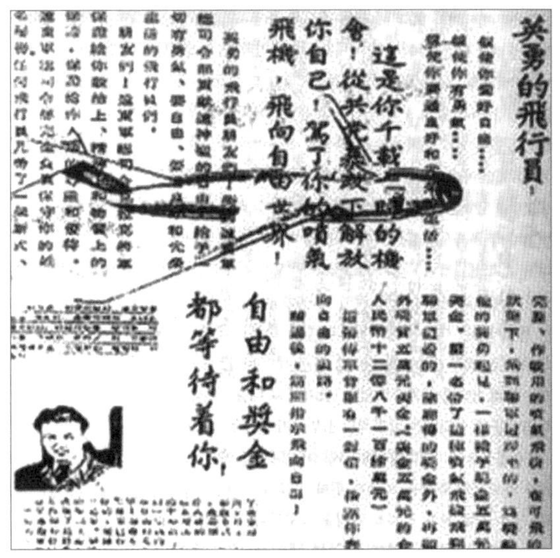

전투기 조종사를 대상으로 한
'몰라 작전(Operation Moolah) 당시 전단물

이런 불리한 상황을 타개하기 위해 유엔군은 '현상전단작전'이라는 기발한 심리전 작전을 수행하였다. 6·25전쟁 중 전단 심리전의 대표적인 작전인 이 작전은 1953년 3월 20일 미 합동참모본부의 지시에 의해 도쿄에 위치한 극동사령부의 합동심리위원회의 승인을 받아 한국에 있는 유엔군 최고 작전책임자인 클라크M. W. Clark 장군이 계획을 수립하여 시행하였다. '몰라 작전Operation Moolah'이라 명명된[10] 이 심리전은 미그기 전투기 조종사를 대상으로 전단 살포를 시행하였으며 53년 4월에는 클라크 장군이 직접 유엔군 라디오 방송을 시작하고 5월 10일과 18일에는 압록강

9. 『들리지 않던 총성 종이폭탄! 6·25전쟁과 심리전』, 이윤규 저, 219p
10. 『6·25전쟁과 심리전』, M. W. Clark, 이지영 역, 1965년, 101~109p

유역과 신의주와 의주의 공산군 공군기지에 50만 장의 전단이 뿌려졌다. 그 전단의 내용은 다음과 같다.

“남한으로 비행 가능한 최신예 제트비행기를 가져오는 조종사에게 5만 달러를 주겠습니다. 자유세계로 그러한 제트비행기를 처음으로 가져오는 최초의 조종사에게는 그 용기를 높이 사서 5만 달러를 추가로 더 지급하겠습니다.”

‘몰라Moolah 작전’이 시작된 이후 미그기의 비행 횟수는 현저히 떨어졌고 8일간은 출격이 거의 없었다고 한다. 당시 베테랑 조종사들은 소련군들로 구성되었는데 소련은 6·25 참전 사실을 연합군에게 부정하고 있던 터였다. 결국 소련은 자국 조종사들이 비행 중 남쪽으로 내려가는 것을 막기 위해 전투기량은 미숙하지만 당성이 강한 북한군 조종사에게만 비행을 허락하였다. 이러한 공중전투상황에서 미 공군의 F-86 세이버 전투기는 단지 3대를 잃었지만 미그기는 무려 165대나 격추되었다. 이는 55대 1의 비율로 유엔군의 심리전이 실질적인 전투무기 이상의 성과를 거둔 좋은 예이다.[11] 추가로 휴전협정 이후인 1953년 9월 23일 9시 24분에 북한의 노금석 대위가 레이더의 추적을 따돌리고 저공비행으로 김포공항에 착륙하여 정치적 망명을 신청하였는데[12] 이는 예상하지도 못한 것으로써 몰라Moolah 작전은 공중전을 완전히 제압하는 가장 훌륭했던 심리전으로 평가되고 있다.

이처럼 심리전은 값싼 노력에 비해 높은 성과를 가져오는 굉장히 효과적인 전술이다. 아군뿐만 아니라 적들도 심리전에 대한 중요성을 인식하여 십

11. 『정치선전과 심리전략』, 김기도, 1989년, 200~203p

12. 『심리전』, 중앙정보부, 1969, p.215

분 활용하고 있으며 심리전에서 밀리게 될 경우 일어나는 인적, 물적 손실 역시 앞의 예에서 확인해 보았다. 그리고 필자는 현재의 주적인 북한에 대해서 대한민국이 대응할 수 있는 가장 효과적인 조치로 '대북 심리전'을 꼽을 것이다. 수백 km 밖에서 창문 하나를 정확히 맞출 수 있는 스마트 순항 미사일, 탐지거리가 더 긴 레이더와 소나Sonar, 여러 고성능 다목적 장비로 군을 무장시키는 것 역시 전쟁 억제와 평화 유지를 위해 꼭 필요한 것이나 기술적으로나 시간적, 자원적인 면에서 심리전은 훨씬 강력한 방법이 될 것이다. 다음 절에서 대한민국이 북한에게 적용할 수 있는 심리전은 어떤 모습을 띠는지 알아보겠다.

제3절. 북한 주민들이 모르고 살아왔던 것

먼저 북한과 대한민국은 전시 상태가 아닌 정전 상태이다. 앞의 역사 속의 심리전 사례를 그대로 적용할 수는 없을 것이다. 결론부터 말하자면 현재 우리가 북한에 취할 수 있는 심리전은 북한 주민들이 그동안 속거나 몰라왔던 사실을 알려주는 방향으로 진행되어야 한다.

북한 주민들은 태어날 때부터 철저히 북한식 주체사상 교육을 받으며 자라난다. 여기서 주목할 점은 주민들은 자신들이 먹고 사는 모습과 북한 수뇌부의 사치스런 생활상의 차이를 잘 모른다는 점이다. 북한 주민들의 1인당 국내총소득GNI는 2008년 기준 117만 원으로 남한의 2,120만 원의 5.5% 수준에 불과하다.[13] 2장 1절에서 언급한 바와 같이 북한 주민들은 자신들의 경제적 궁핍이 다른 나라의 무자비한 경제 제제 때문이라고 믿고 있으며 북한 수뇌부의 국가 예산 횡령에 대해서는 잘 모르고 있다.

---

13. '한국 GDP 북한의 38배… OECD 남·북한 경제 비교', 매일경제, 2010년 6월 18일

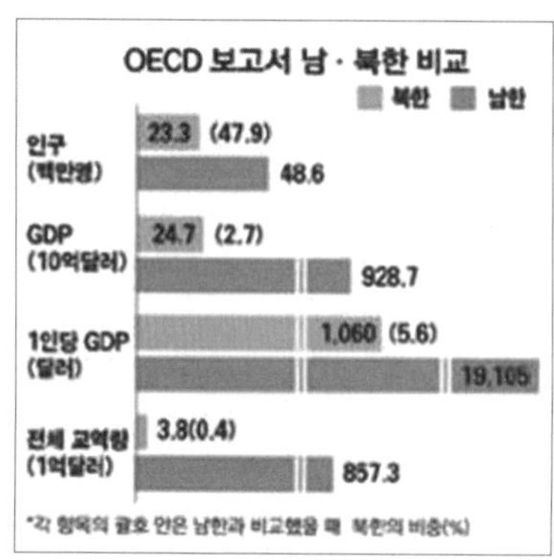

남·북한의 경제력 비교

리설주가 지참한 디오르 클러치 백

김정일 사망 후 후계자로 내정된 김정은의 부인으로 최근 유명해진 북한의 배우 출신 리설주는 최근 김정은의 파격 공개행보에서 사치품과 명품백을 노출시켜 언론의 화제가 되었다. 당시 공개된 리설주의 사진에서는 리설주가 지참한 해당 클러치 백은 프랑스의 명품 브랜드 크리스티앙 디오르 것으로 국내 판매 가격은 180만 원이라고 국내 언론사는 보도했다. 간단한 소지품만 넣는 작은 가방으로 같은 모양의 핸드백 가격은 400~500만 원에 이르는 것으로 알려졌다.[14] 리설주는 북한 주민들이 1년 일해도 사지 못하는 핸드백을 들고 다녔던 것이다. 미국의 시사주간지 타임TIME은 "북한의 리설주는 프랑스 혁명 당시 마리 앙투아네트를 연상시킨다."라고 보도까지 했다. 다음은 타임지가 게재한 북한 수뇌부의 사치행각을 비판한 내용이다.

"김정은과 최근 베일을 벗은 리설주의 사치스러움은 북한이 만성적인 식량 부족을 겪고 있는 것과 관련해 면밀한 관찰 대상이 되고 있다…(중략)…지난 6월과 7월 대규모의 수해로 북한의 많은 농장이 파괴됐고 이로 인해 북한의 식량 사정은 더더욱 악화될 것으로 보이는 와중에 이러한 행보는 더욱 눈길을 끌고 있다."

14. '北 리설주가 든 명품백, 알고보니…', 매일경제, 2012년 8월 8일

"김정은의 아버지 김정일은 전속 요리사를 두고 10만 병의 와인 저장고를 보유하고 있으며 연간 80만 달러가 넘는 헤네시 코냑을 즐기는 호화스러운 취향을 과시해왔다…(중략)…이렇게 북한의 통치자들이 대를 이어 호사할 동안 북한은 국가 전체적으로 배고픔을 견디지 못하고 있으며 기초적인 생활도 제대로 이루지 못하고 있는 것이 지속적으로 노출되고 있다.(후략)"[15]

우리가 주목해야 할 심리전의 대상이 바로 '북한 수뇌부의 사치스러운 생활상'이다. 그들이 그동안 몰랐던 상류층의 생활을 사실적으로 보여주고 그들이 바친 세금과 공납이 몇몇 권력자의 배를 불리고 있다는 사실을 깨닫게 해준다면 적게는 북한 사회에 대한 염세를, 크게는 자유세계에 대한 오해를 불식시키는 효과를 가져올 수 있을 것이다.

남북한의 야간 위성사진. 남한과 북한의 발전용량 차이를 명확히 보여주고 있다.

또한 북한 주민들에게 남한에 대한 보다 사실적인 정보를 앞으로 더욱 많이 전파해야 한다. 왼쪽 사진은 남·북한의 야간을 찍은 위성사진이다. 밤이면 암흑뿐인 북한에서 평생을 살아온 북한 주민에게 남한의 풍부한 전력은 남이 알려주지 않는 이상은 알 방법이 없을 것이다. 북한의 총 전력 생산량은 연간 710만 kW로 인천광역시의 전력 소비량 210만 kW의 세 배가 조금 넘을 뿐이라는 것을 북한 주민들은 알고 있을까? 북한의 발전용량은 적다고 해도 자기 나라의 전체 발전 전력량의 30%를 대한민국에서는 도시 하나가 소비한다는 점을 북한 주민들은 어떻게

15. 'North Korea's First Lady Sports Dior Purse Despite Nationwide Food Shortages', TIME, August 9, 2012

받아들일 것인가? 우리는 북한 주민들에게 남조선이란 곳은 이렇게 물자와 자원이 풍족하고 생활하기 편리한 곳이라는 사실을 제대로 인지시켜 줌으로써 그들로 하여금 남한의 모습과 현재 북한의 모습을 비교하게 만들어야 한다. 이는 단순한 남한에 대한 동경에서 그치는 것이 아닌 북한 현실에 대한 각성을 의미하며 주입식 세뇌교육으로 고정된 잘못된 인식을 바로잡고 무엇이 옳고 그른 것인지 판별할 수 있는 능력을 배양하게 해줄 것이다.

이에 대한 북한 수뇌부의 경계 역시 드러난 바 있다. 2004년 6월 4일 시행된 남북 장성급 회담에서 북한의 대표 대좌 유영철과 소장 김영철은 심리전 전면 중지와 심리전 수단 철거를 요구하면서 "자유로를 오가는 차들이 왜 그리 많으냐. 차량 불빛도 우리에겐 부담이다. 해결책을 제시하라."[16]라는 뜬금없는 질문을 같이 한 적이 있었다. 결국 자유로를 오가는 차량 불빛이 북한에게 광공해를 일으켜서 피해를 줬다기보다는 최전방의 주민들이나 경계근무를 서는 북한 군인들에게 미치는 심리적인 영향을 염두에 둔 말이었을 것이다. 남한의 도로를 달리는 수없이 많은 자동차, 수도권에서 밤새 새어나오는 엄청난 불빛들은 그동안 북한이 주민들에게 선전해 왔던 사실과는 정반대이기에 북한 당국 입장에서는 난처할 수밖에 없었을 것이다.

이상으로 기술한 것이 우리의 대북 심리전에 대한 주요 표적이 되는 것이다. 그동안 북한 주민들에게 남쪽 자유세계는 북한보다도 굶주리고 남조선 동족들은 미 제국주의자들에게 수탈당하는 식으로 묘사되었지만 심리전을 통하여 남한과 자유세계의 실제 모습, 북한 권력자들의 생활상을 알려줌으로써 어느 무기체계보다도 효과적으로 북한의 기반 정신무장을 흔들 수 있을 것이다. 다음 장에서는 이러한 심리전 목표를 달성하기 위해 취할 수 있는 전략에 대해 알아볼 것이다.

---

16. [北 군사회담서 심리전 중단 요구], 연합뉴스, 2010년 5월 28일

제1절. 진실을 알리기 위한 방법

그동안 대북 심리전은 민간단체를 주축으로 하여 휴전선 근처에서 풍선에 통상 '삐라'라고 불리는 전단지를 보내는 형식과 라디오 전파를 통한 대북 송신, 스피커 방송을 이용한 대북 방송, 전광판을 이용한 선전물 게시 등으로 이루어졌다. 그렇다면 한반도 안보 및 통일전략에서의 심리전은 어떤 형태를 갖춰야 하는가?

먼저 북한 내 전단 내용은 단순한 북한 체제 비판과 남한에 대한 선전이 아닌 북한 수뇌부의 실상과 남한의 발전된 모습을 주된 내용으로 해야 한다. 북한 사람들 역시 평생 주체사상에 대한 우수성과 자유민주주의-서구 제국주의에 대한 비판으로 교육받은 사람들이기 때문에 일방적인 자국 체제 비판과 외부 세계 홍보는 단순한 거짓말이라고 치부해 버릴 가능성이 있다. 따라서 전단 살포 시 북한 주민들을 대상으로 하여 심리전을 전개할 때는 북한 수뇌부의 실상을 폭로하되 조작된 자료가 아니라고 믿을 수 있도록 객관적인 통계자료와 남북한이 대비될 수 있는 자료를 이용할 필요가 있다.

북한 수뇌부의 실상을 폭로하는 데 있어서는 고위 탈북자들의 증언을 담은 자료가 유용하게 쓰일 수 있다. 김일성종합대학을 나오고 주체사상의 이론적 기틀을 마련한 황장엽 전 조선로동당 총비서는 대한민국으로 망명한 인사 중 최고위급 인사[17]로서, 망명 후에는 베일에 가려져 있던 김정일 정권의 사치스런 생활상을 폭로하고 북한 수뇌부가 얼마나 모순적이고 부패해 있는지 알려준 거물이다. 고위 탈북자의 증언은 북한에서 직접 자신들이 고위직에 몸담았을 때 보고 들었던 것과 실제 자신이 북한에서 생활할 때의 모

17. '황장엽', 한국어 위키백과, http://ko.wikipedia.org/wiki/황장엽

습을 모두 보여줄 수 있기 때문에 북한에 살고 있는 사람들이 이런 증언을 접했을 때 '남조선에서 조작'한 것이 아닌 실제 우리 '공화국 사람이 말한 것'이라는 것을 믿게 하는 데 중요한 역할을 해 주게 된다. 실제 북한에서는 남한에서 황장엽이 김정일과 북한 수뇌부를 비판하고 그 실상을 폭로하는 데 불만을 품고 2006년 12월 21일에 황장엽에게 '황장엽은 쓰레기 같은 그 입을 다물라, 배신자는 대가를 치른다.'라고 하는 내용의 협박문과 붉은 그림도구가 칠해진 황장엽의 사진, 도끼 등이 들어간 소포를 보낸 사건이 일어났고, 2010년 4월 20일에는 황장엽을 직접 암살하기 위한 남파간첩 2명이 붙잡혀 10년형을 선고받는 등 북한 측에서도 이 사안에 대하여 굉장히 예의주시하는 것으로 나타나고 있다.

남한에 대한 선전은 대한민국의 발전된 모습을 사진으로 보여주되 조작이나 연출로는 보여줄 수 없는 장면들로 선전하여 전단을 기획해야 한다. 서울의 휘황찬란한 밤거리 사진과 북한의 어두운 밤거리를 대비하고 남한 사람들의 건장한 체격이 드러난 사진과 북한 사람들의 왜소한 사진을 대비하여 남·북한 간의 영양조달 상태를 간접적으로 비교하게 만들 수도 있다. 또한 북한의 실상 폭로와는 다르게 남한에 대한 선전은 북한에서 살았다가 남한에 정착한 탈북자들의 증언이 효과적으로 쓰일 수 있다. 북한 주민들의 북한에서의 배경과 탈북 이유, 탈북의 방법, 남한에서 겪은 문화적 충격이나 에피소드 등을 탈북자의 언어로 북한 주민들에게 보여준다면 북한 주민들이 가지는 선전물에 대한 경계심을 줄이는 효과를 가져 올 것이다. 최근에 북한을 탈출한 탈북자일수록 최근까지의 북한 내부 동향을 잘 알고 있을 것이며 이 정보들은 우리가 북한으로 보내는 심리전의 내용에 개연성을 보강해주는 좋은 방법이 될 수 있을 것이다.

남한에 대해서 알리는 가장 효과적인 방법은 바로 '한류韓流 문화'의 전파이다. 현재 북한은 과거와는 다르게 VTR이나 CD, 심지어 DVD를 재생할 수

남한 영상매체의 지역간 확산 경로

있는 가정이 급속도로 늘고 있으며 중국과 북한을 오가는 상인들로부터 외부 세계에 대한 소식을 전해 듣는 등 북한 주민들에게 정보적으로 접근할 수 있는 여건이 많이 좋아진 상태이다.[18] 특히 아시아를 비롯하여 세계적으로 열풍을 끄는 한류韓流 문화는 북한도 예외가 아니어서 많은 영향을 끼치고 있다. 현재는 북한 주민들에게 남한 영상물이 전파되는 동기가 국경 지방에서 활동하는 밀수꾼들의 돈벌이가 주된 이유라 북한의 체제 변화를 위한 동기와는 거리가 멀지만 상업적 목적에 의해 유입이 이루어지기 때문에 북한 당국의 단속에도 불구하고 지속적 확산이 이루어지고 있다.

북한 주민들이 한류 문화를 접한 뒤의 시청 소감을 보면 단순히 내용이 흥미롭다거나 재미있다는 소감 외에 남한의 실상 이해, 남한에 대한 동경, 북한 지도부에 대한 비난 및 불만, 남북한 비교에 이르기까지 반체제적인 내용들도 다수 포함되어 있는 것을 볼 수 있다. 또한 시청 소감을 얘기하는 과정에서 주민들은 '남한에 가서 살았으면 좋겠다.', '남한은 정말 저렇게 잘 살 것이다.', '남편이 자본주의를 연구하고 독점자본을 했으면 좋겠다.', '한국이 이렇게 발전했다.', '한국 것이면 개똥도 좋지 않겠나.', '남조선이 우리와 천지 차이.' 등의 말이 오갔다고 한다. 북한 주민들의 경우 '남한에 가면 알게 모르게(탈북자를) 없애버린다.'는 북한 당국의 선전을 듣는데 「카인과 아벨」이

18. 「북한의 한류 현상과 향후 전망」, 오양열(한국문화예술위원회), 2006년, Proceeding of SAPA International Conference, pp.51-61

라는 드라마에 등장하는 남한 내 탈북자들의 삶을 보면서 탈북에 대한 두려움을 어느 정도 불식시킬 수 있었다는 사례도 확인되었다.[19] 또한 한류韓流 문화는 일반 주민들뿐만 아니라 출신 성분이 좋은 사람들만 사는 평양의 주민들이나 고위 간부들의 가족들 안까지도 널리 퍼져 있는 것으로 파악되었다.

여기서 우리는 왜 북한 내 한류韓流 문화 전파에 주목해야 하는지 알아야 할 필요가 있다. 첫째, 한류 문화는 대한민국의 정부 차원도 아닌 민간 차원도 아닌 북한 주민들의 수요에 따른 밀수 무역에 의한 것으로서 다른 대북 심리전과는 달리 북한 당국이 대한민국에 제시할 제제 근거가 마땅치 않다는 점이다. 한국에서 제작되는 음원이나 영화, 드라마 등의 멀티미디어 컨텐츠는 초기 목적 자체가 대북 심리전으로 제작되는 것이 분명하게 아니기 때문에 북한 당국은 대한민국으로 하여금 이런 컨텐츠의 제작을 막을 명분이 전혀 없으며 자국민들의 한류 문화 시청을 단속하는 것 외에는 할 수 있는 일이 없다. 이는 한류 문화를 이용한 심리전이 가지는 장기적인 효과를 어렵지 않게 달성할 수 있도록 하는 근거가 된다. 둘째, 한류 문화는 문화 컨텐츠가 전파되는 특성상 북한 전 지역으로 확산되기 용이하다. 휴전선 부근에서 날리는 전단자료의 경우 정확하게 멀리 날아가는 데 한계가 있고 노출되어 있어 대부분 신속하게 수거 및 소각되는 데 비해 남한 영화나 드라마가 수록된 CD나 DVD는 숨기기가 쉽고 반복 재생이 가능하여 북한 내부 깊숙한 곳까지 남한의 모습을 퍼뜨릴 수 있는 유일한 방법이 될 수 있다. 영화나 드라마 속에서 노출되는 남한의 모습들, 당에 대한 충성이나 찬양 목적이 아닌 제작자가 자신만의 창작의 자유를 가지고 만들어낸 한류 컨텐츠는 북한 주민들에게는 신선한 충격으로 전해질 수 있으며 이는 북한과 남한 사이에 존재하는 사상적 이질감, 남한에 대한 오해 등을 불식시켜 주는 좋은 중

---

19. '북한에 부는 '한류 열풍'의 진단과 전망', 박영정, JPI 정책포럼(제주평화연구원), 2011년 10월

계역할을 수행할 수 있을 것이다. 비록 단기적으로는 '한류韓流 문화'가 북한 주민들의 문화적 목마름을 해소해 주는 역할을 수행하지만 장기적으로는 북한 사회의 자유화에 크게 기여하게 될 것이다.

제2절. 전쟁 억제력이 대북 심리전에 가지는 의의

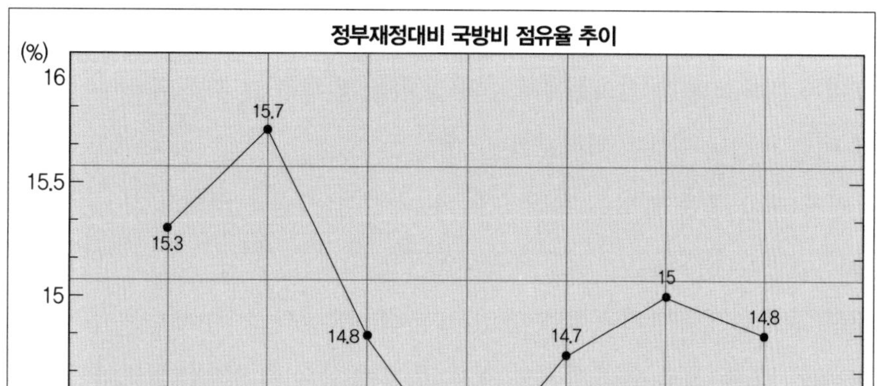

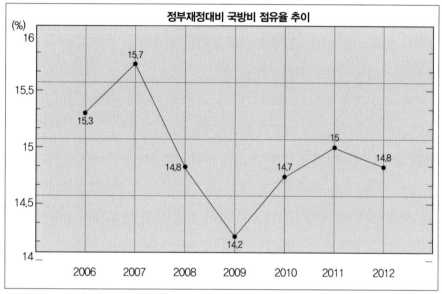

연도별 정부 예산 대비 국방비 점유율 추이. 2009년 최저점을 기록한 이후 이전 수준을 회복하지 못했다.

이상의 내용에서 대북 심리전의 중요성과 시행 전략과 방향에 대해서 연구해 보았다. 대북 심리전의 목적은 북한의 대남 도발에 대응하여 가장 적은 비용으로 가장 효과적으로 적의 약점을 공략하는 데 있으며 북한 수뇌부의 실상 폭로와 번영하고 있는 대한민국을 사실적으로 알리는 쪽으로 방향을 잡았다. 지금까지 북한의 대북 심리전에 대한 반응은 민감하고 직설적이었으며 '확성기, 전광판 설치 시 조준격파'라는 강경한 반응도 숨기지 않았다.

우리는 대북 심리전을 하면서 만일 북한이 대북 심리전에 대한 강경 반응으로 휴전선 이남 포격 도발이나 무너진 사회적 통제를 극복하기 위한 계엄 등의 비상조치를 실행하는 등의 돌발 상황에 대하여 미리 준비할 필요가 있다. 대북조치나 대북 심리전 실행에 있어 우리나라의 종북세력들이 주로 펴는 논리 중 하나는 '북한의 심기를 건드리는 것은 전쟁을 유발시키는 것.'이라는 논리이다. 현재 전쟁을 일으키려는 의도를 가진 쪽은 북한뿐으로 위의 논리는 주객이 전도되긴 했으나 대북 심리전의 결과로 궁지에 몰린 북한의 무력 도발 및 전쟁 유발 가능성은 쉽게 유추할 수 있는 항목이다. 그렇다면 우리가 취하는 대북 심리전에서 이와 같은 전쟁 혹은 그 후를 대비하는 방법은 어떤 방법이 있는지 알아보자.

먼저 제일 좋은 방법은 무력 도발 및 전쟁을 사전에 억제시키는 것이다. 대북 심리전과 병행하여 전쟁 억제력을 유지하기 위해서는 지금보다도 높은 대북 전쟁 억제력을 가질 필요가 있으며 국방 예산의 증액, 새로운 무기체계의 도입, 기존 전쟁 수행 체계의 개선 및 개량 등의 지속적인 노력이 필요하다. 위의 〈그림 8〉은 2006년부터 2012년까지 정부 재정 대비 국방비 비율을 나타낸 그래프이다.[20] 2012년 현재 국방비 비율은 14% 수준으로 최근 6년간 최고치였던 15.7%를 넘지 못하고 있으며 2010년의 천안함·연평도 도발로 인한 유래 없는 안보 위기 상황을 감안할 때 국방예산의 확대가 절실한 상태이다. 최근의 을지프리덤가디언UFG 훈련이나 키 리졸브Key Resolve 훈련 등은 북한과 중국의 신경질적인 반대에도 불구하고 국군의 전시전투능력 유지와 전쟁억제력 유지를 위해 반드시 유지하고 정기적으로 수행해야 하는 훈련이다. 대북 심리전은 이와 같이 충분히 준비된 대북 억제력과 함께 병행해야 가치가 있는 전략이다.

20. 정부재정대비 국방비 점유율 추이, 국방부(연도별 예산서), 기획재정부「나라살림」

〈표 2 주요 국가별 2010년 국방비 비교[21]〉
한국의 병력 1인당 국방비는 중국을 제외하고 주요 군사강국에 비해 상당히 낮다.

주요 국가의 국방비 비교 [단위: %,(US $)]						
	2010년					
	이스라엘	러시아	중국	미국	일본	한국
GDP 대비 국방비 비율	6.5	2.8	1.3	4.8	1	2.5
국민 1인당 국방비	1,910	301	57	2,250	426	515
병력 1인당 국방비	79,339	43,874	33,418	442,065	219,181	38,273

위 〈표 2〉는 주요 국가의 국방비를 비교한 표이다. 여기서 우리나라는 병력 1인당 국방비가 낮게 조사되었는데 이는 병력 1인을 훈련시키고 무장시킬 수 있는 역량이 그만큼 다른 나라보다 낮음을 의미한다. 북한과의 전쟁을 수행할 경우 한반도의 지정학적 위치와 중요성으로 인해 미국이나 중국 등 다른 강대국의 참전이 확실시되고 있는 가운데 현 시점의 낮은 국방 투자로는 국군이 전시에 정상적인 작전을 수행할 수 있는 가능성을 보장해 주지 못한다. 이것은 곧 전쟁 수행 능력 및 전쟁 전 억제력 약화로 이어져 대북 심리전의 의미 퇴색은 물론 국가 안보 자체와도 직접적으로 영향을 주는 문제이다. 현재의 낮은 국방비 비율과 인색한 투자는 대북 심리전을 수행할 때 가장 먼저 해결해야 할 국가적 숙제가 될 것이다.

제3절. 대북 심리전을 위한 우리의 과제

이상에서 논의된 것을 바탕으로 대북 심리전을 위해 우리가 준비하고 어

21. 주요 국가의 국방비 비교, 영국 국제전략문제 연구소(IISS)[The Military Balance], 2012년 3월. (러시아와 중국은 예산 외 자금(extra-budgetary funds) 미포함)

떤 과제가 주어졌는지 정리해 보자.

첫째, 전단물 살포와 비무장지대의 전광판 설치, 스피커 방송 등을 지속적으로 전개하여 나가야 한다. 대북 심리전은 북한에 가하는 가장 좋은 비폭력적인 견제 방법이고 실제로도 많은 효과를 가져왔다. 적이 하지 말라고 해서, 불응 시 공격하겠다고 해서 대북 심리전을 멈추는 것은 나라의 안보를 책임지는 상황에 맞지 않는 행동이다. 최근 들어 북한도 전 세계적으로 불고 있는 개방과 혁명 분위기를 토대로 내·외부적으로 변화를 보이고 있다. 결과적으로 과거보다 대북 심리전의 효과는 커지고 있으며 지속적인 대북 심리전의 전개는 향후 통일에 있어서도 긍정적인 결과를 가져올 것이다.

둘째, 정부와 군은 대북 심리전으로 인한 북한의 무력 도발에 맞서 국방력 강화와 무력 도발 억제력을 지속적으로 강화해야 한다. 이전 절에서 살펴보았듯이 대한민국의 병사 1인당 국방비는 낮은 수준에 머물고 있으며 미래에 전개될 대북 심리전과 통일 준비에 있어서 현재보다 높은 수준의 국방력이 요구될 것이다. 탄탄한 도발 억제력이 없이는 대북 심리전은 상대의 화만 돋우는 무모한 도발로 빛이 바랠 수밖에 없을 것이다. 따라서 우리는 군사적으로 철저히 대비를 한 뒤 대북 심리전을 전개해 나가야 할 것이다.

셋째, 정부 차원에서 대북 심리전과 북한 내 한류 문화 확산에 관심을 가져야 한다. 현재까지는 북한 주민들의 요구에 의해 밀수의 형식으로 북한 내 한류 문화가 확산되었지만 대한민국 정부 차원에서도 그 규모와 자세한 현황을 모니터링할 필요가 있다. 이는 통일 이후에 북한 주민들이 한국 사회에 적응할 때 이전에 접했던 한류 문화에 비추어 적응할 것이므로 정부에서 이와 같은 사실을 인지하고 새터민들을 지원해 준다면 더 높은 효과를 기대할 수 있을 것이다. 이에 더하여 정부는 민·관의 대북 심리전 수행을 보다 많은 사람들이 관심을 가질 수 있도록 통일 및 인보교육의 기회를 마련하고 캠페인 등을 추진하여 대북 심리전의 끝마무리를 잘 지을 수 있도록 해야 한다.

제4장. 결론

이상 지금까지 논의된 부분을 정리하면 다음과 같다.

1. 대한민국은 세계 10위권대의 선진국으로 도약했으나 북한으로 인한 안보 위협 문제는 아직 해결되지 않았다.
2. 북한의 무력 도발 강도는 강해지고 있으며 대한민국은 그에 따른 적절한 조치가 필요하다.
3. 심리전은 가장 적은 비용으로 적에게 맞춤식 타격을 가할 수 있는 방법으로 현재 정전 상황에서 북한에 적용할 수 있는 적절한 견제 방법이다.
4. 대북 심리전은 북한 수뇌부의 사치스러운 생활상 폭로와 대한민국에 대한 오해 불식을 주된 내용으로 하며 고위 탈북자 및 일반 주민 탈북자의 증언을 토대로 한 전단물 작성, 한류韓流 문화 전파 등의 방법으로 심리전을 수행한다.
5. 대북 심리전은 반드시 아군의 충분한 전쟁 및 무력 도발 억제력이 뒷받침되어야 하며 국방예산의 증액과 전시 전쟁수행능력 향상을 위한 훈련이 지속적으로 필요하다.
6. 정부 차원에서의 북한 내 한류 문화 확산에 대한 현황을 파악하고 통일 이후 새터민 지원 시 그들과의 소통에 대비하도록 해야 한다. 또한 군과 정부는 지속적인 대북 심리전 전개를 위한 통일 및 안보교육의 기회를 많이 만들어야 한다.

모든 국가에서는 군대를 기르고 무장시키기 위해서는 돈과 자원을 투자해야만 한다. 자본주의 국가에서는 한정된 국민 세금으로 나라도 운영하고 상비군도 운영해야 하는 것이다. 2000년대 이후 계속되는 세계 경제 불황 속에서 늘어나는 군비는 국가별로 큰 부담이 되고 있다. 국가 전체 안보를 위해서 투자하는 군비는 공익을 위한 공금公金의 역할을 하지만 국가별로 원하는 대로 예산을 편성하여 운용할 수는 없는 노릇이다.

심리전은 잘 준비하여 성공할 경우 엄청난 군비를 절약할 수 있는 효과적이고 비폭력적인 방법이다. 심리전의 대상과 종류에 따라 다양한 전술을 구현할 수도 있으며 대부분의 군사 작전과는 달리 작전이 노출되어도 그에 따른 위험성이 적다. 우리나라의 경우 현재 국군의 규모를 운영·유지하고 새로운 신무기를 배치하는 데 국방 예산이 충분하지 않은 상태이다. 이러한 대칭 전력의 충분한 보강을 위해 '대북 심리전'이란 비대칭 전력戰力은 대칭 전력이 메꾸지 못하는 부분을 보완하는 역할을 수행할 수 있으며 덧붙여 대칭 전력으로는 타격을 줄 수 없는 정전 상태의 북한에게 타격을 줄 수 있는 유일한 방법이 될 것이다.

심리전은 장기적으로 북한 주민들의 각성을 이끌어내게 되고 북한 체제의 지속성을 약화시켜 통일을 앞당기는 역할을 수행할 것이다. 그 과정에서 우리는 만에 하나 있을지도 모르는 무력 충돌에 대해서 충분한 대칭 전력의 대비 방호 태세와 전쟁 수행능력을 확보하는 데 국가적 역량을 투입하여야 하며 이후에도 원만한 통일 이후 문제 해결을 위한 대비를 해 둬야 한다. 한류 문화 전파를 통한 심리전은 북한 주민들이 통일 이후에 겪을 여러 가지 변화와 새로운 대한민국에 보다 빠르게 적응할 수 있도록 돕는 효과를 발휘할 것이다. 또한 북한의 고위직 이상으로 퍼진 한류 문화는 북한의 통일을 위한 앞으로의 정책 방향의 개선을 통해 앞으로의 대한민국과 과거보다 건설적인 대화를 이끌어 나가는 등의 긍정적인 효과를 기대할 수 있을 것이다. 이상이 우리가 대북 심리전의 중요성을 인식하고 힘써야 하는 중요한 이유들이다.

이 연구를 통해 필자는 남북 간의 통일이 보다 현실적이고 평화적인 방법을 통해 큰 혼란 없이 원만하게 이루어지기를 간절히 바란다.

최우수 논문

〈참고문헌〉

1. 단행본

· 『조직행동론 – Organization Behavior』, Stephen P. Robbins, Timothy A. Judge 저, 이덕로 외 3인 옮김, 225p

· 『들리지 않던 총성 종이폭탄! 6 · 25 전쟁과 심리전』, 이윤규 저, 25p

· 『심리전의 기술 1914–1915』, Chalesr Roetter, 1974, 81~82p

· 『6 · 25전쟁과 심리전』, M. W. Clark, 이지영 역, 1965년, 101~109p

· 『정치선전과 심리전략』, 김기도, 1989년, 200~203p

· 『심리전』, 중앙정보부, 1969, p.215

2. 논문

· '북한의 한류 현상과 향후 전망', 오양열(한국문화예술위원회), 2006년, Proceeding of SAPA International Conference, pp.51–61

· '북한에 부는 '한류 열풍'의 진단과 전망', 박영정, JPI 정책포럼(제주평화연구원), 2011년 10월

3. 통계자료

· '북한 집단 아사의 비밀', 동아일보 블로그 – 고난의 행군 기간 북한에 지원된 나라별 식량 통계, (http://blog.donga.com/sulak123/archives/22)

· 정부재정대비 국방비 점유율 추이, 국방부 (연도별 예산서), 기획재정부「나라살림」

· 주요 국가의 국방비 비교, 영국 국제전략문제 연구소(IISS)[The Military Balance], 2012년 3월. (러시아와 중국은 예산 외 자금(extra–budgetary funds) 미포함)

4. 기사

· '황장엽 "북한 예산의 70%는 김정일 개인 용도와 군사비"', 조선닷컴 뉴스 2011년 4월 9일

· '남북함정간 통신망운용 중지하고 대북방송 재개하라', 북한연구소 2011년 12월 6일

· '한국 GDP 북한의 38배…OECD 남 · 북한 경제 비교', 매일경제, 2010년 6월 18일

· '北 리설주가 든 명품백, 알고보니…', 매일경제, 2012년 8월 8일

· [North Korea's First Lady Sports Dior Purse Despite Nationwide Food Shortages], TIME, August 9, 2012

· '北 군사회담서 심리전 중단 요구', 연합뉴스, 2010년 5월 28일

제4회 최우수상

남북경협에서 국민 보호를 위한 위기관리
- NEO와 전시국제법을 중심으로 -

연세대학교 글로벌행정학과 **최 영 락**

제1장. 서론

올해로 정전 60주년을 맞이하고 있지만, 한반도는 여전히 북한의 야욕과 도발로 인하여 언제 어디서 위협받을지 모르는 상황에 놓여 있다. 문제는 단순한 군사적 무력충돌뿐만이 아니라 민간인, 즉 우리 국민이 연관되어 상당한 피해를 당하고 있다는 점이다. 연평도 포격사건, 금강산 관광객 피살사건, 탈북자 강제북송, 개성공단 잠정중단 사태 등이 그것이다. 특히 남북교류와 경제협력이 전쟁 직후와 비교하여 증가하였고, 이에 우리 국민들의 북한 지역 내 방문 또는 북한 측과의 접촉이 증대하면서 위와 같은 문제의 발생 원인이 되고 있다. 이러한 점에서 남북관계의 발전은 질적, 양적 증가와 발전 이전에 우리 국민의 생명과 재산에 대한 보호와 그에 대한 안보적 대응 방안이 우선하여 바탕이 되어야 하지 않는가 하는 동기를 제시한다.

지난 2008년 송영선 국회의원은 국정감사에서 북한에 급변사태 발생 시, 개성공단과 금강산 등에 있는 우리 국민들이 억류되거나 인질로 잡힐 가능성을 언급하면서 이들에 대한 대응 시나리오 및 구체적인 소개 작전을 논의한 바 있는지에 대한 질문이 있었다.[1] 그리고 불과 5년 후인 2013년 4월 3일, 북한이 개성공단 통행을 사실상 차단함으로 인하여 현지 체류 중이던 우리 국민의 신변안전에 대한 문제가 제기되었다. 당시 민간인들에 귀환 일정에 상당한 문제가 생김은 물론 개성공단 내에 인도적인 대우와 지원마저 불가능하였다. 우리 정부는 외교적 수단을 통한 문제 해결 계획과 동시에 대규모 인질 사태 발생에 대비한 군사적 계획을 보완 중이라는 언급을 하였다.[2] 우리 군도 지난 3월 22일 한미 공동 국지도발 대비계획에 개성공단 억류사태를 상정하여 유사시 군사 작전할 가능성이 크다는 관측이 나왔다. 실제로 정부와 군은 매년 8월 진행되는 을지프리덤가디언UFG 연습 등을 통해 개성공단에서 발생할 수 있는 다양한 유형의 시나리오를 상정하여 인질 구출 연습을 해온 것으로 전해졌다.[3]

현재의 작성 시점을 기준으로 개성공단은 서로의 대화와 타협을 통하여 실무협상을 진행, 그 결과 재가동되면서 문제는 일단락되었다. 위에서 언급한 군사적인 수단 역시 최후의 수단이며 실제로도 사용되지 않았다. 그러나 이와 같은 남북교류협력 상황에서 국민의 안전과 보호의 필요성은 지속해서 언급되고 있으며 그 가능성도 점점 커지고 있다. 따라서 설사 군사적 수단이 최후의 수단이라 할지라도 국방과 안보적인 측면에서 이에 대한 점검 및 강화가 필요할 것으로 사료된다. 또한, 개성공단 사태 당시 우리 국민들이 인도적인 지원이나 구호물자를 받을 수 없었음은 평시는 물론 전시 상황에서 국민들에 대한 보호가 사실상 취약점을 보이고 있다고 설명할 수 있다. 여기서 우리는 위 같은 위기상황에 대하여 대처할 방안과 정책 등이 필요하다.

---

1. 송영선, '북한 급변사태와 NEO(비전투원 소개작전)', 「2008년 국정감사 자료집」(서울: 송영선의원실, 2008), pp.8-12.
2. 이귀원, '北 개성공단 출입경 지연… 체류인원 안전 '비상'', 「연합뉴스」(2013. 4. 3).
3. 김귀근, '北 개성공단 근로자 억류 시 구출계획 있나', 「연합뉴스」(2013. 4. 3).

이 글에서는 비전투원 소개 작전NEO과 전시국제법을 중심으로 경제협력, 교류활동 등 남북경협에서 우리 국민의 보호를 위한 위기관리 강화방안을 논의하고자 한다. 전시국제법은 국제법의 한 분야로서 무력충돌이나 급변사태에서 희생자와 포로, 난민, 민간인에 대한 보호 규정을 담고 있다. 또한, NEO는 전쟁 이외의 군사작전 중 하나로서 비전투원(민간인)을 안전한 지역으로 후송하는 작전을 말한다. 이 둘은 북한과의 무력충돌이나 급변사태 상황에서 우리 국민의 생명과 재산을 보호할 수 있는 매개체로서, 위기관리 측면에서 발전시킬 필요성이 있다. 우선 남북관계에서 무력충돌과 급변사태와 같은 위기상황에 대하여 분석하고, 이를 바탕으로 NEO와 전시국제법에 대한 연구를 시행한다. 다음으로 현재 현황과 문제점을 분석하고 이를 발전시키는 방안에 대하여 살펴보고, 마지막으로 현 정부의 통일기반 구축 정책인 한반도 신뢰프로세스, 개성공단 국제화에 관련하여 국방정책이 미래지향적으로 일조할 수 있는 부분에 대하여 제언하는 것으로 마무리 짓도록 한다.

제2장. 남북경협과 위기상황

한미 동맹은 북한의 급변사태를 대비하여 작계5029를 두고 있다. 북한의 정권 붕괴나 대량 탈북사태 등과 같은 돌발 사태에 대비하기 위해 작성한 구체적 작전계획을 말한다.[4] 이 작계5029는 북한의 급변사태의 유형에 따라 6가지를 상정하고 있다. 대량살상 무기 유출, 북한의 정권 교체, 내전 상황, 대규모 주민 탈북사태, 대규모 자연재해 등이 있는데 그중에 하나가 바로 북

4. NEVER 지식백과 http://terms.naver.com/entry.nhn?docId=1235061&cid=40942&categoryId=31736 (검색일: 2013. 9. 18).

한 당국이 북한에 체류하고 있는 우리 국민(한국인)을 인질로 삼는 경우이다.[5] 북한에 체류 중인 우리 국민을 인질로 삼는 경우는 다른 위기 상황과 차이가 있다. 우선 다른 위기상황도 가능성은 배제할 수 없지만, 그 대상이 우리 국민이라는 점에서 필수적으로 포함된 상황이다. 더구나 해당하는 국민이 우리 영토가 아닌 북한지역에 체류 중인 것을 전제로 하기 때문에 우리의 공권력이나 법제가 상당한 영향을 미치지 못한다.

다행히도 현재 2013년까지 북한지역 내에서 인질이 되는 위기상황은 벌어지지 않았다. 그러나 금강산 관광과 개성공단 등에서 우리 국민이 억류되거나 피살되는 사례를 봤을 때에 북한의 급변사태나 국지도발 과정에서 얼마든지 우리 국민이 인질이 되거나 말려들 가능성은 농후하다. 이와 같은 상황을 대비하기 위하여 우선 가능성이 높았던 사례와 가정상황을 중심으로 분석하고, 이를 토대로 유형화하여 추후 해결방안과 문제점 보완 연구에 활용하도록 한다.

제1절. 위기상황 사례연구

개성공단은 현재 남북이 공식적으로 유일하게 남아 있는 경제협력이자 소통채널이다. 2003년 착공식을 시작으로 금강산 관광과 더불어 남북교류와 협력의 상징이기도 하다.[6] 개성공단 잠정중단 사태란 2013년 3월 30일 북한의 전시상황과 동시에 개성공단 폐쇄를 언급, 2013년 4월 3일 개성공단 통행제한으로 시작되어, 2013년 5월 3일 우리 측 개성공단 체류인원이 모두 복귀하면서 잠정적으로 폐쇄된 사태를 말한다. 현재는 여러 차례 실무회담을 거쳐 개성공단 정상 재개가 결정되어 정상 가동 중이다.

---

5. 한용섭, 『국방정책론』, 서울: 박영사, 2012, pp.192-193.
6. 김진무, '개성공단의 미래' 『동북아안보정세분석』, 한국국방연구원, 2013, p.1.

〈표1-1〉 개성공단 잠정중단 사태 경과

2013. 3. 30.	북한의 전시상황 선언, 개성공단 폐쇄 가능성 언급
2013. 4. 3.	개성공단 통행금지, 귀환만 허가, 정부 구출작전 언급
2013. 4. 7.	응급환자 발생으로 2명 긴급귀환
2013. 4. 8.	우리 의료진과 북한 근로자 철수, 북한 잠정중단 담화
2013. 4. 26.	개성공단 잔류인원 전원철수 결정
2013. 4. 29.	북한에 미수금 문제로 일부만 귀환허가
2013. 5. 3.	개성공단 마지막 잔류 7명 귀환, 잠정폐쇄
2013. 7. 6.	개성공단 재가동을 위한 남북 실무회담 시작
2013. 9. 10.	재가동을 위한 사전 작업, 우리 국민 공단 내 체류 시작
2013. 9. 16.	개성공단 5개월(166일) 만에 정상 재가동, 사태 종료

자료: 연합뉴스 http://www.yonhapnews.co.kr (검색일: 2013. 9. 20.)
외교부 http://www.mofa.go.kr (검색일: 2013. 9. 22.)

1. 사례: 개성공단 잠정중단 사태

북한은 지난 3월 30일 전시상황을 선언하고 개성공단 폐쇄 가능성을 언급, 이후 4월 3일 개성공단 통행을 금지하고 남측으로 귀환만 허가하는 조치를 한다. 개성공단 내외의 원활한 통상이 이루어지지 않자 우리 측 기업에 생산 활동 중단은 물론, 공단 내에 식자재가 들어가지 못함에 따라 서서히 식량 부족 사태까지 발생하였다. 4월 8일에는 남측 의료진이 전원 철수하면서 개성공단 내에 우리 국민들에 대한 의료공백이 발생하였고, 북한이 북측 근로자들을 전원 철수시키는 동시에 공단의 잠정중단을 담화에서 표명함에 따라 상황은 더욱 심각해져 갔다. 마침내 우리 정부는 26일 개성공단에 잔류인원을 전원 철수시키기로 하지만, 29일 마지막 철수를 준비하던 가운데 북한이 미수금 문제로 통행을 허가하지 않으면서 예상 귀환시간을 지나 일부만 허가되어 귀환하였다. 그리고 다음 달인 5월 3일 미수금 문제가 일단락되면서 남아 있던 7명이 귀환하게 되었다. 이에 남북관계는 1971년 이후

소통채널이 전혀 없는 제로시대에 돌입한다.[7]

그러나 남북의 평화공존과 교류협력을 바라는 우리 정부와 국민의 성원 속에 7월부터 재가동을 위한 실무회담의 추진 및 시작, 9월에는 마침내 166일 만에 공단이 재가동되어 사실상의 잠정중단 사태는 마무리되었다.[8]

2. 가정: 우리 국민 억류와 무력충돌

불행 중 다행으로 5개월간 있었던 잠정중단 사태에서는 우리 국민이 인질로 잡히는 등의 극단적인 상황은 일어나지 않았다. 그러나 일어나지 않았다 해서 앞으로 일어나지 말라는 법은 없다. 이에 실제 사례를 참고로 하여 다음과 같은 위기상황을 가정한다.

먼저 북한 지역 내에 '우리 국민의 억류'라는 가정상황이다. '억류'란, 국제법상 전시에 특정인 또는 선박 등을 자국의 유치 및 감시하에 두는 것을 말한다.[9] 위 사례에서는 억류가 아닌 개성공단 내로의 통행을 금지한 것으로, 남한으로 귀환은 가능하였기 때문에 억류 상황은 없었다. 다만 4월 29일 북한이 미수금 문제로 통행허가를 지연시키고, 이에 우리 국민 7명이 문제 해결이 된 5월 3일까지 잔류한 뒤에 최종 복귀한 사실은 존재한다. 이외에도 2009년 개성공단에 현대아산 직원을 억류한 실제 사례가 있다. 2009년 3월 30일 체제비난과 탈북책동 등 혐의로 개성공단 현대아산 직원을 억류하고 장기간 동안 자체 조사를 하였다. 비록 억류 사태는 해결되었지만 쌍방이 합의한 규정과 다르게 북한의 일방적인 행동과 입장을 보여 왔다. 합의 내용과 다르게 단독적인 수사뿐만 아니라 해당 직원과 우리 측의 접근을 거부하였

---

7. 장용훈, '개성공단 철수로 남북관계 '제로시대' 돌입', 「연합뉴스」(2013. 4. 29.)
8. 임병식, '개성공단 166일 만에 재가동… 北근로자 의욕 넘쳐', 「연합뉴스」(2013. 9. 16.)
9. doopedia http://terms.naver.com/entry.nhn?docId=1124820&cid=40942&categoryId=31721 (검색일: 2013. 9. 21.)

다. 우리 국민의 신변안전 상태도 확인 불가하였으며 엄중한 사태에 대한 결정적 판단도 북한에 있었다.[10] 이를 통해 우리는 억류라는 가정된 상황이 얼마든지 일어날 수 있으며, 그 가운데에서도 충분히 불안정한 조건에서 돌발적인 변화가 일어날 수 있다.

다음으로는 '무력충돌'이라는 최악의 상황이다. 억류 상황 직후 비폭력적인 방법을 동원하여 해결한다면 이는 다시 본래의 잠정중단 사태로 마무리를 짓는다. 가령 미수금 문제에 따른 우리 국민 7명이 잔류한 이후에 해결됨에 따라 남한으로 복귀한 것처럼, 억류가 단기에 끝나거나 협상 또는 북한의 자체 판단으로 남한으로의 통행을 허가한다면 경과의 경로는 조금 다르지만, 결과는 사례와 같은 셈이다.

문제는 평화적이고 비폭력적인 방법이 효과를 보지 못하거나, 또는 양국이나 북한 내에서 전쟁이나 교전과 같은 상태에 돌입했을 때의 일이다. 무력충돌 상황에서는 자연재해나 식량 부족과 같은 위기상황과는 차원이 다르다. 서로 격앙된 상황이며 정상적인 교류협력뿐만이 아니라 북한 내에 체류 중인 우리 국민의 안전을 보장하기 어려운 상황이다. 상황의 순서는 그 당시의 돌발적인 상황과 환경에 의해 결정되는 것으로 억류가 먼저 또는 무력충돌이 먼저 일어날 수 있다. 무력충돌의 종류나 장소 등도 역시 컴퓨터 시뮬레이션이나 워 게임 등으로 다수 상황을 만들어 상정할 수 있겠으나, 그것을 여기서 일일이 하나하나 나열하여 정리하자면 변수와 종류가 무수히 많으므로 군사력에 의한 무력충돌이라는 큰 개념으로 상정한다.

다만 한 가지 공통으로 가능성이 큰 것은, 무력충돌의 상황은 앞에서 말한 바 서로가 격한 감정과 분위기에 고조되어 있기 때문에 우리 국민의 단순 억

---

10. 임을출, '개성공단 현대아산 직원 억류 장기화…국제공조 모색', 『통일한국』, No.305(2009), pp.38-40.

류가 아닌 인질억류행위나 인간방패행위로 사태가 더욱 심각해지는 최악의 상황에 대한 상정이 가능하다. '인질'은 제3자, 즉 국가, 정부 간 국제기구, 자연인, 법인 또는 집단에 대해 인질석방을 위한 명시적 또는 묵시적 조건으로서 어떠한 작위 또는 부작위를 강요할 목적으로 억류 또는 감금하여 살해, 상해 또는 이를 하겠다고 협박받는 피해자 대상을 말한다.[11] '인간방패'는 군사 목표물 내부 또는 주변에 민간인을 위치하게 함으로써 교전국 일방의 공격을 저지하는 방편이다.[12]

제2절. 위기상황에서 우리 국민의 취약점

지금까지 살펴본 개성공단 사례와 그로 인하여 발생할 수 있는 위기상황에 대하여 종합하여 분석해 보았을 때에 다음과 같은 몇 가지 우리 국민들의 취약점을 파악할 수 있다. 크게 북한지역 내에 체류, 국민의 생명과 재산의 취약, 강압적 억류 등으로 나누어 볼 수 있다.

1. 북한지역 내에 체류

우선 본 상황이 북한지역 내에서 이루어지고 있다는 점이다. 북한은 국내보다는 국외 지역에 가깝다. 물론 우리 헌법 제3조에는 '대한민국의 영토는 한반도와 그 부속도서로 한다.'고 규정하고 있다. 이는 북한 지역 역시 대한민국의 영토이며, 따라서 개성공단을 비롯한 북한 지역 내에 발생하는 위기상황 역시 대한민국 안에서 일어나는 위기상황으로 설명될 수도 있다. 우리 법원의 판결 또한 우리의 영토임을 지속해서 유지하고 있다.[13]

그러나 북한에 대한 국가 인정에 대하여 우리 법은 형식적으로 불인정하

11. 인질억류방지에 관한 국제협약 제1조 1항.

12. 김동욱, 『한반도 안보와 국제법』 경기 : 한국학술정보(주), 2010, p.340.

13. 대법원 1996. 11. 12. 선고 96누1221 판결, 서울가법 2004. 2. 6. 선고 2003드단58877 판결.

지만, 실질적으로 북한 지역은 북한 정부의 담당에 있기 때문에 사실상에 대한민국의 영토가 아닌, 전쟁에서 아직 점령하지 못한 지역이라 할 수 있겠다. 북한이 하나의 국가라는 사실에 대한 실질적인 인정은 1991년 남·북한 유엔 동시가입과 OECD DAC 수원국 리스트에 북한이 포함되어 있다는 점으로, 국제사회에서 북한을 잠정적으로 국가로 인정하고 있다고 볼 수 있다. 또한, 북한은 1957년 제네바협약에 가입하였으며, 1988년 가입한 제네바협약과 추가의정서의 체약 당사자이다.[14] 체약당사는 체약국을 의미하며, 이는 국제법상 북한을 국가로서 인정하는 사례로 볼 수 있다.[15] 그러므로 북한지역 내에 체류 중인 우리 국민은 재외국민과 같은 상황이라고 볼 수 있다.

문제는 접근하기 매우 힘든 국외 지역이라는 점이다. 북한은 폐쇄적인 존재로서 우리는 물론 국제기구나 다른 국가들의 접근이 힘든 국가 중 하나이다. 또한, 군사적으로 봤을 때에는 우리와 적대적인 관계이며 도발 행동과 적대행위를 자행한다. 이런 상황과 조건에서는 재외공관이나 당국에 도움을 요청하거나 우리 전문가를 파견하는 것은 사실상 불가능하다.

2. 국민의 생명과 재산의 취약

다음으로 우리 국민의 취약한 부분은 식량이나 의료품과 같이 생명에 직결되는 생필품 공급의 문제이다. 개성공단 내에 식량 섭취의 경우 우리 국민의 식량을 남측으로부터 음식과 재료를 공급하여 취하는 방식이다. 그러나 북한이 개성공단으로의 출입을 통제하면서, 체류 중인 우리 국민들의 식량 섭취의 문제가 생겼다.

---

14. 김명기, '금강산 관광객 피격사건과 국제인도법: 제네바협약 추가의정서를 중심으로', 『인도법논총』, Vol.29(2009), pp.27-28.
15. 육전에 있어서의 군대의 부상자 및 병자의 상태 개선에 관한 1949년 8월 12일자 제네바협약 (제I협약) 제1, 2조.

또한, 의료상의 지원 역시 취약점을 보였다.[16] 〈표1-1〉을 참조하여, 실제로 7일과 8일, 각각 응급환자 발생과 우리 측 의료진의 전원철수가 있었다. 북한의 출입통제 때문에 의료품과 지원인력이 부족하게 되었고, 개성공단 내에 의료진이 더는 진료를 담당하기에 어려운 상황이 되었다. 긴급환자 호송 사건에서도 보듯이 긴급한 상황에서 환자가 발생할 경우 개성공단 내에서 응급 처치하기 매우 어려운 것을 볼 수 있다.

마지막으로 우리 국민의 재산보호에 대한 취약점도 있다. 공업지구에 있는 우리 기업들의 물자 역시 중요한 문제이다. 개성공단은 주로 공장, 설비, 부자재, 제품 등이 많이 있으며, 이것들은 개인 자산이나 민간물자와 밀접한 관련이 있다. 실제로 북한은 금강산 관광을 중단한 이래 우리 측 기업의 물자들을 동결 및 몰수한 사례가 있으며, 개성공단 사태에서도 몰수할 가능성에 대하여 제기되었다.[17]

3. 강압적 억류(인질)

평시상황에서의 사실과 무력분쟁에서의 가정된 사실에서의 차이는 억류에 있다. 실제 있었던 잠정중단 사태에서와 달리 북한이 의도하거나 전쟁이나 북한 내에 내전 등이 발생할 경우, 우리 국민들은 자발적인 체류에서 강압적인 억류, 즉 인질로 전환될 가능성이 존재한다. 인질이 될 경우 위에서 살펴본 바와 같이 인간방패로 사용될 수 있음은 물론 살해나 고문, 생체실험, 인신매매와 같은 최악이 상황으로 연결될 수 있다. 보호조치가 공단 내로 들어갈 수 없는 상태에서, 위기상황이 발생할 경우 남한으로의 자발적 또는 긴급한 귀환(피난, 피신 등)이 불가능하다는 점은 우리 국민을 더욱 취약하게

16. 김승섭, '개성공단 업체 "식량 바닥났다 도와달라"', 「뉴스1」(2013. 4. 11)
17. 노재현, '南北 인원 철수로 '텅 빈' 개성공단, 어떻게 되나', 「연합뉴스」(2013. 4. 28)

만든다.

〈표1-2〉 남북경협에서 발생할 수 있는 우리 국민 보호의 취약점

북한지역 내에 체류	1. 재외국민: 국가의 법제와 공권력의 한계 2. 북한지역: 돌발적, 비인도적 가능성 농후
국민의 생명과 재산의 취약	1. 보급불가: 식량, 의료품 부족으로 생명에 차질 2. 재산몰수: 기업 물자동결 및 몰수 가능성
강압적 억류	1. 인질: 위협으로부터 억류되어 협박당함 2. 추가적 위기상황: 인간방패, 살해, 고문 등

제3장. 현행 위기상황 해결 수단

우리 정부는 남북경협 사업에서 우리 국민이 긴급한 위기 상황에 대비하여 작계 5029을 세워두고 북한지역 내에 체류 중인 우리 국민이 인질이 되었을 경우라는 위기 상황에 대비하고 있다. 이외에도 인질 사태 외에도 북한의 내전상황이나 대량 탈북사태 등 비상상황이 발생하게 될 경우를 대비하여 북한지역에 체류 중인 우리 인력부터 철수시킨다는 계획을 세워두고 있는데 이것이 바로 충무 3300이다.[18] 작계 5029와 충무 3300은 그 성격상 자세한 내용을 찾기는 어렵다. 그러나 한 가지 공통점을 찾자면 인질을 구출하거나 철수시키는 것은 '전쟁 이외의 군사작전MOOTW: Military Operations Other Than War, 이하 MOOTW' 중에서도 '비전투원 소개(疏開: 공습이나 화재 따위에 대비하여 한 곳에 집중된 주민이나 시설물을 분산함)[19] 작전'에 기초하고 있다.

18. 황진하, '북한 급변사태에 대비한 위기관리 방안' 『정책토론회』, 서울: 황진하의원실, 2005, pp.128-129.
19. 국립국어원 http://www.korean.go.kr (검색일: 2013. 9. 26).

MOOTW란 주로 전쟁에 미치지 못하는 분쟁이나 평시에 군이 국민의 생명과 재산을 보호하고 국가정책을 뒷받침하는 제반 군사작전을 말한다.[20] 그러나 비전투원 소개 작전은 MOOTW에 속하는 작전 중에서도 언제든지 전투가 상정이 가능한 작전이다.[21] 따라서 국내가 아닌 그것도 북한지역 내에서 작전을 펼친다는 것은 정치, 외교, 군사, 국제적으로 상당히 심각한 문제를 일으킬 수 있으며, 실행하였다는 것은 그만큼 매우 급하고 긴급한 상황이라는 점이기 때문에 최후의 수단으로 다루어지고 있다.

또한, 우리 국민이 인질이나 억류된 상황에서 조건 없는 구출작전보다는 국민의 생명과 재산을 다른 수단과 방법을 동원하여 보호하는 것 역시 중요하다. 가장 확실하고 빠른 방법은 북한지역 내에서 우리 영토 내로 후송하여 필요한 모든 조치와 지원을 하는 것이지만, 그것이 불가능하다면 적어도 해당 지역으로 지원할 수 있거나 내부적으로 해결이 가능한 다른 방법을 찾아야 할 필요성이 있다. 따라서 앞에서 정리한 위기상황과 취약점을 해결할 방안을 토대로 현재 위기관리 현황을 살펴보고 다른 수단이나 방법을 모색해 보도록 한다.

제1절. 비전투원 소개 작전(NEO)

'비전투원 소개 작전(NEO: Noncombatent Evacuation Operation, 이하 NEO)'은 재해나 재난 또는 분쟁 발생 시 재외 국민의 안전이 위협받을 경우 안전한 지역으로 후송시키는 활동이다. 정치 및 외교적 노력을 보완하기 위한 군사적인 활동의 일환으로서 수송수단에 구애를 받지 않는다. NEO는 불확실성과 무

---

20. 김동욱, '대한민국 해군작전과 국제인도법: 『산레모 매뉴얼(San Remo Manual)』의 수용', 『인도법논총』, Vol.30(2010), p.10.
21. 이연용, '한국의 비전투원후송작전(NEO) 발전방향에 대한 연구' 『해양전략』, 제133호(2007), pp.44-45.

경고하의 지시로 진행되며, 때에 따라 불확실하거나 적대적인 환경이라는 상황에서 수행하게 된다. 불확실한 환경의 경우 해당 주재국 정부군의 작전이 NEO에 긍정적인지 부정적인지 알 수 없다. 그리고 적대적 환경에서는 대규모 전투 범위 상황에 NEO가 수행될 수도 있다.[22] 만약 NEO가 양측의 무력충돌 중에 전개된다면, 적대적 환경에서 수행해야 하므로 교전상황에 피하기 어렵다. 반면, 전쟁이나 기타 무력충돌 없이 NEO가 펼쳐진다면, 북한이 작전에 대하여 수용적일 수도 있고 적대적일 수도 있기 때문에 때에 따라서 별도의 충돌 없이 NEO가 가능하다. 그러나 북한이 우리 국민에 대한 남한으로의 귀환을 강제로 막는다면, 이는 NEO에도 상당히 적대적일 가능성이 높다. 작전을 수행하는 군은 소개 작전 중에 적대행위에 직면할 수 있으며, 이런 경우 교전규칙이 검토될 수 있다.

NEO가 실제로 벌어진다면 가장 큰 문제는 작전지역에 대한 문제일 것이다. 앞에서 살펴본 바와 같이 북한은 군사적으로 적대적인 동시에 국제법상 우리 영토가 아닌 외국으로 해석된다. 북한 내에서 일어난 문제에 우리 군이 NEO와 같은 군사작전으로 개입할 경우 해당 지역에 대한민국의 주권이 미치는 영토로 인정하느냐에 문제가 핵심 쟁점이 될 수 있다. 국제법과 국제사회에서 국가는 타국의 부당한 간섭을 배제할 권리가 존재한다. 물론 국제법의 구속력에는 한계가 있다. 그러나 한반도의 경우에는 주요 강대국의 힘에 균형이 이루어지고 있다는 점에서 국제법이 차지하고 있는 비중에 대하여 간과하기 힘들며, 따라서 국제법적에 따른 합법성을 확실히 하는 것이 중요하다. 예를 들어 중국의 경우에도 북한 내에 급변사태가 발생할 경우 중국이 단독으로 군사력을 개입하기보다는 국제사회나 국제연합의 힘을 통하여 문

22. 서정원, "한국군 NEO 수행방안: 해병대 수행방안을 중심으로", 『군사평론』 제372호(2005. 1), pp.169-175.

제가 해결되기를 전문가들이 언급할 정도로 군사적 개입에 대한 문제는 상당한 부담을 수반하게 된다. 따라서 국제법적 근거 없이 NEO를 수행한다는 것은 상당히 어려울 것이다.[23] 이외에도 국내법적인 지원과 체계의 보장이 미흡하다. 우리나라의 경우 "국가가 법률이 정하는 바에 의하여 재외국민을 보호할 의무를 진다"고 나와 있을 뿐, 구체적으로 방안을 제시하고 있는 법률이 없다.[24] 또한, 법제적으로 부실하다 보니 긴급하고 매우 급한 상황에서 이루어져야 하는 NEO가 국회의 동의를 얻어야 하는데 시간이 소요되어 본래의 기능을 제대로 발휘하지 못할 수 있다.[25]

NEO의 방법과 수단적인 측면에서도 문제가 있다. NEO와 관련한 군사교리의 경우 합참을 비롯하여 육군, 공군, 그리고 해군과 해병대가 기본교리를 두고 있다. 그러나 기준과 설명이 서로 다르고 NEO에 대한 기본적인 개념조차 없다 보니 제대로 된 기준을 잡기 힘들고 세부적인 수행 절차가 부족하다. 하물며 NEO를 수행하고 이를 규정할 군기본법이 없고 관련 조항이 산발적으로 있기 때문에 작전활동의 효율적 전개를 뒷받침하는 적절한 근거가 부실하다. 또한, NEO가 포함된 MOOTW의 경우 각 군의 기능을 통합하거나 전담하는 부서나 전담부대가 지정되어 있지 못하다. 이는 각 군의 기능을 통합 및 통제하는 데 제한되며 위기상황에 재빨리 대응하는 데 어려움을 줄 수 있고, NEO에 알맞은 세부적인 대응방안과 교리발전, 교육훈련 등이 어려운 상황이다.[26]

최근 들어서 새로운 형태의 무력분쟁, 무기·공격수단이 변화하고 다양해

---

23. 송경희, 『북한급변사태 시 한국군 개입의 법적지위와 역할』, 석사학위논문, 성균관대학교, 2010 pp.48-50.
24. 대한민국 헌법 제2조 2항.
25. 이연용 전게서, pp.70-71.
26. 김동우, '전쟁이외의 군사활동(MOOTW)에서의 한국 해병대 역할 및 발전방안', 석사학위논문, 국민대학교, 2013, pp.66-67.

지면서 NEO의 한계를 보이는 점도 있다. 가령 가공할 만한 무기의 위력은 본래의 목적과 다르게 민간인이나 지역 등으로 확대되어 무차별 공격의 위험을 줄 수 있다. 예를 들어 이라크 전쟁에서도 공격의 오폭이나 부수적 손해, 공격대상의 선정에서 민간인에게 피해를 준 사례에서처럼 그것이 우발이든 우연이든 필요 이상의 전투와 피해를 보거나 당할 수 있다.[27] 이라크 사례에서 보여준 표적선정과 무차별 공격에 대한 문제는 남북경협 사업에서도 발생할 수 있다. 특히 개성공단이나 금강산의 경우 군사시설보다는 대부분 민간시설 등으로 이루어져 있다. NEO는 비전투적인 상황에서도 전개하지만, 상황에 따라서는 인질구출과 동시에 강압적 억류를 주도하는 북한군과 교전과 같은 무력충돌의 상황을 배제할 수 없다. 또는 이미 전쟁이나 국지도발 등으로 무력충돌이 진행 중인 상황에서 인질이나 인간방패로 우리 국민이 대상이 될 경우 이미 NEO는 전투를 필수로 하는 군사작전이 된다. 이러한 무력충돌 발생 시 우리 국민을 비롯한 기타 민간인, 재산 등이 오발이나 부수적인 피해를 당할 가능성이 농후하다.

제2절. 전시국제법

'전시국제법(이하 전쟁법)'이란 전쟁에서 적용되는 국제법이다. 보통은 국제인도법이라는 용어로도 쓰이지만, 법의 특성상 무력충돌에서 대상이 발생하기 때문에 전쟁법이라는 표현으로 국가의 적당한 군사조직에서 적용하여 사용한다. 무력충돌 시 적대행위에 가담하지 않거나 더는 가담할 수 없는 사람들의 보호 및 전쟁의 수단과 방법의 제한을 모색하는 규칙들로 구성된 법이다. 따라서 한반도 남북대치 상황에서 발생하는 여러 문제가 전쟁법에서 다루어야 할 부분들이 많다는 것을 의미하며, 여기에는 비전투원이나 민간인

27. 오미영, '국제무력충돌과 국제인도법의 적용', 『인도법총론』, Vol.25(2005), pp.43-44.

의 보호 역시 포함된다. 이러한 점에서 남북경협은 우리 국민들이 북한군과 수시로 접촉하며, 군사분계선을 넘나든다는 점에서 전쟁법적 시각에서 접근이 필요하지 않은가에 대한 동기를 제시한다. 실제로 전쟁법은 우리 국민이 북한지역 내에 인질이 되었을 경우나 NEO 수행에서 발생할 수 있는 교전상황에서 발생하는 문제점과 부족한 부분을 국제법적으로 근거로 하여 보충할 수 있는 매개체이다.

전시에 있어서의 민간인의 보호에 관한 1949년 8월 12일자 제네바협약(제IV협약)에는 무력충돌 상황에서 피보호자에 대한 권리에 대한 존중과 보호에 대한 규정이 제시되어 있다. 그러나 본 협약에서는 원칙적으로 교전 당사국 내의 외국인 또는 점령 지역 내의 주민을 보호 대상으로 하고 있기 때문에 무력충돌 상황에서의 모든 민간인을 보호하기에는 부족한 면이 있었다. 물론 일반적 보호에 대한 광범위한 적용범위에 대한 조항[28]이 있지만, 보완이 필요했기에 1949년 8월 12일자 제네바 제협약에 대한 추가 및 국제적 무력충돌의 희생자 보호에 관한 의정서(제I의정서)에는 민간인의 범위가 확대되어 널리 보호받는 대상으로 지정되었다.[29]

공통되는 규정으로는 모든 상황에서 인간의 존중을 확보하기 위한 기본원칙을 들 수 있다. 모든 경우에 있어 그들의 신체, 명예, 가족으로서 갖는 권리, 신앙 및 종교상의 행사, 풍속 및 관습을 존중받을 권리를 가진다. 이들은 항시적으로 인도적으로 대우를 받아야 하며, 모든 폭행 및 협박 그리고 모욕과 공중의 호기심으로부터 보호되어야 한다. 정보를 얻기 위한 육체적·정신적 강제는 금지되며 치료목적 이외 필요하지 않은 실험도 금지된다. 이외에도 피보호자는 자신이 하지 않은 위반행위에 대한 처벌, 기타 체

28. 전시에 있어서의 민간인의 보호에 관한 1949년 8월 12일자 제네바협약(제IV협약) 제13조.
29. 성재호, '[발제 Ⅱ-1 : 무력충돌 시 개인보호를 위한 당면과제와 도전] 국제인도법의 최근동향', 『인도법논총』, Vol.30(2010), pp.167-168.

벌 및 협박, 협박이 금지되며, 재류하는 국가의 적십자사 등 기타 원조 단체에 고충을 신청할 수 있다.[30]

위에 성문으로 명시된 조항을 토대로 보자면 위기상황에서 전쟁법의 유용성은 크게 우리 국민의 생명과 재산의 보호, 그리고 NEO 수행 시 필요한 우리 국민 보호로 나눌 수 있다. 우선 전쟁법에 따르면 남북 간의 무력분쟁이 발생할 경우, 억류된 우리 국민들은 식량과 의료상의 지원을 받을 수 있다. 비록 적국일지라도 민간인에게만 향하는 의료품 및 병원용품 등에 대해서는 자유 통과를 허용해야 한다.[31] 충돌당사국은 예외규정에 의한 경우를 제외하고 피보호자들을 억류해서는 아니 된다.[32] 억류된 우리 국민들은 식량 및 의류, 위생과 의료, 기타 종교적, 지적, 육체적 활동에 대하여 구호 및 인도적 지원을 받을 수 있다. 그리고 인도적 차원에서 외부와의 연결을 보장받아야 한다. 남북경협 사업 현장이라는 환경에서 우리 국민의 재산과 물품 역시 보호받을 수 있다. 군사장비의 경우 전리품으로 압류할 수 있지만, 군사적 필요가 절박한 경우를 제외하고 적의 재산에 대하여 파괴와 압류는 물론 약탈 역시 금지된다.

NEO가 수행되는 동안 불가항력으로 교전이 발생하더라도 민간인과 전투원을 구별하여 공격해야 하며, 민간시설에 대한 직접적인 공격은 금지된다. 또한, 민간의 생명과 재산에 피해를 줄 수 있는 과도하거나 우발적인 또는 무차별적인 공격은 금지된다. 마지막으로 전투 방식에서 구호거절이나 기아나 인도적 지원의 악용 등은 금지된다.[33]

위 전쟁법의 내용대로만 이루어진다면 국제법을 근거로 하여 우리 국민의

---

30. 후지타 히사카즈, 『국제인도법』 (서울: 연경문화사, 2010), pp.169-171.
31. 전시에 있어서의 민간인의 보호에 관한 1949년 8월 12일자 제네바협약 (제IV협약) 제23조.
32. 전시에 있어서의 민간인의 보호에 관한 1949년 8월 12일자 제네바협약 (제IV협약) 제79조.
33. 김동욱, 『한반도 안보와 국제법』 (경기: 한국학술정보(주), 2010), pp.330-334.

보호를 위한 최대한의 조치를 할 수 있을 거라 본다. 그러나 문제는 앞에서 언급한 바와 같이 국제법은 강제력이 국내법에 비해 다소 약한 부분이 있다. 결국, 전쟁법에서 가장 중요한 것은 당사국이 얼마나 해당 법의 준수에 적극적인가에 대한 문제이다. 대한민국의 경우 전쟁법에 대하여 수용적인 태도를 보인다. 기본적으로 우리 헌법 제6조 1항에는 국제법을 국내법과 동등한 효력을 인정한다는 점에서 긍정적인 견해를 취하고 있다는 것을 알 수 있다. 한국은 체약당사국 이전부터 한국전쟁에서도 제3협약의 준수를 선언하였으며, 제네바협약과 추가의정서 가입 이후에도 전쟁법의 교육을 성실히 시행하였다.[34] 또한, 인도주의적인 협약에 실효적인 이행을 위해 화학무기, 지뢰 등과 같이 민간인과 전투원의 구별이 어렵거나, 불필요한 전투원에게 고통을 주는 무기에 대하여 금지하는 법규를 제정하였으며,[35] 국제형사재판소의 설립에 대한 지지와 중요 제안 등에 많은 이바지하였다. 한국은 국방부훈령 제391호로 "전쟁법 준수 보장을 위한 규정"을 제정하고 있으며 제네바협약 등의 중대한 위반행위와 관련하여 형법과 군형법 등에 부분적인 규정을 하고 있다.[36]

조선민주주의인민공화국(이하 북한)은 위에서 언급한바, 제네바협약에 가입한 체약 당사국이다. 문제는 북한이 전쟁법에 대하여 어떠한 입장과 태도를 보이고 있느냐에 대한 사안이다. 북한은 국제전쟁법(전쟁법, 국제인도법과 동등한 표현)[37]에 대하여 전쟁이 개시된 때로부터 종결될 때까지 교전 당사국 사

34. 김명기, '[발제강연 Ⅵ] 군대에 있어서 국제인도법 교육의 당위성과 그 실천방안', 『인도법논총』 Vol.18(1988), p.110.
35. 오미영, '[발제 Ⅲ-2: 국제인도법 이행을 위한 국내 조치] 국제인도법 이행과 관련한 한국의 현황', 『인도법논총』 Vol.30(2010), pp.221-222.
36. 박주범, '[발제강연 Ⅱ] 국제인도법의 국내이행 방안: 중대한 위반행위 및 국내 이행조치를 중심으로', 『인도법논총』 Vol.25(2005), p.326.
37. 대한적십자사 인도법연구소, 『간추린 국제인도법』 (서울: 대한적십자사, 2004), p.5.

이 또는 교전 당사국과 중립국들 사이의 권리·의무관계를 규제하는 국제법 규범의 총체로 표현하고 있다. 북한의 국제법관에서 국제전쟁법은 전반적으로 받아들여지고 있다. 다만 국제전쟁법을 소위 제국주의자들이 다른 나라 침략의 구실로 이용하고 있다면서, 침략책동을 폭로 규탄하기 위한 수단으로 적극적으로 이용해야 한다고 보고 있다.[38] 가장 중요한 민간인 보호에 대하여 "민간인 특히 긴급사태와 무력충돌 시 녀성들과 아동들은 특별한 보호를 받으며 그들에 대한 공격이나 폭격은 금지된다."라는 표현으로 국제전쟁법에 대하여 다소 수용적인 태도를 보이고 있다. 문제는 국제전쟁법의 제한성을 언급하면서 전법과 기만전술에 대한 배신행위의 금지를 전쟁실천에 대한 불합리한 규제로 보고 있다. 가령, 불가피하거나 필요한 경우 투항했다가 기회를 보아 적을 타격할 수 있다는 점은 인도주의 정신에 어긋나는 행위이다.[39] 이러한 시각은 전쟁의 승리를 위해서는 얼마든지 국제전쟁법에 대하여 부정할 수 있다는 것으로 해석된다.

법의 실효성은 그 유효성의 조건이며, 실효성이 최저에 이른다면 더 이상 유효한 법질서라고 볼 수 없다. 그런데 전쟁법은 무력충돌이라는 적대적 감정하에 적용되어야 하는 성질을 가지고 있으므로 위반되거나 준수되지 못하는 경우가 비일비재하다.[40] 국제사회 역시 국가주권의 문제와 관련하여 위 문제들에 대한 적극적인 개입을 주저한다.[41] 법에 준수를 강제할 수단이 없다는 점에서 이를 감시하고 감독할 제삼자의 존재마저 없다는 것은 전쟁법

38. 장경철, '국제전쟁법에 대한 일반적 리해', 이규창(편), 『북한의 국제법관 II』 (경기: 한국학술정보(주), 2012), pp.231-235.
39. 장경철, '륙전에 관한 국제전쟁법제도와 그 제한성', 이규창(편), 『북한의 국제법관 II』 (경기: 한국학술정보(주), 2012), pp.240-243.
40. 후지타 히사카즈 전게서, pp.75-76.
41. 김병렬, '4세대 전쟁에서의 민간인의 보호를 위한 국제인도법에 관한 일고', 『국제법학회논총』, Vol.55 No.1(2010), pp.62-63.

사각지대를 형성할 수 있다. 특히 대상 당사국이 북한이라는 점에서 이를 얼마나 이행하고 준수할지는 알 수 없다. 실제로 남한과 북한 사이에는 '개성공업지구와 금강산 관광지구의 출입 및 체류에 관한 합의서'가 있음에도 불구하고, 과거 현대아산 직원을 장기적으로 억류하고 금강산 관광객 피격사건의 사례[42]를 보면 강제력이 국내법에 비하여 다소 낮은 국제법이 얼마나 준수될지는 미지수다. 결국 전쟁법은 우리 국민 보호를 위한 내용을 포함하고 있지만 이를 실현하기 위해서는 북한에 대한 신뢰와 이행을 바탕으로 이를 대비한 법제나 시설, 기타 필요한 재원을 마련하는 것이 중요할 것이다.

제4장. 위기관리 위한 미래지향적 국방정책

남북은 1950년 6월 25일 한국전쟁을 시작으로 분단국가로 나누어져 서로에 대한 적대감과 앙금, 그리고 고통과 아픔으로 얼룩져 단절되어 있었다. 그러나 1971년 최두선 대한적십자사 총재가 남북적십자회담을 제의하였고, 이에 의사소통에 필요성을 느껴 판문점에 남북 직통전화를 개설, 그 이후 적십자 회담이 본격화되기 시작하면서 판문점에 각 적십자 대표부를 설치하고 본격적인 남북교류협력의 계기가 되었다. 반세기가 지난 지금 우리 군은 시대적 흐름에 맞는 새로운 변화를 요구 받고 있다. 단순한 군사력 강화와 전쟁승리가 아닌 광범위한 국가안보 영역의 포괄적인 보호와 심층화를 필요로 하고 있다. 국가안보의 개념이 확장되고 심화되는 만큼 국방정책이 다루어야 할 부분은 증대하고 있다. 단순한 군사력 중심의 군사안보뿐만이 아니라 한반도 평화공존을 위한 상호협력의 안보 개념이 필요하다. 통일을 지향해

42. 김동욱 전게서, pp.254-255.

가면서 국가이익의 보호와 추구에 유리하게 한반도 주변 동북아의 분위기와 질서를 이끌어나가야 한다.[43]

제1절. 한반도 신뢰프로세스와 개성공단 국제화

우리 군의 국방목표는 외부의 군사적 위협과 침략으로부터 국가를 보위하고, 평화통일을 뒷받침하며, 지역의 안정과 세계평화에 기여하는 것이다.[44] 정책은 이러한 목표의 하위개념으로서 국가의 이상을 구현하기 위해 공권력을 가진 정부의 결정이다. 국방정책은 국방과 정책이라는 단어의 복합어로서, 국가의 주권과 영토, 국민의 생명과 재산을 보호하기 위하여 국가가 권위적으로 결정한 행동지침이라고 볼 수 있다.[45] 앞의 내용을 토대로 하자면 한국의 국방정책은 '외부의 군사적 위협과 침략으로부터 국가를 보위하고 평화통일을 뒷받침하며 지역의 안정과 세계평화에 기여하는 목표를 달성하기 위해 필요한 군사 또는 비군사적 분야에 포괄적 국방력을 유지 및 조성하고 운용하기 위한 기본지침'이라고 설명 가능하다.[46]

현재 우리 정부는 남북관계 발전과 한반도의 평화정착, 나아가 통일기반을 구축하기 위해 '한반도 신뢰프로세스'를 정책을 펼치는 한편, 진화하는 대북정책과 국제사회와의 협력을 위해 '개성공단 국제화'와 같은 새로운 변화를 시도하고 있다. 그러나 이러한 정책의 추진은 튼튼한 안보에 기초해야 하며, 정치·군사적 신뢰는 물론 국제사회의 신임과 존중이 필요하다. 만약 우리가 지금까지 다룬 남북경협에서 일어날 수 있는 위기상황과 우리 국민(민간인)에 대한 취약점에 대비하지 못하고 보완하지 않는다면 개성공단 잠정

43. 한용섭 전게서, pp.60-77.
44. 국방부, 『국방백서 2012』(서울: 국방부, 2012) pp.36-37.
45. 한용섭 전게서, pp.81-86.
46. 차영구·황병무, 『국방정책의 이론과 실제』(서울: 도서출판 오름, 2004), pp.34-39.

중단 사태나 금강산 관광객 피격 사건과 같은 위기상황이 다시금 재연될 수 있다. 결국 한반도 신뢰프로세스와 개성공단 국제화는 불가능할 것이다. 이에 우리의 국방정책은 시대적 흐름에 맞게 현존하는 위기상황 대비 수단을 다시금 재정비하고 더 나아가 통일한국을 위해 미래지향적인 국방정책으로 변화해야 할 것이다.

제2절. 국방정책 발전방안

미래지향적인 국방정책이 되기 위해서는 남북협력과 통일정책에 발맞춰 변화할 필요가 있다. 남북협력과 통일기반의 조성은 개성공단과 금강산 관광과 같은 남북경협이 기본이다. 문제는 이러한 남북경협에서 우리 국민의 생명과 재산에 위협되는 상황이 발생할 수 있다는 점이다. 따라서 앞으로의 국방정책은 남북경협에서 우리 국민의 생명과 재산을 보호할 수 있는 구체적이고 실용적인 방안을 모색해야 한다. 또한 북한을 비롯한 국제사회에 신뢰를 조성하는 것 역시 중요하다. 특히 한반도 신뢰프로세스는 신뢰를 기반으로 하는 합의이행을 추진기조로 삼고 있다. 이에 우리 국방정책 역시 보호 차원을 뛰어 넘어 북한과의 군사적 신뢰구축을 마련하고 국제적 기준에서 인정할 만한 체계를 마련해야 할 것이다. 이에 몇 가지 방안을 제언하고자 한다.

1. 위기관리 거버넌스 조성

지금까지의 남북경협의 공통된 특징 중 하나는 북한지역에서 이루어지는 경우다. 경수로 사업, 금강산 및 개성관광, 북한 광물자원 개발 등 모든 것이 북한 내에서 진행된다. 이런 경우 우리 군사력의 영향력이 온전히 미치지 못할뿐더러 긴급한 상황을 제외하고 개입이 어렵다. 설사 개입하더라도 막대한 피해와 비난을 감수하지 않을 수 없다. 결국 위기상황 발생 시 초장 대응은 해당 지역 내에 있는 우리 국민과 관련 기업과 기관, 그리고 북한 당국의 선택과 판단에 달려 있다 해도 과언이 아니다. 남북경협은 단순히 남한의 민간 부분이 북한과 사업을 하거나 경제적인 협력, 교류 등을 하는 것이 아니다. 가령 개성공단의 경우에도 사업의 추진과 출입경 관리에 있어 통일부, 국방부, 개성공업지구관리위원회 · 개성공업지구지원재단, 한국토지공사, 현대아산, 중앙특구개발지도총국, 북한 군부 그리고 입주기업들이 서로 간 연계를 통한 조정과 협의로 구성되어 있다.[47]

앞으로 국가안보 영역의 확대에 대비하고 확대된 국방임무를 수행하기 위해서는 각 정부부처 및 기관, 북한당국, 기타 민간단체 및 기업들과 위기관리 거버넌스를 조성해야 한다. 위기관리 거버넌스는 다양한 행위자들이 우리 국민의 억류와 인질, 무력충돌, 기타 각종 재난, 재해 및 위기상황에 대비하기 위한 상호협력을 말하는 것이다. 그리고 이것을 토대로 상호 신뢰와 합의 이행을 준수하여 결과적으로 안정적인 남북경협과 북한 내에 체류 중인 우리 국민의 안전을 보장한다.

위기관리 거버넌스를 조성하기 위해서 가장 필요한 것은 바로 법제이다. 법은 정책의 안정된 배경과 근거를 제공하는 기초이다. 그러나 남북교류협력에 관한 법률, 개성공업지구 지원에 관한 법률 등에는 우리 국민의 안전에 대한 법적 근거가 매우 미미하다. 그나마 개성공업지구와 금강산관광지구 출입 및 체류에 관한 합의서에서 신변보장과 구조조치에 대한 조항이 있으나, 거시적인 측면이 매우 크고 세부적으로 규정한 내용은 없다. 따라서 거버넌스 조성을 위해서는 법적인 내용 마련이 시급하다. 이를 위해서는 앞에서 다룬 전쟁법을 활용하는 방안이 있다. 전쟁법의 내용은 무력충돌이나 위기상황에서 인도적인 활동을 위한 세부적 내용이 규정되어 있다. 이를 토대

47. 개성공업지구지원재단 http://www.kidmac.com/ (검색일: 2013. 10. 17).

로 남북교류협력과 경제협력에 필요한 모든 법과 규약, 선언, 합의서 등에 전쟁법의 인도적 내용을 적용하고, 남북당국은 남북경협 지역 주변에 전쟁법 준수를 확고히 할 것을 합의하고 이행조치를 촉구할 필요가 있다.

법적 제도가 마련된다면 우리 군의 MOOTW의 활동 역시 수월해질 가능성이 높다. 우선 NEO가 법적으로 강화되어 긴급한 상황 발생 시 국회나 기타 고위부의 동의 없이 바로 수행을 할 수 있다. 또한 거버넌스와 법제를 바탕으로 개성공단 내에 전쟁법 준수 감시 기구를 설치하고 비상사태에 대비한 물자를 비축에 대한 논의가 가능하다. 특히 거버넌스의 합의와 협력을 토대로 대피소와 안전구역을 지정한다면 우리의 NEO 전개에 많은 도움이 될 것으로 사례된다. 〈표2-1〉과 같이 보호표장과 표시로 구별된 대피소와 중립지역이 마련된다면 우리 국민은 언제든 즉각적으로 안전한 장소로 대피할 수 있고, 우리 국민의 위치가 확고하기 때문에 공격 가능한 표적대상에서 온전히 배제할 수 있으며 NEO의 우선 목적지가 분명하여 신속한 구조와 후송이 가능하다. 또한 인도적 활동을 바탕으로 해당 중립지역 내에 MOOTW를 활용한 구호물자 투하도 고려할 수 있을 것이다.

〈표2-1〉 전쟁법에 규정된 보호표장과 표시[48]

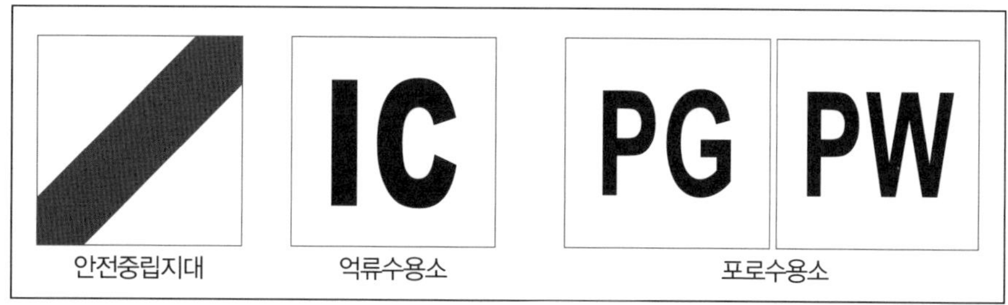

위와 같은 내용들이 가능하다면 국민의 안전을 보장하는 데 많은 도움이 될

48. 대한적십자사 인도법연구소, 『국제인도법이란』 (서울: 대한적십자사, 2012), pp.12-13.

것이다. 다만 이를 가능하게 하는 것은 각 유관기관과 단체가 상호 간 협력을 통해 필요한 법제와 시설 마련 등이 가능하다는 것을 명심해야 할 것이다.

2. 미래 국방 전력증강

국가안보의 개념이 발전한 만큼 국방의 개념과 그 범위도 증대하였다. 그것은 단순히 재래식 무기에 의존하여 전쟁에서 승리하는 것 외에 국방력에 행사와 능력으로 말할 수 있다. 과거와 달리 남북관계가 발전하는 만큼 향후 미래에 대비한 국방 전력증강에도 힘을 쏟아야 한다. 과거 20~30년 전만 해도 남북이 서로 교류협력을 통해 경제발전을 모색할 거라는 것은 상상도 못했다. 그러나 현재는 그것을 실제로 하고 있고, 이는 새로운 환경에 새로운 위험이 새로 생겼다는 점을 말할 수 있다. 이 부분에 대해서는 위기관리 거버넌스를 조성하여 평화적인 방법으로 위기관리를 실현하는 방안도 있지만, 결국에는 튼튼한 안보와 군사 억제력을 기반으로 해야 쉽게 도발하거나 불이행을 자행하지 않기 때문이다.

남북경협에서 우리 국민을 보호하기 위해서 투입되는 군사력은 적어도 상당한 준비와 철저한 작전이 필요하다. 왜냐하면 기본적으로 우리 영토를 수호하는 것이 아닌 적대지역으로 이동하며 그것도 우리 국민, 즉 민간인과 동행하거나 포함되어 있는 지역으로 투입되는 것이기 때문이다. 그렇기 때문에 인질구출과 신속대피를 위한 군사작전을 위해서는 그만큼의 준비와 교육훈련, 체계가 필요하다.

우선 남북경협에서 모든 위기상황과 무력충돌, 급변사태 등에 대비한 NEO 수행 교리를 정비하고 담당하는 주력부대를 창설 또는 지정해야 할 것이다. 그리고 이것을 토대로 해당 부대에 전문적인 교육훈련과 인력보충으로 새로운 인보환경에 알맞은 국방 강화가 이루어져야 한다. 이 부분에 대해서는 기동부대(테스크포스: task force, 이하 TF)를 조직하여 안보환경의 변화에 대하여 적응력을 가지고 월등히 수행할 수 있는 형태를 갖추는 것이 중요하다.

NEO TF에 중요한 것은 상황을 파악할 수 있는 정보력, 긴급한 상황에 신속히 출동하여 작전을 수행하여 재빨리 이탈할 수 있는 기동력이 중요시된다. 현재 우리 군은 전력구조의 첨단 및 정예화를 통해 신속한 대응능력과 유연성을 갖추고 있다. 따라서 현재 추진 중인 다른 국방정책과 기조들과 연계하여 비용절감은 물론 위기상황에 대한 대처능력의 첨단화와 전문화에도 기여할 것으로 본다. 아울러 NEO 수행 교육훈련에 남북경협 민·관 관계자들이 참여하여 우리 군이 미처 생각하지 못할 수 있는 문제점을 보완하고 민간의 대비능력도 더불어 향상시켜 미래 국방능력의 증대에 힘을 보태야 할 것으로 사료된다.

제5장. 결론(맺는말)

1948년 소련은 독일 내 관할구역을 통합하여 단일 경제단위를 만들기로 한 결정에 반발하여 베를린을 봉쇄한다. 그러나 미국의 트루먼 대통령은 정부의 반대에도 불구하고 베를린을 사수하기 위해 서베를린 250만 명의 주민들에게 생필품을 공급하는 공수작전을 단행한다. 소련은 베를린 주변에 점령군을 늘리는 등 위험수위를 높였으나 포기하지 않았고, 결국 소련은 1년이 지나 봉쇄를 풀었다.[49] 그로부터 반세기가 지난 지금, 만약 개성공단에도 베를린과 같은 상황이 벌어진다면 우리는 어떻게 해야 하는 것인가? 개성공단을 포기해야 하는 것인가?

한반도에서 남과 북의 위기는 언제나 끊이지 않았다. 한국전쟁을 시작으

49. 이영태, "'베를린 공수작전'과 개성공단의 안보적 가치", 『뉴스핌』(2013. 4. 15).

로 여러 도발과 테러를 자행하였고 간첩을 남파하는가 하면 연평도 포격 사태처럼 우리 국민이 위협받는 사태까지 벌어졌다. 이런 상황 속에서 북한지역에서 남북경협, 그것도 우리 국민이 체류한다는 것은 어쩌면 미친 짓일지도 모른다. 북한은 언제나 자신들의 이익을 위해서는 수단과 방법을 가리지 않았고 항상 돌발적이고 예측하기 어려웠다. 올해 2013년에 있던 개성공단 잠정중단 사태도 전략적인 판단 아래서 만들어낸 행위라 볼 수 있다. 만약 정말로 우리 국민을 인질로 잡았다면 말로 표현하기 힘든 최악의 상황이 되었을지 모른다. 그러나 우리는 이러한 위험을 무릅쓰고 북한과의 신뢰개선과 확보를 통해 미래지향적인 남북관계의 발전과 평화통일을 준비하고 있다. 항상 남북의 대화와 협력을 지향하며 북한의 적대행위에도 불구하고 포기하지 않는다.

이런 점에서 우리 군과 국방력은 이러한 포기하지 않는 남북관계 개선에 동조하고 지원하는 밑거름이 되어야 한다. 연합군의 베를린 공수작전처럼 평화공존의 연결체를 지탱하고 이어주는 힘으로서 작용해야 할 것이다. 튼튼한 안보와 전쟁 억제력을 바탕으로 남북경협에서 발생될 수 있는 위기상황에 대응과 협조를 통해 남북교류와 평화협력의 길이 끊어지지 않고 유지될 수 있도록 지탱해줘야 할 것이다. 앞으로 시대의 흐름에 맞게 변화하며 국민의 안녕과 평화통일, 국제적 평화에 기여할 수 있는 선진 국방을 기대해본다.

〈참고문헌〉

1. 저 서

· 국방부, 『국방백서 2012』(서울: 국방부, 2012).

· 김동욱, 『한반도 안보와 국제법』(경기: 한국학술정보(주), 2010).

· 대한적십자사, 『(무력충돌 희생자 보호에 관한) 제네바협약과 추가의정서』(서울: 대한적십자사, 2010).

· 대한적십자사 인도법연구소, 『국제인도법이란』(서울: 대한적십자사, 2012).

· 대한적십자사 인도법연구소, 『간추린 국제인도법』(서울: 대한적십자사, 2004).

· 장경철, '국제전쟁법에 대한 일반적 리해', 이규창(편), 『북한의 국제법관 Ⅱ』(경기: 한국학술정보(주), 2012).

· 장경철, '륙전에 관한 국제전쟁법제도와 그 제한성', 이규창(편), 『북한의 국제법관 Ⅱ』(경기: 한국학술정보(주), 2012).

· 차영구 · 황병무, 『국방정책의 이론과 실제』(서울: 도서출판 오름, 2004).

· 한용섭, 『국방정책론』(서울: 박영사, 2012).

· 후지타 히사카즈, 『국제인도법』(서울: 연경문화사, 2010).

2. 논문

· 김동우, '전쟁 이외의 군사활동(MOOTW)에서의 한국 해병대 역할 및 발전방안', 석사학위논문, 국민대학교, 2013.

· 김동욱, '대한민국 해군작전과 국제인도법: 『산레모 매뉴얼(San Remo Manual)』의 수용', 『인도법논총』, Vol.30(2010).

· 김명기, '금강산 관광객 피격사건과 국제인도법: 제네바협약 추가의정서를 중심으로', 『인도법논총』, Vol.29(2009).

· 김명기, '[발제강연 Ⅵ] 군대에 있어서 국제인도법 교육의 당위성과 그 실천방안', 『인도법논총』 Vol.18(1988).

· 김병렬, '4세대 전쟁에서의 민간인의 보호를 위한 국제인도법에 관한 일고', 『국제법학회논총』, Vol.55 No.1(2010).

· 김진무, '개성공단의 미래' 「동북아안보정세분석」(서울: 한국국방연구원, 2013).

· 박주범, '[발제강연 Ⅱ] 국제인도법의 국내이행 방안: 중대한 위반행위 및 국내 이행조치를 중심으로', 『인도법논총』 Vol.25(2005).

· 서정원, '한국군 NEO 수행방안: 해병대 수행방안을 중심으로', 『군사평론』 제372호(2005. 1).

· 성재호, '[발제 Ⅱ-1: 무력충돌 시 개인보호를 위한 당면과제와 도전] 국제인도법의 최근동향',

『인도법논총』, Vol.30(2010).
· 송경희, '북한급변사태 시 한국군 개입의 법적지위와 역할', 석사학위논문, 성균관대학교, 2010.
· 송영선, '북한 급변사태와 NEO(비전투원 소개작전)', 『2008년 국정감사 자료집』(서울: 송영선 의원실, 2008).
· 오미영, '국제무력충돌과 국제인도법의 적용', 『인도법총론』, Vol.25(2005).
· 오미영, '[발제 Ⅲ-2: 국제인도법 이행을 위한 국내 조치] 국제인도법 이행과 관련한 한국의 현황', 『인도법논총』 Vol.30(2010).
· 이연용, '한국의 비전투원후송작전(NEO) 발전방향에 대한 연구' 『해양전략』, 제133호(2007).
· 임을출, '개성공단 현대아산 직원 억류 장기화… 국제공조 모색', 『통일한국』, No.305(2009).
· 황진하, '북한 급변사태에 대비한 위기관리 방안' 『정책토론회』(서울: 황진하의원실, 2005).

3. 기타자료
· 김귀근, '北 개성공단 근로자 억류 시 구출계획 있나', 『연합뉴스』 (2013. 4. 3).
· 김승섭, '개성공단 업체 "식량 바닥났다 도와달라"', 『뉴스1』 (2013. 4. 11).
· 노재현, '南北 인원 철수로 '텅 빈' 개성공단, 어떻게 되나', 『연합뉴스』 (2013. 4. 28).
· 이귀원, '北 개성공단 출입경 지연… 체류인원 안전 '비상'', 『연합뉴스』 (2013. 4. 3).
· 이영태, ''베를린 공수작전'과 개성공단의 안보적 가치', 『뉴스핌』 (2013. 4. 15).
· 임병식, '개성공단 166일 만에 재가동… 北근로자 의욕 넘쳐', 『연합뉴스』 (2013. 9. 16).
· 장용훈, '개성공단 철수로 남북관계 '제로시대' 돌입', 『연합뉴스』 (2013. 4. 29).

· 개성공업지구지원재단 〈http://www.kidmac.com〉
· 국가법령정보센터 〈http://www.law.go.kr〉
· 국립국어원 〈http://www.korean.go.kr〉
· 국방부 〈http://www.mnd.go.kr〉
· 외교부 〈http://www.mofa.go.kr〉
· doopedia 〈http://www.doopedia.co.kr〉
· NEVER 지식백과 〈http://terms.naver.com〉

제4회 최우수상

북한 급변사태 시 민군작전을 통한 자유화지역 안정 및 통합에 관한 연구

– 안정화사단의 선제적 통합작전능력 배양을 중심으로 –

고려대학교 북한학과 **김 진 원**

고려대학교 인문사회학부 **피 승 원·이 민 기**

제1장. 서론

최근 북한은 핵개발 성공을 선언하고 핵 무장력과 대륙간탄도미사일을 비롯한 각종 투발수단을 과시하며 그 사용을 협박하는 등 핵보유국으로 인정받기 위해 안간힘을 쓰고 있다. 그러나 이는 핵 없이는 유지하기 매우 어려운 북한체제 내부의 문제를 여실히 보여주는 역설적인 증거이며 실제로 김정은으로의 권력이양은 겉으로 보기에는 순탄히 진행되는 것처럼 보이지만 당과 군 내부에서 수많은 갈등이 일어났다는 것은 자명한 사실이다. 또한 북한체제의 근원적인 한계점으로 인한 경제파탄은 대다수 북한 인민들의 삶을 가난과 굶주림으로 몰아가고 있으며 이는 북한 사회 내부에서 갈등을 유발함과 동시에 강력한 통제에도 불구하고 '장마당 경제'와 같은 자본주의 시장경제체제가 태동하는 여건이 되고 있다.

현재 북한이 겪고 있는 이러한 내·외부적 갈등과 변화는 곧 김정은 체제의 내구성을 더욱 저하시켜 정권붕괴, 대량 탈북, 내부 쿠데타 등 급변사태로 이어질 가능성이 크며 이러한 상황은 한반도를 비롯한 동북아시아 정세에 크나큰 영향을 미칠 것이다. 북한에서 급변사태가 발생되어 김정은 체제가 붕괴하였을 때 한반도는 6·25전쟁 이후 최대의 혼란 상태로 접어들 것이나 대한민국은 그 시점을 통일의 적기適期로 삼아 어느 국가나 단체보다 앞서 북한지역의 혼란을 수습하며 영토를 수복하는 제반 활동들을 개시해야만 한다.

대한민국이 북한 급변사태에 개입할 때에는 헌법과 조약, 국제법과 국제규약, 그리고 남북 간에 체결된 제반 성명, 선언과 합의 등 준수해야 할 법적, 규범적 테두리가 있다.[1] 이러한 법과 규범은 때때로 상충되고 명분과 실리, 이론과 현실 간의 차이가 존재하며 민족적 이익과 국제사회 혹은 주변국과의 이익이 항상 합치되는 것도 아니다.[2] 따라서 북한 급변사태를 대비함에 있어 이러한 법적문제, 국제관계에서의 문제는 국내법적 정비를 하는 동시에 국제사회와 주변국들과도 충분한 논의를 거치는 등 적극적인 외교적 노력을 해야 한다.

그러나 우리의 국가이익에 합치되는 방향으로의 국제법, 국제규범 정립과 주변국들에 대한 외교를 통한 북한 급변사태에 대한 준비는 그 과정이 매우 험난하며 단기간에 이루어질 수 있는 것이 아니다. 또한 북한 급변사태의 파급력에 대한 일차적 당사국이자 통일과 국가안보라는 사활적 이익이 걸려있는 대한민국은 모든 가능한 상황을 염두에 두고 국가적인 차원에서 현실적인 전략과 전술을 구비해야 할 필요가 있다.[3]

---

1. 김명기, '북한 급변사태 시 한국의 개입에 따른 법적 문제', 『한반도 급변사태와 국제법』(민족통일연구원, 1997)
2 . 유호열,『정치·외교 분야에서의 북한 급변사태 : 유형과 대응방안』, 『북한의 급변사태와 우리의 대응』(한울아카데미, 2007), P.42
3. "많은 논의들은 대체적으로 한국의 군사적 개입 가능성을 국제법 내지 국제역학 관점에서 검토하는 경향을 보이고 있다. 그러나 만약의 경우에 실제 가동할 수 있는 대응책을 보다 더 완벽하게 구비해야 하므로 북한의 유사시 어떤 대응정책을 어떻게 실행하는 것이 국가안보와 통일, 한반도 안정과 동북아 평화에 주도적으로 기여할 수 있는가에 대하여 구체성과 현실성을 높일 수 있는 방향으로 논의의 비중을 옮길 필요가 있다." 전경만, '북한 유사시에 대한 한국의 기본 정책방향과 과제' 『북한 유사시 사회 안정화 방안』, (NDI ,2011), P.27

따라서 대한민국은 현재 통제 가능한 범위에 있는 국내정책 부분, 특히 북한지역의 자유화와 안정화, 나아가 남북통합의 주축이 될 수 있는 국내 유일한 조직인 군에서부터 거시적인 전략과 세부적인 선략에 기초한 북한 급변사태 대비 행동계획을 수립하고 기존에 수립되었던 계획과 제도의 미비점을 보완해 나가야 할 것이다. 특히 급변사태 후 혼란스러운 북한 사회에서 시행될 '민군작전'과 민군작전 및 안정화 작전의 실행주체인 '안정화 사단'은 혼란의 종식과 진정한 남북통합을 위해서 가장 핵심적인 요소라 할 것이다.

본 연구에서는 안정화사단의 이러한 중요성과 기능에 주목하여 자유화지역[4]으로 진출하게 될 안정화사단과 안정화사단이 시행하게 될 민군작전의 개념을 서술하고 북한 급변사태 시 자유화 지역의 안정화 유형에 대해 '평화유지'와 '평화강제'의 측면에서 살펴 볼 것이다.

특히 '선제적 통합 작전' 개념을 도입하여 안정화 사단이 자유화지역의 안정을 넘어 북한 주민의 적성敵性을 제거하고 '대한민국 국민화' 시키는 남북통합을 이루는 데 선도적인 역할을 담당할 수 있게 하여 진정한 의미의 통일을 이루는 핵심이 되어야 한다는 논의를 펼치며 이를 위해 먼저 안정화의 유형과 대응책을 제시하고 제반 문제점들을 해결하기 위한 안정화 사단의 권한 강화에 대해 서술할 것이다. 본 연구의 핵심이자 기본적인 주장인 안정화사단의 '선제적 통합작전'은 현재 안정화 사단의 군정軍政이 '충무 9000 기본계획(자유화 통합계획)'과 연계하여 '인수 및 개편' 즉, 자유화지역까지 대한민국의 민주적 행정력이 미치는 시점 이전까지 해당되는 것에 대한 상대적 불리함을 극복하기 위하여 인수 및 개편 시점 이전에 적극적인 통합작전을 펼쳐 효율적이고 강력한 통제력을 갖춘 군 조직을 통한 남북통합 작업에 대한

4. 자유화 지역(自由化地域, Freed Area, Reclaimed Area) : 적에 의해 국내법의 적용범위가 제한되어 있던 지역으로부터 적을 축출하고 국내법의 적용범위를 확대하게 된 지역(군사용어사전)

개념이다. 이 개념은 통일한국 건설에 필수불가결한 요소인 남북통합작업의 효율성 재고를 위한 방안이자 현재 모호한 민군작전과 안정화 작전의 경계를 명확히 하는 새로운 기준이 될 수 있을 것으로 자평한다.

이러한 논조를 전개하기 위해 한반도 내에서 북한 급변사태 발생상황을 상정해야 했는바, 한 가지, 혹은 동시다발적인 급변사태 요인들로 인해 발생한 급변사태 이후 김정은 정권이 붕괴된 상태에서 기 계획된 작전계획 5029에 의거하여 한미연합군, 혹은 한국군이 단독으로 북진하여 북한 전역 혹은 평양-원산선(39°선) 이남지역(멸공선 이남)을 자유화한 이후의 상황을 전제할 것이다.

제2장. 민군작전과 안정화 사단의 개념

제1절. 민군작전(民軍作戰, Civil Military Operations)

(1) 개념

민군작전民軍作戰, Civil Military Operations이란 군사작전의 수행을 보장하고 국가정책을 실현하기 위하여 군부대와 정부, 비정부기구 및 주민과의 관계를 구축, 유지, 확대하는 활동을 의미한다.[5] 때문에 이 민군작전은 다른 군사행동과 동시에 또는 이어서 시행될 수도 있고, 지시에 의거 별도의 군사작전 없이 발생될 수 있는바, 작전상황에 따라 정부 행정기관, 국제기구 및 비정부기구와 그 외의 민간단체 혹은 주민 등과 상호협조 및 통합하여 작전을 수행하게 된다.[6] 민군작전의 주요 내용으로는 민사행정 지원, 주민 및 자원통제

5. 합동참모본부, '민군작전', 『교육회장 07-3-10』

6. 합동참모본부, 『합동민군작전』(합동참모본부, 2005), p. 3.

(질서유지), 인도적 지원, 자원획득 및 지원, 주민홍보 및 선무 등이 포함된다.

북한 급변사태 시 자유화지역의 안정을 유지하고 대한민국의 행정력을 자유화 지역에까지 넓히고 북한주민들의 지지를 얻기 위해서는 작전부대 혹은 지역 주둔부대의 민군작전이 필수적이다. 이 민군작전을 실시하는 부대는 전시 창설되는 각 군단 예하의 민사대대와, 마찬가지로 전시 창설되는 안정화 사단이 있다. 교리에서는 안정화 작전과 민사작전, 민군작전을 분리 설명하고 있는데 그 차이점은 아래 〈표-1〉과 같다.

〈표-1〉 민사-민군-안정화 작전의 범위[7]

안정화작전 Stability Operations	안정화 작전	안정화를 위한 군사작전, 민군작전, 민사작전을 통합운용 (작전부대, 안정화 사단, 민사부대)
민군작전 Civil Military Operations	민군작전	군사작전 지원과 민간활동 지원 (작전부대, 민사부대)
민사작전 Civil Affairs Operations	민사작전	행정, 치안, 구호, 자원, 관리, 선무 등의 민사기능 수행 (민사부대)

(2) 목적 및 중요성

민군작전의 첫 번째 목적은 군사작전의 성공적인 수행보장이다. 군사작전과 민군작전은 유기적으로 이루어져야 한다. 군사작전의 성공적인 수행보장을 위해 시행되어야 할 민군작전의 목표는 주민에 의한 군사작전 방해요인 제거, 군사작전으로 인해 발생될 수 있는 지역주민 피해 최소화, 주민 지지 획득을 위한 선무활동, 전쟁 재해복구 및 인도적 지원, 공공질서 확립 및 유지활동, 필요시 군사작전에 필요한 자원획득, 자원보호 및 지원 등이다.

7. 합동참모본부, 1장 - 안정화 개관」, 『합동교범 3-2』, pp. 9~10

두 번째 목적은 국가정책 즉 한반도 통일의 실현이다. 국가정책의 실현을 위한 민군작전의 목적은 수복지역 등 안정화 달성지역에서의 정부행정 지원, 자연적·인위적 재해 및 재난 긴급복구 지원, 평화유지 활동 및 대對테러 작전(평화강제 활동), 기타 민간분야에 대한 인도적 지원 등이 있다.

민군작전의 중요성은 전쟁양상의 변화로 인해서 중요성이 더욱 커지고 있다. 과거에는 물리적 군사력과 군사작전의 성공을 승리의 최종단계로 생각했지만 현재는 물리적 군사력과 군사작전 외에 해당지역의 민심획득까지 성공해야만 완벽한 승리로 평가된다.

이러한 추세가 가장 여실히 드러나는 사례는 2006년 이라크 전쟁이다. 미국의 군사작전은 43일 만에 수도인 바그다드를 함락함으로써 표면적으로는 전쟁에서 승리하였다. 하지만 민군작전에 대한 과신으로 병력을 터무니없이 적게 배치하고[8] 숙달된 헌병인원의 배치부족, 부실한 기존 경찰병력 및 현지 준군사단체 활용 등 민군작전에서의 실패로 인해 상당 기간 동안 인력 및 장비적인 손해를 감수해야만 했다.[9]

(3) 사례

미국은 2001년 9·11 테러발생 이후 대對테러 전쟁을 선포한다. 2003년 3월 20일부터 5월 10일까지 43일 만에 군사작전은 바그다드 등 주요도시 함

8. 랜드 연구소의 도빈스(James Dobbins)는 제 2차 세계대전 이후 미국이 참여한 7개의 주요 분쟁의 국가건설 과정을 연구한 결과, 위험의 수준과 안정화군의 규모 사이에는 반비례 관계가 있으며 거주민의 인구에 대한 군대의 비율이 높을수록 발생한 희생자의 수는 낮았다는 것이다. 또한 동 연구소의 퀼리반(James Quinlivan)은 보스니아와 코소보의 사례를 성공적인 안정화 작전으로 가정한다면, 성공적인 국가건설은 보통 주민 1,000명당 약 20명의 안정화군이 필요하다고 주장하였다. James Quinlivan, Burden of Victory: The Painful Arthmetic of Stability Operations, RAND Review (Summer 2003), pp. 28-29.

9. 차돌, 「북한급변사태 시 안정화 작전에 대한 연구: 이라크 안정화 작전을 중심으로」『군사논단 제68호』, (한국군사학회, 2011)

락으로 종전을 선언한다. 종전 이후 안정화와 자유·민주정권 수립을 위한 민군작전을 시행하였으나 민군작전 수행부대에 대한 계획이 없었고 전쟁준비 단계에서 군사작전에만 치중함으로써 민군작전을 통한 지역 안정화에 대한 준비가 미비하였다. 초기 민군작전의 실패와 안정화 작전의 장기화로 인해서 미군은 군사작전 수행단계보다 약 30배 이상의 사상자와 25배 이상의 전비를 소모하게 되었다.

동 전쟁에서 국군의 사례로는 자이툰 부대의 활동을 꼽을 수 있다. 이라크에서의 군사작전 종료 후 지역재건과 민군작전 수행을 위해 파병된 자이툰 부대의 주요활동으로는 치안시설 신축 및 보수, 복구 및 재건 관련 장비지원, 이라크군 및 경찰 훈련 지원, 그린엔젤작전(주민숙원사업 시행), 의료지원, 문맹자교실, 스포츠, 문화교류 등을 실시하여 민군작전의 성공적인 사례로 뽑히고 있다.

제2절. 안정화사단(安定化師團, Stabilization Division)

(1) 개념과 임무

안정화 작전이란, 평시의 개발지원과 위기 시의 협력 및 강압적 행위의 결합을 통해 특정국가 혹은 작전 지역 내 질서를 확립 유지하여 국익을 증진하고 보호하기 위한 군사 및 민간 활동을 뜻한다.[10] 때문에 안정화 작전은 작전 지역 내 안전하고 안정된 환경을 조성하여 합법적이고 권위적인 정부의 등장을 가져올 수 있도록 제반 질서유지활동, 인도적 지원활동, 그리고 재건지원 활동 등을 포함하는 것으로 민군작전이 그 핵심적 내용을 구성한다.

한반도 유사시 현역과 예비군을 편성하여 창설되는 10개 사단 규모의 안

---

10. HQs, 「Department of the Army」, 『FM 3-07 Stability Operations and Support Operations』, (Washington: U. S. Army, 2003), pp. 1-2 ~ 1-3

정화사단은 작전부대의 군사작전 완료 후 자유화된 지역에 투입되어 안정화 작전을 실시하는 것을 임무로 삼는다.

안정화사단의 작전수행과업은 안정화를 위한 군사작전, 민간안전 지원, 민간인 통제, 인도적 지원, SOC복구 및 경제지원, 정부 통치지원 등 5가지가 있다. 세부 항목으로는 다음 〈표-2〉와 같다.

〈표-2〉 안정화사단 작전수행과업[11]

구분	과업
안정화를 위한 군사작전	· 중요시설방호 · 대유격작전 · 대테러작전 · 병참선방호 · 부대방호태세 유지
민간안전 지원	· 주민성분 분류 및 적대세력 색출. 무력화 · 치안질서 확립 · 무장해제, 동원해제 및 재통합 시행 · 주요 인원 및 시설 보호 · 폭발물 및 화학, 생물학, 방사능, 핵 위험물질 제거 · 국경선 통제
민간인 통제	· 사법체계 확립 · 전복세력 및 범법자 단속 · 피난민 및 주민이동 통제
인도적 지원	· 민생물자 및 생필품 확보 지원 · 공공보건활동 · 인권보장 지원 · 교육 프로그램 지원
SOC복구 및 경제지원	· 비행장, 항만, 병참선 등 복구지원 · 사회 기반시설 복구지원
정부 통치지원	· 주민자치기구 및 임시행정기구 조직 · 적대정권 유지 기구 해체 · 주요시설과 자원접수 및 관리, 선무 및 홍보반 운용 · 보도매체 접수 및 통제

표-2에서 보듯이 안정화사단이 수행하는 안정화 작전의 개념 안에는 민군작전의 요소가 대다수를 차지하며 이는 민군작전의 성공적인 수행이 곧 안정화 사단의 임무라는 것을 보여준다.

(2) 사례

안정화사단 운영 사례는 6·25 전쟁 당시 국군 및 UN군의 사례를 들 수

11. 합동참모본부, 「합동안정화 작전」, 『합동교범 3-12』, (합동참모본부, 2010), pp. 12~15

있다. 국군은 인천상륙작전 이후 응전자유화작전에 임하며 안정화 작전에 대한 고려 없이 북진작전을 실행하였다. 뒤늦게 각 부처별 점령정책 수립을 시작하여 행정관들과 애국단체들을 북한지역으로 이동시켰다. 반면 UN군은 총회의결의를 통해 맥아더장군을 사령관으로 하는 연합군에 의한 군정을 실시하였다. 급박한 전쟁 당시의 상황을 고려하더라도 국군의 뒤늦은 대처로 국군에 의한 안정화 작전은 미비하였고 평양시에 UN군, 국군이 각각 시장을 임명하는 등 많은 문제점들이 도출되었다. 안정화사단은 현대적 전략 운용에서 필수적인 전력으로 운영되고 있으며, 특히 한반도 안보상황에 있어 북한 급변사태를 대비하는 차원의 안정화 사단의 역할 정립과 육성은 커다란 과제가 아닐 수 없다.

(3) 한반도상황에의 적용

북한 급변사태 시 투입될 안정화 사단의 일차적 주요임무는 인민군 무장해제와 잔존적성세력殘存敵性勢力과 주민을 분리하는 것이다. 현재 구성은 북한 한 개 도道당 한 개의 사단배치를 목적으로 하고 평양의 경우는 대동강 수계선 남, 북으로 구역을 분할하여 2개 사단이 주둔하는 계획이다. 결론적으로 북한 9개도와 평양까지 합쳐 11개의 사단이 필요하다. 하지만 '2020 국방개혁안'은 사을 축소 및 병합하여 사단의 개수를 20개로 줄이는 계획이다. 란체스터의 법칙[12]에 의하자면 20개의 사단 중 안정화 작전으로 11개의 사단이 운영되게 되면 후방지역작전은 물론 종심작전마저 차질이 생기는 것

12. Lanchester's laws : 전력상 차이가 있는 양자가 전투를 벌인다면, 원래 전력 차이의 제곱만큼 그 전력 격차가 더 커지게 된다는 법칙 영국의 항공공학 엔지니어인 란체스터(F. W. Lanchester)가 1, 2차 세계대전의 공중전 결과를 분석하면서, 무기가 사용되는 확률 전투에서는 전투 당사자의 원래 전력 차이가 결국 전투의 승패는 물론이고 그 전력 격차를 더욱 크게 만든다는 사실을 발견하게 되었다.(두산백과사전)

이 현실이다.[13] 또한 인민군과 잔존적성세력의 저항세력화를 막으려면 북한 주민들에게 선무宣撫작전을 펼쳐야 하는데 이를 위해서는 북한 전역에 촘촘히 들어가 행정기능을 수행할 조직이 필요한데 그 역할을 하는 것 역시 안정화 사단이다.

인구고령화와 청년인구의 감소로 사병의 수를 늘리는 것이 현실적으로 어려운 이 시점에 북한 유사시를 대비한 완벽한 민군작전을 위해 정예화 된 안정화 사단을 운영하고자 한다면 안정화 사단의 개념 재정립과 현역군인을 비롯한 안정화 사단에 소집될 예비군들에 대한 철저한 준비와 교육훈련으로 인적대비를 완비하는 것은 물론 민사작전에 있어서 정부와의 합동, 협력 계획 준비와 민군작전에 소요되는 여러 물품들을 사전에 준비하는 등 각고의 노력이 필요할 것이다.

제3장. 자유화지역 안정화 유형

제1절. 평화강제작전적 성격의 안정화

김정은 정권의 붕괴 후 무정부상태가 된 북한지역은 매우 혼란스러울 것이 자명하다. 그동안 내재되어 있던 체제모순과 불만 등이 한 번에 터져 나오면서 걷잡을 수 없이 확대될 수도 있다. 이와 같은 상황은 우리 군의 작전간에도 지장을 주게 되고 나아가 통일한국의 건설이라는 국가 목표에 심각한 악영향을 미칠 수 있다. 이 장에서는 북한 지역의 안정화 작전을 평화지원작전의 개념에 빗대어 북한지역에서 실시되는 안정화 작전은 평화를 강제하여 이식하는 '평화강제'작전이 될 가능성이 농후하다고 보고 가장 가능성

13. 이정훈, 『연평도 통일론』, (글마당, 2013), pp. 107~113

높다고 판단된 대량탈북난민 발생, 적성잔존세력의 저항, 대규모 소요사태에 대한 유형과 대응방안에 대해 서술하고자 한다.

번저 평화지원작전을 설명하자면 평화지원작전의 단계(표-3)는 예방외교, 평화중재, 평화유지, 평화강제 순으로 시행된다.[14] 평화유지平和維持, Peace Keeping단계에서는 모든 관련 당사자의 동의를 얻어서 충돌의 통제와 관련된 합의 사항을 집행하거나 감시하고 인도주의적 지원을 보호하기 위하여 주둔군을 배치한다. 이 단계에서는 투쟁을 방지하고 강화의 가능성을 높일 수 있는 기술이 요구된다. 평화강제平和强制, Peace Enforcement 단계에서는 평화적인 방법이 실패할 경우에 필요한 단계이다. 이 단계에 관한 사항으로써 UN헌장 제7장에는 군사력의 사용을 포함하여 안전보장이사회가 평화에 대한 위협이나 침해 및 침략 행위가 있다고 판단하는 상황하에서 국제 평화와 안보를 유지하거나 회복하기 위한 조치들이 포함되어 있다.

〈표-3〉 평화지원작전의 단계[15]

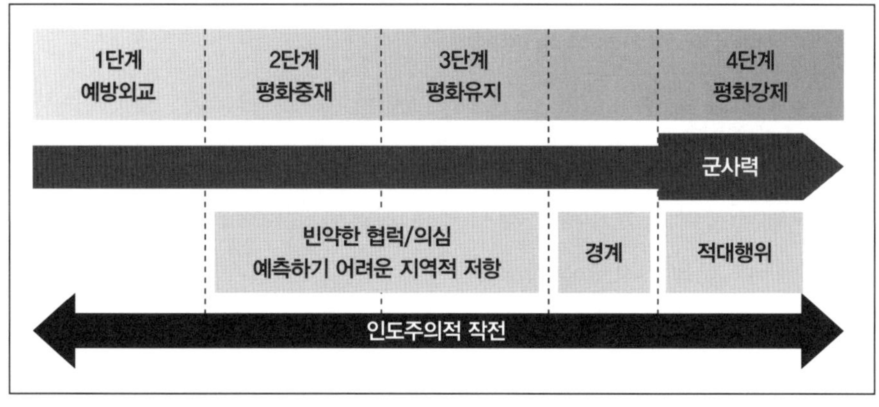

북한에서 급변 사태가 발생했을 때는 이미 예방외교와 평화중재를 실행하

14. Philip Sabin, 『Peace Support Operations』, pp.1~12

15. Philip Sabin, 『Peace Support Operations』, p.10

긴 불가능할 것이다. 그러므로 평화유지작전 이상의 단계에서 작전을 시행해야 할 것이다. 특히 북한 급변사태에서는 여러 가지 불확실성과 폭력성이 존재하므로 평화강제작전 또한 반드시 이루어져야 한다. 평화유지와 평화강제는 유기적으로 이루어져야 하며 북한급변사태에 평화강제작전이 펼쳐질 가능성이 농후한 세 가지 유형은 정권 붕괴로 인한 지역주민들의 대량지역이탈과 대규모 탈북사태, 군벌세력들의 저항 그리고 대규모 북한 주민들의 소요사태를 들 수 있다. [16]

제2절. 유형과 대응방안

(1) 대량난민(탈북자) 발생

북한은 이미 15년 이상 주민들의 기본적인 공공의 필요에 부응하지 못하는 실패국가failed state로서의 특징을 보여 오고 있기 때문이고, 북한급변사태는 이를 더욱 악화시킬 것이 분명하다. 이런 상황에서 북한 주민들은 적잖은 인도적 위기에 노출될 가능성이 높고 이러한 인도적 위기 상황을 수습하는 것이 안정화 소요의 기본이 될 것이다.

이는 독일 통일 당시 동독 주민들이 얼마나 많이 서독으로 망명했는지를 보면 유추가 가능하다. 당시 동독 총인구 660만 명 중에서 약 43만 명이 망명했는데, 지금의 북한 상황은 당시 동독보다 더 열악하므로 망명하는 사람들의 수도 더 많을 것으로 추정된다.

거주지역, 혹은 활동지역을 이탈하는 북한 주민들은 앞으로 발생할지 모르는 전쟁에 대한 막연한 불안감으로 위협을 피해 이동하는 피난민의 성격을 띠거나, 자유와 경제적 이득을 위해 무작정 자유화지역 남부로 이동하는

---

16. 백승주 '북한 급변사태 시 대량살상무기통제 방안', 『북한 급변사태 시 최우선 대응방안』, (NDI, 2009)

생계형의 성격을 띠게 될 것이다. 전자의 피난민은 자유화지역 남부(대한민국)나 중국 국경으로 이동할 것이고 그들이 북한 지역 이탈을 시도할 경우 국경을 지키고 있는 국군이나 중국군과의 충돌이 예상된다. 특히 중국군과의 충돌은 북한 급변사태에 대한 중국의 적극적인 개입을 초래하기에 체계적인 관리가 중요하다. 이러한 성격의 난민들은 북한의 급변 상황이 전개되는 양상에 따라 탈북주민이 증대할 수 있다. 북한탈북자 규모가 얼마나 될지 정확하게 예측하기가 쉽지 않다. 견해에 따라서는 적게는 20만 명에서 많게는 400만 명까지 발생할 것으로 보고 있다. 국군이 북한에 진입하는 시기나 규모에 무관하게 북한 내부의 급변양상에 따라 유혈사태가 심하거나 경제상황이 악화되면 더 많은 북한주민이 탈북을 감행할 것이다. 따라서 국군이 탈북을 자제하도록 설득하기보다는 탈북자의 안전과 탈북이후의 수용과 처리 등에 관해 한국 정부와 중국 및 주변국과 협의를 취해 실행하도록 하는 임무를 수행할 수 있을 것이다.

탈북자 규모에 따른 국제사회의 개입여부, 인도주의적 지원 이외에 어떤 추가조치를 취해야 타당할 것인가에 대한 계획에 대해 미리 마련해 두기가 쉽지 않을 것이다. 다만, 북한 정권이 북한주민과 탈북자들의 생명에 위해를 집단적으로 직접 가하는 경우에는 국제사회가 중시하는 인도주의 차원에서 보호할 책임Responsibility to protect을 이행하도록 즉각적 군사개입을 주도해야 할 것이다. 이 과정에서 우리의 준비가 미흡하다면 준비되지 않은 정치외교·경제·군사·치안·식량배급·계층관리 등 여러 분야에서 문제점이 나타날 가능성이 있다.[17]

17. 손광주 '북한특징의 급변사태와 대량 탈북 난민 예방 통제 정책', 『북한 급변사태 시 대량난민 발생 전망과 대책』

(2) 잔존적성세력(殘存敵性勢力)의 저항

군벌세력들의 저항 유형은 두 가지로 나뉜다. 첫 번째는 김정은 정권의 복구를 위한 저항, 두 번째는 기득권 유지를 위한 저항이다.[18] 두 유형 모두 물리적 군사공격을 대동할 가능성이 농후하며 이는 국군과 지역주민들의 인적, 물적 피해를 야기함은 자명하다. 또한 농토와 산업시설 등의 황폐화, 주요 시설의 파괴 등이 일어날 수 있으며 이 모든 것은 자유화를 가로막고 주민통합에 큰 걸림돌이 될 것이다.

군이 이 상황을 통제하지 못할 경우 장차작전과 안정화는 큰 혼란에 빠질 것이며 활동과정에서 세력을 불린 지역 군벌들 간의 충돌로 내전 양상을 띨 수 있다. 또한 핵무기와 같은 대량살상무기WMD[19]의 통제권 상실과 무정부 사태가 지속되어 소말리아 내전[20]과 같은 상황에 처할 가능성도 없지 않다.

이러한 내전상황 발생 시 우리 군은 반反김정은 정권세력과 연대를 하여 국군 개입의 정당성을 국제적으로 표방하며 더욱 효율적으로 안정화 작전을 수행할 수도 있으나 이는 불확실성이 농후하고 타국의 개입을 촉진하는 동기가 될 수도 있으며 어느 군벌이 정당성을 가지는지, 혹은 국군과 연대하는 군벌세력이 과연 내전 종료 후 대한민국의 편에 설지 판단하기 매우 어렵고 또한 변동이 있을 수 있는 사안이기에 현실성 있는 방안으로 국군 독자적인 임무수행 능력이 반드시 필요하다.

이처럼 권력투쟁으로 인한 내전이 정권파와 반대파 간에 치열해 인명살상

---

18. 전경만 '북한 유사시에 대한 한국의 기본정책 방향과 과제' 『북한 유사시 사회 안정화 방안』
19. 핵무기(현재까지 4회에 걸친 재처리 과정을 통해 플루토늄 40여 kg 보유 추정, 고농축 우라늄(HEU) 프로그램 진행 중으로 평가) 탄도미사일[SCUD-B(사정거리 300km), SCUD-C(사정거리 500km), 노동미사일(사정거리 1,300km), 무수단 미사일(사거리 3,000km) 보유 및 작전배치 중, 1990년 이후 장거리 탄도미사일(ICBM) 개발에 착수하여 1998년 대포동 1호, 대포동 2호 개발 중] 생화학 무기 (8개 생산시설에서 연간 4,000톤의 생산능력을 보유, 현재 2,500~5,000톤의 화학 무기를 저장시설에 비축 중) 국방부, 『2012 국방백서』, pp. 29~30
20. 1991년부터 권력쟁탈을 목적으로 소말리아 무장 군벌들 사이에서 벌어지고 있는 내전 (두산백과)

이 대규모로 발생하는 현지에 진입하는 경우에는 평화유지Peace keeping보다는 평화강제Peace enforcement를 위한 성격의 임무를, 대반란 작전보다는 일종의 반군작전을 수행해야 할 것이다.[21] 이러한 내전상황이 국군 및 주민의 생명과 생활을 위협하고 피해자가 발생하는 경우에는 진입과 동시에 안정화 작전과 인도주의적 지원을 동시에 전개해야 할 것이다.

국군이 지금까지 각종 국제평화유지활동에 참여하여 쌓아오고 있는 경험이 북한에서의 안정화 방법과 수단을 제공하는 데에 도움이 될 수 있더라도 매우 미미할 것이다. 북한에서의 안정화 조치 내지 작전은 전쟁 그 자체는 아니더라도 반정부 및 준準전쟁의 작전을 전제해야 하기 때문이다. 한국군이 여러 차례 참여하고 있는 평화유지 활동보다는 평화강제 양태의 임무를 북한의 급변상황이 요구할 것이기 때문이다.[22]

따라서 한국군은 이러한 상황에 부합하는 시나리오를 구상해서 이에 맞는 반정부 민주세력을 위한 평화강제의 사전연습을 별도로 해야 할 것이다.

(3) 대규모 북한 주민들의 소요사태

대규모 북한 주민들의 소요사태는 잔존적성세력들에 의한 선동과 식량부족, 정권붕괴로 인한 미래에 대한 두려움 때문에 일어날 것이다. 북한주민들의 집단 파업과 행정 권력에 대한 반항, 주요시설의 점거와 파괴, 집단 시위 등과 같은 일이 일어날 수 있다. 지속될 시 반대세력과 지지세력 간의 투쟁이 치열해지는 경우에는 유혈사태로 번질 수도 있고, 치안악화로 강간, 방화, 절도, 살인 같은 중범죄가 발생하며 아이티 소요사태[23]와 같이 도로파

---

21. 합동참모대학,『대반란 작전(Counterinsurgency Operations)』, (2010, 합참), pp. 1~21
22. 전경만,「북한유사시에 대한 한국의 기본 정책방향과 과제」,『북한유사시 사회안정화 방안』,(2011, NDI)
23. http://news.hankooki.com/lpage/world/200402/h2004021111293922550.htm

괴와 소요사태가 지속된다면 식량보급 등이 지연되어 대규모 기아가 발생할 수 있고 시장장기 폐쇄가 가져오는 물가 오름에 의한 시장경제 파괴와 의약품과 수로의 차단으로 인한 물 공급 제한으로 전염병이 창궐할 수도 있다.

이러한 대규모 소요사태를 방지하는 방안으로 북한 지역과 주민에 대한 전후재건에 준하는 재건활동 및 지원활동이 있을 수 있다. 재건 및 인도적 지원은 이미 주둔해 있는 안정화사단과 군 보급계통이 중심이 되어 시행되어야만 한다. 각종 주민의 생필품 수송의 경우, 대규모의 경우에는 중국 단둥 경로를 이용하는 것이 안전하고 효율적일 수 있으며, 해상으로 각종 화물선이나 군함을 이용한다면 북한 남북지역 전역에 걸쳐 물자수송은 용이할 것이다. 이 역할을 수행하는 데는 북한군 및 민간 인력을 다수 활용할 수 있을 것이다.

공수를 이용하는 경우에는 미군의 항공기와 관련 장비의 도움을 받는 협력적 임무로서 수행할 수 있다. 해상운송의 경우 국군이 미군과 공동임무로서 동해와 서해 항구의 안전을 확보하고 접안과 하역작업을 위해 북한 인력을 활용할 수 있을 것이다.

제4장. 선제적 통합작전을 위한 대비 방안

제1절. 작전의 개념

선제적 통합작전은 민군작전이 바탕이 된 안정화 작전만으로는 다양하고 복잡한, 그리고 위험성이 큰 급변사태 시 자유화지역에 대한 통제가 매우 어려울 것이라는 전제 아래 세워진 새로운 작전 개념이자 구상이다.

북한급변상황에서의 민군작전의 경우는 한반도의 통일국면 유도라고 하는 기존 한반도 질서의 변화를 작전의 목표로 삼고 있다는 점에서 보다 특화된 민군작전의 임무수행이 요구되며[24] 이는 그 교리발전과 개념수립부터가 매우 다양한 급변사태에 대한 준비의 기초가 될 것이다. 선제적 통합작전은 안정화사단의 기능 중 민사, 민군, 안정화 기능은 물론 초보적인 수준에 머물고 있는 군에 의한 행정, 즉 군정軍政능력을 배양하여 급변사태 등 유사시 북한 자유화 지역에 주둔하게 될 안정화사단의 작전범위 권한을 증대시켜 안정적인 자유화 작전을 하는 것에 그 목표가 있다. 또한 안정화 작전의 개념에 포함된 군정기능 외에 민사, 민군작전의 수준을 높여 통일한국 건설 시 필요한 남북 주민통합에 선제적인 역할을 할 수 있게 만드는 것도 포함한다.

예멘은 통일 이후 정치 지도층과 주민들 간의 불화로 다시 한번 내전을 거쳐 무력통일이 되었으며 남베트남 역시 주민들의 지지를 얻지 못하여 절대적인 전력 우위에도 불구하고 북베트남에게 흡수통일을 당했다. 이는 물리적 통일Unification을 넘어선 사회내부의 화학적 통합Integration의 중요성을 보여주는 사례로써 안정화사단이 수행해야 할 선제적 통합작전은 확대된 군정 권한을 이용한 북한 주민들의 대한민국 국민화가 되어야 할 것이다.

제2절. 민군작전 5대 요소별 군정능력의 배양

북한의 급변사태와 북한군 무력화 이후 국군의 안정화 작전은 한반도의 지속적인 평화와 물리적인 통일이 아닌 실질적인 통합을 하는 데 있어 가장 중요하다. 신속한 안정화와 향후 지속적인 안정을 실현하기 위하여 북한지역의 최우선적인 안정화 작전의 목표는 이렇다. 첫째, 일시적으로 난민이 되어버린 북한 주민들의 식량, 보건, 위생, 주택 등의 문제를 해소하여야 하고, 둘째, 대한민국 정부와 자본주의에 대한 반감을 없애야 한다. 그리고 셋째, 오랫동안 자리 잡고 공산당 기득권과 사회 통제 기구의 적성敵性을 제거

24. 김연수, '북한 급변사태 시 북한 안정화 방안', 『북한급변사태 시 최우선 대비방안』, (NDI, 2009)

하고 우호적인 세력들과 함께 민주통치의 기반을 형성해야 한다. 위의 목표를 이루기 위해서는 안정화사단이 투입지역을 장악하고 신속하고 효율적이면서도 완전한 안정화 작전을 수행해야 한다. 그러나 계속해서 지적하듯, 현재의 안정화 작전의 개념은 민군작전적 요소에 주둔군으로서의 치안기능에 관해서만 정립되어 있고, 안정화사단 역시 창설부터 투입지역까지의 분류만 있을 뿐 해당 지역에서 수행해야 할 임무에 대해서는 세부적인 계획이 부족한 것으로 알고 있다. 계엄령 선포하에 국군이 담당하는 군정기능과 같은 수준으로는 대한민국 내부의 상황보다 더욱 복잡하고 혼란스럽고 폭력적일 자유화지역에 대한 안정적인 군정활동을 기대하기 힘들다. 또한 안정화 작전을 통한 치안과 군정기능이 확립된 후 민정으로 이양하기 전까지 북한 주민들을 대한민국 국민화 하는 역할을 담당하게 될 안정화사단으로서는 선제적 통합작전 시행을 위해 그 바탕이자 기초가 되는 군정기능에 대한 강화가 필수적이다.

이에 본 절에서는 민군작전 5대 요소별로 안정화사단의 군정기능 강화에 대한 제언을 하고자 한다. 민군작전 5대 요소는 해당 점령지에 대한 행정, 치안, 구호, 자원관리, 선무이다. 안정화사단은 다섯 가지 작전의 요소에 대한 군정역량의 배양을 통해 신속하고 안정적인 군정을 펼쳐야 할 것이다.

(1) 행정(군정) 및 치안

안정화 사단의 행정 및 치안기능 강화는 향후 자유화된 대한민국 북부지역의 통치를 비롯한 안정된 통일작업을 큰 어려움 없이 진행하기 위하여 가장 중요하다고 할 수 있다. 행정의 세부적 기능은 공공행정, 근로, 공동시설관리 등이 있다. 이러한 행정의 세부적 기능을 가장 효과적으로 실행하기 위하여 안정화사단의 군정기능을 계엄령 선포하 각 지역별 계엄사령부의 군정권한과 같이 혹은 그 이상의 수준으로 확대시켜야 한다. 다시 말해 국군 안정화 1개 사단이 하나의 지역을 계엄사령부 이상, 과도정부 이하의 권한을 가지고 통치할 수 있어야 한다. 이를 위해서는 부족한 장비와 인원에 대한 보충은 차치하고서라도 현재 편제되어 있는 군정요원(인사, 헌병, 법무 등) 인원들의 체계적인 교육과 안정화 작전 전개 시 투입되는 북한 지역에 대한 연구와 개념수립 과정이 선행되어야 할 것이다.

행정기능 구축과 수행 중 가장 우선시되어야 할 것은 치안이다. 급변사태 이후 무력충돌의 유무와 그 크기에 상관없이 치안기능은 안정화 작전의 성패를 좌우할 수 있는 요소이다. 그렇기 때문에 안정화 작전의 성공을 위해서 반드시 선행되어야 하는 기능이다. 그중 우선시 되어야 하는 몇 가지 요소를 살펴보자면 북한군과 무기접수, 법무 행정을 통한 공공질서 안정의 확립, 치안체계 구축 등이 있다.

잔존하는 군사집단과 준군사집단의 크기를 고려해 보았을 때, 그것들을 완전히 접수하고 무력화하는 것은 쉽지 않은 일이다. 그러나 안정화 작업이 자리를 잡기 위해서 반드시 이뤄내야만 하는 일이다. 그 후 준 군사집단인 인민보안성과 같은 치안기구 종사자를 심사, 해고 및 재임용하여야 한다. 이는 독일통일의 사례를 적용할 수 있을 것이다.[25] 또한 각 지역의 우호세력을 이용하여 해당지역의 상황 및 특성에 맞게 치안체계를 보다 공고하게 구축할 수 있을 것이다.

북한 내 군사집단의 접수 이후에도 북한 지역들의 혼란을 틈타 악화된 치안상황을 정리해 나아가야 한다. 그러나 자유화된 지역에서 바로 국법을 온전히 실시하는 것은 무리가 있다.[26] 하지만 강력범죄(살인, 강간 등)와 사회혼란을 야기하는 인원에 대해서는 군법에 의한 단호한 처벌이 이루어져야 하며,

25. 정상돈, 『동독급변사태 시 서독의 통일정책』 (한국국방연구원, 2012)

26. 유동열, '북한 유사시 사회 안정화 방향' (NDI, 2013) 53p

기타 법 집행을 위한 기초적 법적 근거를 군법 안에 만들어야 한다. 물론 혼란 상황 방지와 대량난민 발생을 예방하기 위한 남북간 그리고 북한 내에서의 이동 통제도 어느 정도 이뤄져야 할 것이다. 북한 급변사태 후 안정화 작전을 개시한 시점부터 완전한 통합정부가 수립되기 전까지 과도기적으로 운용될 법률을 바탕으로 점진적으로 북한에도 우리나라 행정부가 완전한 통합 후 들어섰을 때 하나의 통합된 법무행정을 진행할 수 있도록 하여야 한다.

(2) 구호 및 자원관리

북한 급변사태 이후 안정화 작전은 얼마나 북한 주민들의 동요나 불만 없이 안정화를 이루느냐에 달려 있다. 북한 급변상황에서 북한 취약계층은 인도적 위기에 내몰릴 것이다. 의식주 생활은 물론 보건상의 위기에 노출될 것이다. 이것을 얼마나 효과적으로 대처하느냐에 따라 대한민국 정치와 자본주의에 대한 첫 인상이 달라질 것이다. 우선 북한의 전 계층, 특히 인구의 다수를 차지하고 있는 취약계층이 맞닥뜨리게 될 의식주와 보건상의 문제에 대한 초기대응이 중요하다. 구호활동과 관련해서는 안정화 작전 부대가 그 행동력을 갖지만 식량자원과 보건대책은 민·관·군 합동으로 해결해 나가는 것이 바람직할 것이다. 구호에 관하여 가장 중요한 식량, 그리고 공공보건, 거주지 안정화의 측면에서 제언하고자 한다.

식량은 실질적으로 난민이 되어버릴 수 있는 북한 내 취약계층의 가장 큰 문제점이다. 대량 난민 발생을 예방, 통제하려면 초기대응이 가장 중요하다. 식량 구호는 기본적으로 북한 점령 후 북한 내에 있는 전시용 비축군량미의 이용과 병참선을 이용한 식량수송이 가장 신속하고 효과적일 것이다. 안정화 작전부대가 초기 안정화 작전 시 식량을 배급하여 대량 난민 발생을 1차적으로 방지하고, 점차 배급을 줄여 나가며 탄력적 배급제를 유지한다. 배급제를 유지하면서 점진적으로 시장경제의 비중을 늘려가는 것이 현명한 안정화 후 통합 방식이 될 것이다.

북한 급변상황으로 북한 내 전반적인 보건 위생체제가 악화될 가능성이 있다. 뿐만 아니라 남북한 보건수준의 차이로 인한 전염병 발생의 가능성도 있다. 따라서 사회안전망 구축에서 가장 중요한 인간안전망을 구축하는 것은 필수적이다. 일차적으로는 부상자의 치료를 우선으로 한다. 전문 의료 인력의 대규모 투입이 현실적으로 불가능하기 때문에 군의관, 의무병을 투입할 수 있도록 하며, 그 단계보다 부상이 심할 경우는 북한에 투입된 소규모 의료 인력과 북한 내의 검증된 의료 인력을 이용하는 방법이 있다. 북한의 경우 남한보다 폐쇄적이고 북한의 경우 남한보다 보건수준이 낮기 때문에 전염병의 가능성을 무시할 수 없다. 남한이 보유하고 있는 백신과 다른 NGO 등의 협력으로 북한 내의 예방접종을 최대화하고, 과거 남한에서 시행되었던 것과 같은 소독, 방역 등의 보건구호가 필요하다.

주거구호의 경우에는 대량난민 발생 예방에 핵심이 있다. 급변사태 이후로 거주지가 불분명해진 북한주민들에게는 긴급 수용시설 등을 제공하고 국가 차원에서 차후 거주지 구호, 또는 복지에 대하여 방침을 정한다. 주거 구호의 경우에는 사회안정화 작업의 성격이 더해지는데 그는 이후 선무의 요소와 함께 언급하겠다.

북한 급변사태 발생 시에 기초적인 치안, 구호와 같은 활동 이후에도 중요한 것이 북한의 자원에 대한 통제력을 확보해야 하느냐이다. 북한의 자원에 대한 통제력 확보로 공장가동 등을 통하여 북한의 안정화에 기여할 수 있고, 통합된 정부속의 북한에 복구와 재건에 기여하는 데 초석이 된다. 차후 1차적인 북한 안정화와 통합 후 경제균형을 맞추는 데에도 중요한 역할을 할 것이다. 그러므로 안정화 단계부터 손실 없이 북한의 자원, 자본들을 접수, 보호, 개발해 나가야 한다.

북한의 주요 국유자원, 산업시설을 관리하는 것은 물론 민생물자의 접수,

관리, 통제를 통하여 다른 부분의 안정화 작전을 펼칠 시에도 도움이 되는 것이 필요하다. 또한 북한의 공공수송시설, 공공통신시설 등 전반적인 사회기반시설을 장악하여 안정화 작전을 효율성 있게 펼쳐나가며, 유지와 보수를 통하여 차후에도 비용을 절감할 뿐 아니라 남북통합의 속도를 더 빠르게 하는 데 도움을 줄 수 있다.

(3) 선무

선무는 북한에 개입하고 대한민국 안정화 사단을 이해시키고 민심을 안정시킴은 물론, 자유민주주의 체제에 대한 의식과 호감을 증진시키고 적개심을 방지하는 것이다. 그로 인하여 안정화 작전 초기의 효율적인 작전 진행에도 도움을 줄 뿐만 아니라 남북통합 전후에도 새로운 체제에 대한 거부감을 방지할 수 있게 하는 역할이기 때문에 필수적이다. 안정화 작전의 구호활동 역시 선무의 한 부분이라고 할 수 있다. 특히 식량과 주거 구호활동은 사회 안정화 작업임과 동시에 선무의 성격을 띠고 있다. 비교적 우월한 식량과 주거를 공급함으로 체제의 우수한 경제력 또한 선전하게 되며 또 다른 선전을 할 기회를 얻는다.

대한민국 국군과 정부는 안정화 작업 중 다음과 같은 것들을 선무 주제로 삼아야 한다.

첫째, 한국의 군사적 개입의 정당성과 북한 김정일 체제의 비민주성과 반민족성을 북한 주민들에게 적극적으로 주지 시켜야 한다. 북한 상층부의 기존 당 · 군 · 정 체제 엘리트들에게는 한국의 자유민주주의 체제의 발전상을 알리는 긍정적 기제를 통한 의식변화를 유도할 필요가 있으며, 대다수 북한 주민들에게는 아울러 김정일 체제의 비도덕성과 반민족성의 사례 들을 집중적으로 부각시키는 방법을 적용하는 것이 필요하다.

둘째, 한반도 통일의 당위성과 그 희망적 미래상을 북한의 기존 체제엘리트와 북한주민들에게 적극적으로 주지시키는 작업이 필요하다. 이 경우 한국사회에 성공적으로 정착한 북한 탈북 주민들을 적극적으로 활용할 필요가 있다.

셋째, 북한군, 인민보안성, 국가안전보위부, 3호 청사 등 체제의 핵심 보위기관의 주요인사에 대해서는 별도의 강도 높은 체제동화교육 차원의 선무작업을 실시해야 한다.

넷째, 미-중을 포함한 주변 강대국의 한반도 통일에 대한 지지를 이끌어내기 위해서는 역시 북한주민들의 자발적 발기와 동의가 매우 중요하다는 점을 고려하여, 이와 관련한 북한 상층 엘리트와 주민들을 대상으로 한 자발적 통일 분위기를 유도하는 선무작업을 해야 한다.

제5장. 결론

북한 급변사태 한반도와 동북아시아 안보에 막대한 파급력을 가지며 한반도 주변 국제관계 형상에서 가능성 있는 시나리오 중 가장 강력한 위기이자 기회이다. 북한 급변사태에 대한 시나리오와 그 대비방안에 대한 연구 및 논의는 급변사태를 다시 없는 통일의 기회로 삼기 위한 노력이기에 매우 중요하며 또한 시의적절하다고 할 것이다. 따라서 정부를 비롯한 각계각층에서 이러한 연구와 논의가 활성화되는 것이 필요하며 그 끝에는 항상 급변사태를 대비한 각 부문의 전략과 전술이 수립되어 있어야 할 것이다.

급변사태 발생 시 우리의 목표는 북한 지역을 안정화하여 통일의 기초로 삼는 것이다. 이를 위하여 군은 2009년부터 안정화사단에 대한 개념발전을 실시하였으며 현재까지 많은 발전이 있는 줄 안다. 그러나 안정화사단이 수행하는 안정화 작전의 개념이란 현재 민군작전과 민사작전의 배합 그리고 군사작전의 실시 정도에 그치고 있다. 급변사태 시 자유화지역에서 발생할 수 있는 많은 변수들을 대처하기에 현재 안정화사단의 규모와 개념의 모호성은 그 능력을 최대한 발휘할 수 없는 구조이고 안정화사단 주둔 이후에 전개될 대한민국의 행정기구 역시 충무9000 계획에 의거했지만 그에 따른 연습 내지 개념 발전은 모호한 실정이라고 알고 있다. 실제 연례 UFG훈련의 경우, 민간인이 알 수 있는 범위에서만 보건대, 군 외에 다른 정부기관의 자유화 지역에 대한 대비는 없다고 봐도 무방하며 2010년 국방부가 UFG훈련에 통일부 관계자들이 참석하여 자유화 지역에 대한 계획을 연습했다고 발표한 것을 통일부가 공식 부정한 예를 보아 정부부처 내에서도 북한 급변사태와 급변사태 시 계획에 대한 의견 불일치가 존재함을 알 수 있다. 이러한 상황에서는 범정부적인 자유화지역 안정화에 대한 계획이 수립될 수 없는 상황이므로 이를 부처 간 협의를 통해 개념과 계획을 정립해 나가는 동시에 군 주도의 안정화 작전과 통합작전을 위한 계획을 발전시킬 필요가 있다.

법적, 제도적 문제, 그리고 정부 내부에서의 의견 차이를 차치하고서라도 6·25 이후 단 한 번도 평화강제작전에 입각한 안정화 작전을 펼쳐본 경험이 없는 국군의 비전문성과 편제 규모로는 기계획된 안정화 작전이 국군 주도로 펼쳐지기는 무리일 것이라는 비관적인 전망이 우세하다. 모든 선행연구에서는 안정화 작전을 국군 단독으로 실행하는 시나리오는 거의 찾아볼 수 없었으며 미군의 지원 역할을 하는 수준으로 서술해 놓은 것을 볼 수 있다.

하지만 대한민국의 장차적 국익을 위해서 자유화 지역의 안정화 작전은 국군에 의해 주도적으로 진행되어야 한다는 신념과[27] 대한민국 국력의 신장

27. 미국의 전문가 집단에서는 북한급변사태시 미군은 일상적인 안정화 작전에 직접적으로 개입되기 보다는 지휘, 통신, 정보인프라, 난민 송환 등의 제한된 임무에의 참여만을 권고하고 있어, 안정화 작전 시 주요 민사업무는 한국군이 주도하여 실제 기능을 담당하지 않을 수 없을 것이다. Paul B. Stares and Joel S. Wit, 「Preparing for Sudden Change in North Korea」, 『Council Special Report No. 42』, (2009), pp. 21~22.

과 국군의 눈부신 발전은 수많은 안보분야와 국방분야에서 그 위세를 떨치고 있으며 이러한 기초적 역량에 의거하여 계획의 발전과 제도의 정비를 통해, 그리고 장비의 보충과 교육 훈련을 통해 한반도 통일의 초석이 될 자유화 지역 안정화 작전, 그리고 통합작전의 선두가 될 수 있을 것이라는 확신을 가지고 연구를 진행했다.

연구결과에 비추어 보건대 북한 급변에 따른 북한지역 안정화를 위한 각종 군사적 임무를 위해서는 북한 지역에 24만 명 정도의 병력이 투입되어 유지되어야 한다는 계산이 나온다.[28] 이 병력을 북한의 안정화 및 자유화 재건지원을 위한 실시간 단위의 최소 군사적 개입 규모라고 보면, 북한 유사시 투입될 수 있는 투입 군사규모는 25만 명 수준은 필요하게 된다.

한국군으로 투입소요 전원을 편성할 수 있는가는 한국군의 가용병력, 수행하는 임무의 난이도와 국제사회와의 협조방법에 따라 달라질 것이다.

한 가지 확실한 것은 한국이 북한급변 사태의 안정화와 자유화 재건을 주도함으로써 자유민주주의적 통일로 연결시키기 위해서는 가급적 최대 병력을 파견하는 것이 바람직하다. 이런 의미에서 현재 안정화 사단의 구성인 상비군과 예비군의 적절한 배합은 대량의 병력을 일시에 투입시키기에 적합한 구조이다. 예비군을 동원하여 병력 자원을 충원하여 완편된 국군이 안정화 작전의 주도적인 역할을 할 수 없을 것이라고는 생각하지 않는다. 다만 지금까지의 해외파병과는 다르게 자유화 지역에서의 안정화 작전은 평화유지작전이 아닌 평화강제작전이 될 것이며 이를 위한 실전적 훈련과 교리발전, 계획수립이 절실하다.

또한 전시 국가전략에 의거 안정화를 마친 국군이 행정기관에 자유화 지역의 행정권을 넘기는 시점을 민간인인 필자 입장에서 정확하게 알 수는 없

28. 본 연구 5P 15행

으나, 그 시기는 자유화 지역에서의 어떤 물리적 위협도 제거된 상태인 것은 자명한 바, 안정화 사단의 군정 권한을 대폭 확대하고 그에 따른 인력과 장비를 양성하고 배치하여 효율적이고 완전한 안정화 군정을 펼쳐야 할 것이다. 자유화 지역에서 모든 군사적 충돌이 종료되고 북한 주민들의 대규모 탈북이나 소요사태가 진정된 또는 발생하지 않은 상태에서 민정이양을 추진해야 할 것이며 그 기간 동안의 군정계획을 수립해야 할 것이다. 현재 수립되어 있는 계엄시행세칙 등이 좋은 예가 될 수 있을 것이라 사료된다.

또한 예멘과 베트남의 사례로 보듯이 주민 통합의 중요성은 역사적 사례로 남아 있으며 대한민국은 통일의 호기인 급변사태를 맞이하였을 때 민사작전과 민군작전, 안정화 작전 등의 실패로 그 기회를 잃는 우를 범하지 말아야 한다.

안정화 이후 기투입된 안정화사단의 주요 임무는 민군, 민사작전의 강화를 통한 북한 주민에 대한 대한민국 국민화 작업이며 이는 곧 남북주민 간 통합의 밑거름이 될 것이다. 이를 위해 기존의 민사대대에 기능을 확충하며 안정화 작전 이후의 계획 역시 세밀하게 다듬어 안정화 사단이 한반도 통일의 척후 역할을 할 수 있게 되어야 할 것이다.

〈참고문헌〉

1. 단행본

· 박관용, 『북한 급변사태와 우리의 대응』(한울아카데미, 2007)

· 김병섭, 『통일한국 정부론 : 급변사태를 대비하며』(나남, 2012)

· 정상돈, 『동독급변사태 시 서독의 통일정책』(한국국방연구원, 2012)

· 박영준, (The) common tasks for the republic of Korea and the United

· States for the denuclearization of North Korea(The Research Institue for National Security Affairs, Korea National Defense Universtity, 2011)

· 이춘근, 『북한 급변사태와 한국의 대응전략 : 정치 · 외교 · 군사 분야』 (한국경제연구원, 2011)

· 한국정치학회, 『한반도 급변사태 시 과제와 대책』(한국정치학회, 1997)

· 민족통일연구원, 『한반도 급변사태와 국제법』(민족통일연구원, 1997)

· 이정훈, 『연평도 통일론: 우리의 소원은 진짜로 통일인가: 담론 · 북한 급변 사태에 대비한 국방개혁』(글마당, 2013)

2. 논문 및 기타자료

· 김명기 '북한 급변사태시 한국의 개입에 따른 법적 문제'(민족통일연구원, 1997)

· 신천삼 '내 · 외부적 급변사태가 체제변화 및 붕괴에 미치는 영향: 북한사례와 한국의 대응방안을 중심으로'(고려대학교, 2008)

· 유호열 '정치 · 외교 분야에서의 북한 급변사태 : 유형과 대응방안', 『북한의 급변사태와 우리의 대응』(한울아카데미, 2007)

· 전경만 '북한 유사시에 대한 한국의 기본 정책방향과 과제' 『북한 유사시 사회 안정화 방안』(NDI , 2011)

· 차돌 '북한급변사태 시 안정화 작전에 대한 연구: 이라크 안정화 작전을 중심으로', 『군사논단 제 68호』

· 백승주 '북한 급변사태 시 대량살상무기통제 방안' 『북한 급변사태 시 최우선 대응방안』(NDI, 2009)

· 손광주 '북한특징의 급변사태와 대량 탈북 난민 예방 통제 정책', 『북한 급변사태 시 대량난민 발생전망과 대책』

· 김연수 '북한 급변사태 시 북한 안정화 방안'(NDI, 2009)

· 유동열 '북한 유사시 사회 안정화 방향' (NDI, 2013)

· James Quinlivan, Burden of Victory: The Painful Arthmetic of Stability Operations, RAND Review

· HQs, 「Department of the Army」, 『FM 3-07 Stability Operations and Support Operations』 (Washington: U. S. Army, 2003)
· 국방부 『2012 국방백서』 (국방부, 2012)
· 합동참모본부, 합동민군작전
· 합동참모본부, '민군작전', 『교육회장 07-3-10』
· 합동참모본부, '1장 - 안정화 개관', 『합동교범 3-2』
· 합동참모본부, '합동안정화 작전', 『합동교범 3-12』,(합참, 2010)
· 합동참모대학, 『대반란 작전(Coun『terinsurgency Operations)』(합참, 2010)
· Philip Sabin, 『Peace Support Operations』

제5회 최우수상

국방력 강화를 위한 한미동맹의 발전방향

육군사관학교 국제관계학과 **이 상 훈**

제1장. 서론

군사적인 분야에 국한되던 안보개념은 탈냉전시대 이후 포괄적 안보개념으로 확장됨에 따라 정치, 경제, 환경, 군사 등 여러 분야를 포함하고 있다. 그럼에도 여전히 안보분야에서 가장 핵심적인 요소는 군사 분야라고 할 수 있다. 군사 분야는 국가의 존립과 관계된 '사활적 이익vital interest'과 직접적으로 연관되기 때문이다. 그리고 국가는 사활적 이익을 지키기 위해 적정 국방력을 유지 및 강화하게 된다.

국가의 자율성 문제를 고려할 때 가장 바람직한 국방력 강화 방안은 스스로의 힘으로 국가를 지키는 자력방위일 것이다. 그러나 최근 북한이 실질적인 핵보유국으로 등장함에 따라 남북한의 군사력은 비대칭적 군사구조를 보이며 한국의 대남 억지력에 문제를 제기하고 있다. 더구나 무인정찰기가 발견되고 초계 중인 아군 함정 인근에 포격을 실시하는 등 북한의 대남 도발은 지속되고 있다. 지난 인천아시안게임 중 방한한 북한 인사들은 남북 고위급 회담의 개최에 합의하면서도 북한 총참모부는 대륙간탄도미사일을 포함한 노동미사일부대, 대포동미사일부대에 대해 이례적인 판정검열(전투태세검열)을

대대적으로 실시하였다.[1]

한국은 북한의 재래 및 비대칭 전력에 대비하여 타격순환체계인 '킬 체인Kill Chain'과 '한국형 미사일 방어체계KAMD'를 구축하는 한편, 사이버 공격에 대비하기 위해 국군 사이버사령부를 보강하고 있다. 그러나 이러한 대응에는 한계가 있다. 국가의 가용자원은 제한되어 있고 독자적인 대응은 국방딜레마Defense dilemma를 야기할 수 있기 때문이다. 이와 관련, 우리는 국방력을 강화하는 방안으로 한미동맹의 활용에 주목해야 한다. 미국은 막강한 국력을 바탕으로 세계 최고의 군사력을 갖추고 있는 국가이다. 미국의 전력을 제공받는 것은 우리의 능력을 강화하면서 동시에 억지력의 균형을 통해 북한의 위협을 낮출 수 있는 효과적인 국방력 강화방안이 될 수 있는 것이다.

그런데 동맹은 대내외적 환경요인에 따라 변화하며 미국의 대외군사전략의 변화는 동맹관계를 변화시킬 수 있다. 오바마 행정부는 '아시아로의 회귀Pivot to Asia'를 외치며 아시아 재균형 정책을 펼치고 있다. 주목할 점은 그 과정에서 미·일관계가 보다 돈독한 모습을 보이고 있다는 점이다. 미국이 일본의 집단적 자위권을 인정[2]하는가 하면 일본은 그동안 머뭇거리던 환태평양경제동반자협정TPP에 가입하였다. 이에 따라 미·일동맹의 중요성이 보다 부각되며 한미동맹의 미래에 대해 우려하는 목소리가 높다. 국내 언론들이 미·일관계의 발전과 한·일 간의 냉랭한 상황이 맞물리면서 한미동맹의 약

---

1. http://view.asiae.co.kr/news/view.htm?idxno=2014100609172471158 (검색일: 2014년 10월 6일).
2. 2013년 11월 20일 미국의 국가안보보좌관 수잔 라이스Susan Elizabeth Rice는 조지타운대학교에서의 강연에서 집단적 자위권을 명시한 미·일 안보가이드 개정, 일본의 국가안전보장회의(NSC) 창설 등을 언급하며 "(일본 측 NSC 파트너와의) 협의가 기대된다."고 직접적으로 기대감을 드러냈다. http://article.joins.com/news/article/article.asp?total_id=13203365&cloc=olink|article|defaul (검색일: 2014년 9월 23일).

화를 우려하고 있다.[3]

이 논문은 한미동맹의 영향 변수로 미·일 관계에 주목하고 한국의 국방력 강화를 위해 한미동맹의 발전 방향을 제시하는 데 목적이 있다. 이를 위해 본문은 세 장으로 구성하였다. Ⅱ장에서 연구의 이론 틀로 안보 달성 방식을 제시하고 국방력 강화 방안으로 동맹의 장점을 제시할 것이다. Ⅲ장에서는 한미동맹의 변화 양상을 각 단계별로 살펴보고 각 단계에서 영향요인을 분석할 것이다. Ⅳ장에서는 최근 영향요인의 변화를 설명하고 이에 따른 한미동맹의 발전방향을 제시할 것이다. 연구방법으로는 단행본, 학술지, 논문, 언론 자료들을 중심으로 문헌 연구방법을 활용하였다.

II. 안보 달성을 위한 이론적 고찰

1. 안보능력과 안보전략

국가는 일반적으로 국가이익의 보호 및 증진을 위해서 다양한 수단과 자원을 동원하게 되며 이때 국익을 달성하는 방법이 국가전략에 해당된다. 국가전략은 분야에 따라 안보전략, 경제전략, 외교전략 등 다양하게 분류할 수 있다. 그중 안보전략은 '국가의 안전보장을 달성하기 위해 안보능력의 범위 내에서 가용 자원, 수단을 활용하는 국가의 행동계획'으로 규정할 수 있다.[4] 부잔Barry Buzan에 따르면, 이러한 안보전략은 국가안보전략과 국제안보

3. http://www.newdaily.co.kr/news/article.html?no=177969 (검색일 : 2014년 10월 13일); http://news.heraldcorp.com/view.php?ud=20131029000429&md=20131101004820_BK (검색일 : 2014년 10월 13일).
4. 황진환 외, 『군사학개론』(서울: 양서각, 2011), p.109.

전략으로 구분된다.[5] 국가안보전략은 국가의 통제 내에서 취약한 부분에 대한 능력을 높이는 방법으로 자력방위, 동맹이 있으며, 국제안보전략은 정치적 행위를 통해 위협을 축소하는 방법으로 집단안보, 군비통제 등이 있다.(〈그림 1〉 참조)

〈그림1〉 국가전략과 안보전략

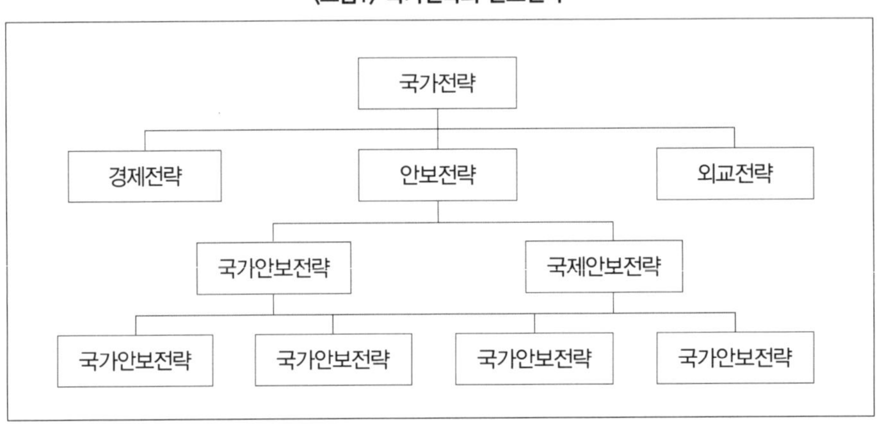

국가는 이러한 여러 전략 중에서 대내외 환경과 가용자원을 고려하여 가장 적합한 안보전략을 선택하게 된다. 따라서 국가마다 안보전략과 안보달성 방식은 상이하게 나타나며, 안보의 달성 여부는 능력과 위협의 관계로 평가하게 된다. 자력방위와 동맹은 능력을 높이는 방법이라면, 집단 안보와 군비통제는 위협을 낮추는 방법인 것이다. 이러한 전략을 적절히 혼용하여 능력이 위협과 같거나 혹은 그 이상일 경우에 안보는 달성되는 것이다.

그런데 각각의 안보전략은 장점과 단점을 가지고 있다. 자력방위는 타국의 간섭이나 보호 없이 스스로 안보를 책임지기 때문에 가장 큰 장점은 국가 자율성을 보장받을 수 있다. 하지만 외부 위협의 정도와 국가가 보유한 자원의

5. 위의 책, p.111.

제한 때문에 안보딜레마Security dilemma[6]와 국방딜레마Defense dilemma[7]라는 두 가지 한계에 부딪힐 수 있다. 집단안보는 국제연합과 같이 다수의 국가와 연합하여 능력을 높일 수 있지만, 국가 간의 이해관계가 상충될 때 집단제재가 이루어지지 않는다는 점에서 실효성이 부족하다는 단점이 있다. 군비통제는 국방딜레마를 피할 수 있으며 양국 간 합의를 통해 위협을 감소하는 방식이기 때문에 평화분위기를 조성할 수 있다는 장점이 있다. 그러나 잠재적국 간의 군비통제는 상호 신뢰부족으로 인해서 그 실현가능성이 낮다는 문제가 있다.

2. 국방력 강화와 동맹

그렇다면 우리는 어떠한 안보달성 방식을 활용하여 국가안보를 달성할 것인가? 정전停戰 후 61년이 지났지만 여전히 한반도는 북한의 도발로 인한 위협을 받고 있다. 우리는 그동안 스스로 국방력을 키우기 위해 노력해 왔다. 1970년 국방과학연구소를 설립하여 국방에 필요한 무기의 연구, 개발 및 시험평가를 통해서 국방력을 강화하여 왔다. K-2소총, 흑표 전차, 수리온 공격헬기, 현무미사일 등은 우리 기술력으로 개발한 대표적 무기들이다. 이와 함께 우리는 1990년대 이후 남북군사회담 개최를 통해 위협을 줄이는 방식도 시도해 보았다. 그러나 북한은 정전협정 및 남북기본합의서 부인, 주한미군 문제의 거론, 김일성 조문 주장 등 정치적 이유를 들어 회담을 파행해 왔으며 2011년 이후 군사회담은 공전 중에 있다.[8] 이러한 가운데 북한의 군

---

6. '안보딜레마'는 현실주의 패러다임에 기초한 개념이다. 어떤 국가가 자국의 안보를 추구하기 위해서 전력을 강화시키면, 그것에 위협을 느낀 다른 국가 또한 전력을 강화한다. 그렇게 되면 상대적으로 전력을 강화하기 위한 행위가 계속 반복이 되면서 무한 군비경쟁의 상황이 일어나게 된다.

7. '국방딜레마'란 국가의 예산에 관한 문제이다. 국방력을 강화하기 위해서 국방 분야에 예산을 집중하는 경우 중장기적으로 불균형적인 모습이 나타나고 국가체제의 위기가 도래한다. 그에 따라 국방분야에 대한 자원 또한 제한되게 된다.

8.. 황진환 · 정성임 · 박희진, 「1990년대 이후 남북 군사분야 회담 연구 : 패턴과 정향」, 『통일정책연구』 제19권 1호, 2010, p.9.

사적 능력과 대남 위협은 보다 강화되었다. 북한은 2012년 은하 3호 발사와 2013년 3차 핵실험으로 실질적인 핵보유국이 되었다. 또한 사이버부대, 특수부대 등과 같은 비대칭전력을 중심으로 전력을 육성하고 있으며 재래식전력과 더불어 안보 위협으로 다가오고 있다. 이런 상황에서 우리가 주목해야 할 것은 동맹을 활용한 안보달성 방식, 즉 한미동맹이다.

한국의 국방력 강화에 한미동맹이 갖는 장점으로는 크게 세 가지가 있다. 첫째, 국방딜레마를 보완할 수 있다. 절대적인 군사력을 증강시키지 않아도 유사시 협력하는 국가의 전력을 지원받을 수 있기 때문에 과도한 군사비의 지출을 막을 수 있다. 우리나라는 한미동맹을 통해 안보지원을 받으면서 안보비용을 획기적으로 절감하고 있다. 주한미군이 보유하고 있는 장비와 탄약 등 순수 자산 가치는 약 150억 달러이고 비축물자는 약 300억 달러 이상이다. 유사시 전개되는 증원전력에 대한 소요 예산은 약 2,500억 달러(270조 원)에 달한다.[9] 특히 미군전력에 의존하는 필수적인 정보자산들에 대해서는 동맹을 통해 얻지 않는다면 국방비를 통해 자체적으로 개발해야 하는데 이는 상당한 비용을 필요로 한다. 하지만 동맹을 통해서 지출을 최소화하고 다른 분야에 자산을 운용하면서 효율적인 국방력 강화를 꾀할 수 있다.

둘째, 미국은 세계 최강의 군사력을 가진 국가이다. 미국의 국방비는 6,936억 달러로(2010년 기준), 764억 달러로 뒤를 잇는 중국보다 9배 이상이 많으며 GDP대비 국방비가 4.77%에 달한다.[10] 또한 주변 국가들과 군 전력을 세부적으로 비교해보았을 때도 우위에 있음을 알 수 있다.[11] 현재 우리나라는 미국의 정보자산에 크게 의존하고 있다. 첩보위성, U2정찰기, 통신감청장비 등 첨단 정보자산들은 효과적으로 북한전역을 감시할 수 있다. 뿐만

9. 대한민국 국방부, 『정신전력 기본교재』(서울: 대한민국국방부, 2013), p.180.

10. 위의 책, p.288

11. 이에 대해서는 위의 책 pp.286-287의 〈주변국의 군사력 현황〉 표를 참고할 것.

아니라 미국은 핵무기와 같은 비대칭 전력에 대해서도 효과적으로 대응할 수 있는 전력을 갖추고 있기 때문에 우리나라가 자력방위를 하지 않으면서도 능력을 충분히 높일 수 있다는 장점이 있다.

셋째, 미국이라는 패권국과의 전략적 동맹은 북한에 대한 억제력에 실효성을 가질 수 있다. 북한 역시 미국이 압도적인 전력을 보유하고 있다는 것을 알고 있다. 그렇기 때문에 북한이 선택할 수 있는 도발의 종류 및 강도는 제약받을 수밖에 없다. 미국과 동맹 자체가 북한의 위협을 줄일 수 있는 장점이 있는 것이다. 미국 상원외교분과위원회는 한미상호방위조약에 대해서 '조약의 목적은 어느 한 국가라도 무장공격을 받으면 평화와 안전에 대한 위험스러운 것으로 간주하고 자국의 헌정 절차에 따라 위험에 대처하는 행동을 할 것임을 잠재적 침략자들에게 명백히 경고함으로 태평양지역에서 침략을 억제하려는 것이다'라고 표현한 바 있다.[12] 이러한 이유들 때문에 우리는 한미동맹에 주목해야 한다.

그런데 동맹은 고정되어 있지 않다. 안보전략은 국가 이익을 보다 효율적으로 추구하기 위해 사용되기 때문에 주변 상황이 변화할 경우에는 동맹의 성격도 상황에 맞게 변화한다. 공동의 위협이 강화되거나 동맹국의 전략적 가치가 높아질 경우 동맹은 지속, 강화되고 반대로 위협이 약화되거나 동맹국의 전략적 가치가 떨어질 경우 동맹은 약화, 소멸한다. 동맹이 변화하는 것을 알고 이를 제대로 활용해야 동맹의 장점을 극대화할 수 있다. 이제 한미동맹이 어떻게 변화하였는지, 변화요인에 주목하여 살펴보도록 하자.

---

12. 정천구, 「한국의 안보딜레마와 한미동맹의 가치」, 『통일전략』 제12권 제3호(2012), pp.19-20.

제3장. 한미동맹의 변화양상과 변화요인

제1절. 한미동맹의 단계별 전개

한미동맹은 1953년 한국전쟁의 휴전과 한미상호방위조약의 체결로 시작되어 지금에 이르고 있다. 동맹의 변화를 구분하는 기준은 다양하다. 예를 들어, 자주성과 대미 의존성의 관계[13], 군사주권[14] 등 한국의 자율성에 초점을 맞추거나 미 대통령과 행정부의 특성[15] 등 미국에 초점을 맞춘 분류가 있다. 본 논문에서는 한미동맹을 자주성과 대미의존성을 기준으로 구분하고자 한다. 그 이유는 이 연구의 목적이 한미동맹의 변화요인으로 미일관계를 주목하기 때문이다. 미일관계의 변화는 미국의 전략변화와 밀접하게 연관되어 있으며 전략변화는 대외변수와 관련이 있다. 자주성과 대미 의존성의 관계를 기준으로 살펴보게 되면 미국의 전략변화와 대외변수 간의 관계를 중심으로 살펴보기 용이하다. 한미동맹의 변화는 군사원조기부터 전환기까지 총 다섯 단계로 나뉜다. 각 시기에 동맹에 영향을 준 요인들 중 특히 미국의 전략변화와 대외환경요소의 변화를 중심으로 살펴볼 것이다.

가. 군사원조기: 1950년대 ~ 1960년대

이 시기 한미동맹은 한국이 자국 안보를 미국에 크게 의존하는 전형적인 불균형 균등자 관계이다. 한국전쟁 후 한국은 자력으로 무기체계와 군사력을 발전시킬 여건이 조성되어 있지 않았다. 이에 따라 미국은 한국 측에 무상원조사업, FMSForeign Military Sales 등의 도움을 제공하였다.[16] 이러한 일방적

---

13. 육군사관학교, 『新 국가안보론』(서울: 박영사, 2014), pp. 98-103; 한용섭,『국방정책론』(서울: 박영사, 2013), pp. 277-290.
14. 김기정, 「군사주권의 정체성과 한미동맹의 변화」, 『국방정책연구』제24권 제1호(2008), pp.11-16.
15. 김일수, 「미국의 안보정책 변화와 한미동맹」, 『한국국제정치학회 기타간행물』(2011), pp.2-17.
16. 한국경제연구원, 앞의 책, p.48.

원조에서 벗어나 1960년대에서는 일부 변화가 나타난다. 당시 미국은 자유민주주의 진영의 주도국으로 소련을 중심으로 확장되고 있는 공산주의 사상에 대응, 견제하는 군사전략을 펼치고 있었다. 그런데 1960년대 베트남전쟁에서 미국은 의외의 고전을 겪었고 미국의 전투병 파병요청에 한국이 난색을 표하면서 '포기'의 위협을 느끼기도 하였다. 그러나 협상을 통해 한국이 단계적 파병에 나서는 반면, 미국은 한국군 전력증강을 위한 무기지원과 방산기술의 협력을 추진했다. 이에 한국이 응하면서 양국은 일방적인 동맹관계에서 벗어나기 시작했다.

동맹에 영향을 미친 변수는 북한의 위협을 재인식하는 미국의 전략변화와 냉전 상황이라는 대외환경변수이다. 전자는 양국이 북한이 공동의 위협임을 인식하고 한미기획단 창설, 한미 장관급 회담 개최와 같은 결과를 이끌어 내며 한미동맹이 보다 적극적으로 작용하는 방향으로 변화하는 데 영향을 주었다.[17] 후자는 동맹이 체결될 당시부터 이 시기동안 변하지 않은 변수로 계속적으로 위협으로 작용하며 동맹을 강화하는 데 영향을 미쳤다.

나. 자주국방 모색기: 1970년대

자주국방 모색기는 한국 스스로 전력증강사업에 적극적으로 나서며 국방의 자주화를 모색한 시기이다. 이 시기의 동맹은 그 목적과 혜택의 상이성이 뚜렷한 이종이익동맹이다. 한국은 북한의 남침을 억제하는 것이 목적이지만 미국의 경우는 소련의 팽창 억제에 보다 초점을 맞추고 있다.

한국이 자주국방을 모색하게 된 배경에는 미국의 정책변화가 자리하고 있었다. 미국은 베트남전에서의 실패로 국내외적인 반발에 부딪혔고 이러한

17. 신승규, 「한미동맹 변화요인과 정부성향별 영향분석」, 경기대학교 정치전문대학원 박사학위논문 (2010), p.50.

가운데 닉슨 대통령은 1969년 '아시아의 방위는 아시아인의 손으로'라는 '닉슨 독트린'을 발표했다. 이에 따라 주한미군의 철수 및 감축 계획이 수립되어 실제로 1971년 3월 7사단 병력 2만 명이 철수하였고, 1978년에는 2사단 병력 3,400명이 철수하였다.[18] 이에 한국은 안보에 위협을 느끼게 되며 자주국방을 모색하게 된 것이다.

하지만 한국 측의 반발, 소련의 팽창의도, 북한의 군사력 등을 이유로 주한미군 철수는 결국 취소되었다.[19] 우리나라는 이때 율곡사업을 시작했고, 주한미군의 장비이양, FMS차관 추가 제공을 받았다. 비록 전반적으로는 한미동맹이 갈등을 겪은 시기이지만 신냉전시대의 전개와 북한에 대한 공고한 한미동맹의 모습을 보여주기 위해 1978년 한미연합군사령부 창설 등으로 한미동맹은 연합방위태세를 갖추기도 하였다.

이 시기에 주요 변수는 미국의 군사전략으로 닉슨독트린과 주한미군 철수, 대외환경변수로 소련과 북한의 위협 강화, 신냉전시대가 있다. 전자는 자주국방 모색기의 동맹의 변화에 대해 주로 영향을 준 요소이다. 미국이 주한미군을 철수하는 움직임을 보이면서 동맹의 결속 정도는 약화되는 양상이 나타났다. 후자는 한미동맹이 강화되는 요인으로 작용하였다. 두 변수 모두 동맹의 변화에 많은 영향을 주었지만 우리나라가 자주국방 모색기를 겪는데 미국의 전략변화가 보다 핵심적인 요인으로 작용하였다.

다. 동반자적 협력기: 1980년대

동반자적 협력기는 한미동맹의 중요성이 증대되고 협력이 활발히 이루어지며 양자관계가 동반자 관계로 전환하는 시기이다. 동반자적 협력관계가

---

18. http://news.heraldcorp.com/view.php?ud=20140326001211&md=20140329005011_BK (검색일 : 2014년 10월 14일).
19. 육군사관학교, 앞의 책, p.99.

이루어지게 된 배경으로는 소련의 아프간 침공으로 데탕트가 깨지고 신냉전이 시작되면서 한반도에서 한미동맹이 중요해졌다. 공동의 위협의 증가는 미국의 동맹국가에 대한 지원으로 나타났고 한미동맹은 강화되는 방향으로 변화되었다. 레이건 대통령의 취임 이후 미국은 소련에 우위를 점하기 위해 우방국들과의 군사적인 관계를 강화하면서 적극적인 억제전략을 펼쳤다. 그 일환으로 양국은 군수지원체계를 확립하고 주한미군의 철수계획을 백지화하는 한편, 미국의 대소 강경정책을 통해 대북 억지력을 강화했다.[20] 양국의 군사적인 협력은 내실화되었지만 미국의 동맹정책은 변화했다. 당시 미국의 재정상황이 악화된 반면 한국은 급속한 경제성장을 했다. 이는 미국이 동맹을 재평가하는 기반이 되었으며, 한미동맹의 성격은 일방적 보호관계에서 상호보완적 관계로 변화하였다. 그러면서 한국은 일방적인 지원 대상국에서 벗어나 선진국 수준으로 격상되었고 미국은 한국에 대해 FMS차관의 중단 및 방위비 분담을 요구하였다.[21]

이 시기의 변수는 미국의 전략으로 동맹국과의 적극적 협력 및 군사지원 정책의 변화, 대외환경으로 소련의 아프가니스탄 침공에 의한 신냉전시대가 있었다. 대외환경이 공동의 위협이 증가하는 방향으로 변화함에 따라 미국의 전략은 동맹국과의 적극적인 공조로 변하였고 이는 한미동맹이 이전 시기보다 협력하고 강화된 모습이 나타나는 데 영향을 주었다. 대외환경의 변화가 미국의 전략이 변화하는 데 영향을 주었으므로 이 시기에서는 대외환경이 보다 중요한 요소로 작용하였음을 알 수 있다.

라. 방위책임 분담기: 1990년대

방위책임 분담기의 한미동맹은 협력의 단계를 넘어 방위책임을 분담하며

20. 한국경제연구원, 앞의 책, p.51.
21. 위의 책, pp.51-52.

한국의 자주적인 위상이 강화된 시기이다. 이전 한미관계에서 한국의 국력 약화로 '포기의 딜레마'를 우려했다면, 이제는 동맹의 강화를 위해 '연루의 딜레마'도 고려할 정도로 상호보완적인 관계가 되었다. 1994년 평시 작전통제권이 한국군에게 이양되었고 주한미군에 대한 방위비 분담비율이 계속 증가 추세에 있다. 또한 넌-워너 수정안Nunn-Warner Amendment[22]과 동아시아 전략보고서가 제출되면서 탈냉전에 따른 변화된 소련의 위협에 대해 국방예산을 삭감하고 아태지역의 주둔군을 축소하는 의견이 대두되었다.

변화요인으로는 탈냉전이 대외변수로서, 미국의 전략변화로는 대외변수에 의한 미국의 동아시아전략구상이다. 냉전 상황에서 가장 위협적인 경쟁자였던 소련이 붕괴하면서 공동의 위협이 없어졌다. 위협이 감소하였기 때문에 미국은 이전과 같은 수준의 군사력을 유지할 필요성이 감소하였다. 이에 따라 동아시아전략구상을 통해 국방전력을 삭감하고 소련을 경계하기 위해 아시아지역에 배치하였던 주둔군을 철수시키는 전략을 세웠다. 동아시아전략구상에 따라 우리나라에 대한 미국의 재평가가 이루어졌고, 미군의 역할이 한국군에 이양되어야 한다는 계획들이 발표되었다. 그로 인해 우리나라가 보다 자주성을 가지는 방향으로 한미동맹이 변화하였다. 방위책임 분담기에서는 탈냉전이라는 대외변수의 영향에 따라 미국의 전략이 변화하였고 그 변화가 한미동맹의 양상을 바꾸었기 때문에 대외변수가 동맹의 변화에 보다 영향을 주었다고 할 수 있다.

마. 전환기: 2000년대 이후

최근 안보개념의 확대에 따라 한미동맹은 포괄적 전략동맹으로 변환을 시

---

22. 주한미군 재조정에 대한 내용으로 이는 한국경제연구원, 「한미동맹의 형성 및 변화 결정요인 분석과 향후 전망」, 2008, p.53의 〈표6〉을 참고할 것.

도하고 있다. 이는 동종 이익동맹을 지향하는 것으로 가치 동맹, 신뢰 동맹, 평화추구 동맹의 세 가지가 그 키워드이다. 국가이익을 넘어선 보다 높은 가치에 기반을 둔 동맹, 군사 분야 외에도 다양한 분야에 대한 공동의 이익을 모색, 한반도의 평화 안정에서 나아가 지역안보 및 범세계적 안보달성에 기여하는 동맹을 말한다.[23]

한국방위의 한국화를 위한 노력으로 전시작전 통제권 전환에 대한 논의가 이어졌고 시일이 결정되었지만 계속적으로 전환 시기를 연장하고 있다. 미국 해외주둔군 재배치계획Global Posture Review 또한 한국의 주도적인 방어태세에 영향을 주었다. 미국은 재정압박 및 위협의 대상이 불확실해져 가는 추세에 따라 세계의 안보를 담당하는 역할을 보다 효율적으로 수행하기 위한 방법을 모색하였다. 이에 세계 각국에 주둔하는 미군들의 위치를 조정하였고 주한미군도 이런 일환으로 기지의 위치를 평택을 중심으로 조정하였다.

전환기는 이전 방위책임 분담기에서 형성되었던 상호보완적인 관계가 계속 유지, 발전되어 가고 있는 단계이며 동맹의 방향은 자주성을 늘리고 대미의존성을 낮추는 방향으로 나아가고 있다. 전환기 역시 외부 요인인 위협의 범위가 확대됨에 따라서 미국의 전략이 영향을 받고 동맹에까지 영향을 주는 것을 알 수 있다.

제2절. 한미동맹의 변화요인

지금까지 한미동맹을 다섯 개의 시기로 나누어 살펴보았다. 각 시기에서 설명한 동맹의 성격, 동맹의 변화요인을 정리하면 다음 표와 같다.

---

23. 육군사관학교, 앞의 책, p.105.

〈표2〉 한미동맹의 성격과 변화요인

시기 구분(연도)	한미동맹의성격	동맹의 변화요인		주요 변화요인
		미국의 전략	냉전	
군사원조기 (1950~1960년대)	이종이익동맹	반공 북한 위협 재인식	냉전	전략변화
자주국방 모색기 (1970년대)		닉슨 독트린 주한미군 철수	소련과 북한의 위협 강화	
동반자적 협력기 (1980년대)	동종이익동맹으로의 전환 강화	동맹국과의 적극적 협력	소련의 아프가니스탄 침공	대외변수
방위책임 분담기 (1990년대)	상호보완관계 강화	동아시아전략구상	탈냉전	
전환기(2000년대)	동종이익동맹	해외주둔군 재배치전략(GPR)	위협요인의 다양화	

시기별로 변화요인을 분석해보면, 초기에서 현재에 가까워지면서 대외변수를 중심으로 작용하되 두 요인이 긴밀히 연관되어 있음을 알 수 있다. 대외변수가 위협요인을 변화시켰고, 그 변화가 다시 미국의 전략을 변화시키며 그 틀에서 동맹과의 관계에도 영향을 미치는 방향성을 가지고 전개된 것이다.

군사원조기와 자주국방 모색기는 미국의 전략이 보다 큰 영향을 미쳤다. 이 시기는 냉전기라는 공통점이 있으며 한미동맹은 이종이익동맹, 그리고 전형적인 불균등 행위자 관계가 나타난다. 차이점은 미국의 전략이 일부 변화하며 한미동맹이 변화의 시기를 맞게 된 점이다. 자주국방 모색기에서는 시기 내에서 동맹이 변화하는 모습을 보였지만 군사원조기에서는 변화가 거의 없었다.

하지만 동반자적 협력기부터는 대외변수에 따른 위협의 변화가 더 큰 영향을 주기 시작했다. 그리고 한미동맹은 동종이익동맹으로 변화하는 과정을 겪었다. 동반자적 협력기에는 신냉전 등 공동의 위협이 증가하면서 그에 따른 전략의 변화로 인해 동맹관계도 보다 적극화되었다. 반면, 방위책임 분담기에서 반대로 위협이 감소하면서 미국의 동맹전략이 변화하고 이에 따라 동맹의 성격, 그리고 한국의 방위책임이 증가되는 모습을 보인다. 이러한 특징은 한미동맹의 유지 및 강화에는 대외 환경적 요인, 그리고 이에 따른 미국의 전략변화 여부가 크게 영향을 주었음을 보여준다.

제4장. 한미동맹의 발전방향

제1절. 최근 영향요인의 변화

최근 한미동맹에 영향을 주는 요인으로 환경요인의 변화에 따른 미국의 전략변화를 들 수 있다. 동북아에서 중국의 부상과 미국의 재정지출 감소가 맞물리며 미국의 전략변화를 가져왔고 이는 미일동맹 강화로 구체화되고 있다.

먼저 중국은 급격한 경제성장에 따라 미국의 패권에 대항할 만한 대국으로 떠오르고 있다. 1978년 경제개혁 및 개방조치 이후로 연 9%에 상회하는 경제성장을 달성했으며 2010년에는 일본을 제치고 GDP 규모 세계 2위를 차지하며 'G2'라고 불린다. 2007년 골드만삭스Goldman Sachs보고서에 의하면 2027년 내에 중국의 GDP가 미국을 추월할 것이라는 전망이 있다.[24] 이러한 국력 강화는 군사부문에서도 나타나고 있다. 일본 동경재단의 보고서는, 중국의 국방비가 2025년이면 미국과 경쟁할 수 있는 정도의 수준까지 도달할 것이라고 전망한다.[25] 실제 신무기 구입예산이 2005년에는 291억 달러에 달하며 점차 확대되고 있고, 항공모함 건조, 위성무기 개발 등을 통해 해상

24. 박병철, '미중관계와 한미동맹', 『통일전략』 제12권 제3호(2012), p.7.
25. 위의 책, pp.9-10의 〈표-2〉 미국과 중국의 국방비 지출 비교(2010-2030)을 참고할 것.

거부능력, 미국의 정보우위에 도전하고 있다.[26] 2009년에는 방산 총 수출액이 미국, 러시아, 영국에 이어 4위인 38억 달러에 달하며, 유럽 각국과 인공지능을 갖춘 첨단무기와 장거리 전략폭격기, 최신형 전투기 등을 협상 또는 구매 계획을 가지고 있다.[27] 중국이 세계의 패권국가로 부상할 수 있는 기반이 마련된 것이다.

문제는 이러한 중국의 국력 성장이 동북아질서와 연관되어 불안요인으로 작용하고 있다는 점이다. 동아시아에서 패권 경쟁이 본격화될 가능성이 높고 이는 미중 또는 중일 사이에서 발생할 가능성이 높다.[28] 실제 중국은 이미 주변국과 파라셀 군도, 난사군도, 센카쿠 제도/댜오위다오 분쟁과 같은 영토문제 갈등을 빚고 있으며, 국제 해양법을 적용하는 과정에서 당사국 간 갈등 심화 및 합종·연횡이 일어날 가능성이 크다.[29] 특히 중국과 일본과의 영토분쟁은 그 대표적인 경우이다. 2011년 중국의 해군기 2대가 센카쿠 열도 상공에 접근함에 따라 일본 자위대가 전투기를 긴급 발진한 예가 있다.[30] 이외에도 중국이 일본 전역을 타격할 수 있는 초정밀 순항미사일을 실전 배치했다는 분석이 나오면서 분쟁이 심화되는 모습을 보인다.[31] 이러한 중국의 부상은 미국의 패권을 위협할 만한 외적인 요소로 작용하여 미일관계가 돈독해지는 데 영향을 주었다.

---

26. 위의 책, p.11.
27. 황재호, '시진핑 시대 중국의 군사력 평가와 전망', 『전략연구』 제62권(2014), p.15.
28. 한국전략문제연구소, 『2013 동아시아 전략평가(KRIS)』, 2013, p.7.
29. 위의 책, p.10.
30. http://news.naver.com/main/read.nhn?mode=LSD&mid=sec&sid1=104&oid=003&aid=0003721691(검색일: 2014년 10월 16일).
31. 기사에 따르면 중국은 창젠-10 미사일을 실전배치하였다. 이 미사일은 사거리 1500km로 일본전역을 공격할 수 있다. 미국의 싱크탱크인 프로젝트2049연구소는 중국이 이를 통해 일본 또는 대만과 군사적 충돌이 발생할 경우 미군이 개입하기 전에 상황을 장악하는 전술적 목표를 달성하려 하고 있다고 분석했다. http://news.naver.com/main/read.nhn?mode=LSD&mid=sec&sid1=104&oid=422&aid=0000050 772 (검색일: 2014년 10월 16일).

반면, 미국은 2013년 3월에 '시퀘스터'[32]를 발동하였다. 이에 따라 미국은 그해 7개월 동안 예산 850억 달러를 감소했고 그 절반이 국방부 예산이었다. 향후 10년간 1조 2천억 달러의 삭감예정액 중 국방비는 5천억 달러에 달할 것으로 보인다.[33] 척 헤이글Chuck Hagel 미 국방장관은 언론을 통해 "국방예산 삭감은 훈련과 대비태세에 심각한 영향을 줄 것이다"라고 언급[34]하는 등 미국 내부에서도 군사력 약화에 대한 우려의 소리가 높다. 2012년에 미국은 아태지역 중심의 전략 추진을 발표하면서 미 해군 및 공군의 60%를 아태 지역으로 배치하겠다고 하였다.[35] 하지만 재정 감소는 이러한 전력배치에 변화나 차질을 불러올 수 있다. 또한 동맹관계에 있어 미국의 역할 축소 및 동맹국의 역량을 확대할 필요성을 의미한다.[36]

중국의 부상과 미국의 재정 감소는 동북아에서 미일동맹의 강화로 구체화되고 있다. 보통 국가화를 지향하는 일본은 미일관계에서 보다 적극적이다. 아베수상은 2013년 2월 정상회담에서 '미일동맹의 강화는 일본 외교의 기축'이라는 입장을 밝히며 미일동맹을 위한 일본의 책임을 적극 수행한다는 입장을 표명하였다.[37] 이와 함께 미국도 아태 지역에서 역할을 분담할 주요 파트너로 일본에 주목하며 미일관계가 보다 강화되고 있다.

우리가 미일관계에 주목해야 하는 까닭은 미일동맹은 역사적, 국가이익 차원에서 한반도와 밀접하게 연관되어 있기 때문이다. 우선 미일동맹은 한

32. '시퀘스터'란 Sequestration의 줄임말로 1985년 미 의회에서 제정된 '균형예산 및 긴급적자 통제법'에 의하여 예산과정에 강제관리의 규정은 둔 제도이다. 지출 예산을 당초에 설정된 적자 목표에 따라 자동적으로 삭감하는 것이다.

33. http://www.ytn.co.kr/_ln/0104_201302181145052552 (검색일: 2014년 10월 16일).

34. http://news.tvchosun.com/site/data/html_dir/2013/03/02/2013030290071.html (검색일: 2014년 10월 15일).

35. 한국전략문제연구소, 앞의 책, p.8.

36. 위의 책, p.61.

37. 김두승, '아베정권의 미일동맹정책과 한국의 안보', 『한일군사문화연구』 제16권(2013), p.10.

미동맹과 미국과 공통적으로 관련되어 있고, 북한이라는 위협 요소를 같이 하고 있는 '유사 동맹Quasi alliance' 관계에 있다.[38] 이는 한미동맹과 미일동맹이 서로 비슷한 역할과 성격을 지니고 있어서 그 가운데 있는 한국과 일본도 동맹관계와 마찬가지라는 의미이다. 또한 유사시 주일미군이 한반도로 투입되는 등 미일관계는 한국과 동떨어진 관계는 아니다.

2013년 10월 미국은 미일 안전보장협의위원회 회의에서 우리가 민감하게 반응할 수 있는 일본의 집단적 자위권[39]을 인정하였다. 또한 일본은 아베 총리의 취임 후 그동안 주저하던 TPP 가입협상에 박차를 가했다. 그리고 2014년에 예정되었던 후텐마普天間 미군 기지의 반환을 2022년 이후로 연기하기로 합의하기도 하였다. 2014년 10월 9일 양국은 이른바 '가이드라인'이라고 알려진「미일방위협력지침」을 발표했다. 한마디로 양국의 필요성에 따라 안보협력이 보다 강화되고 있으며 일본이 동북아 안보의 중심국가가 되고 미국이 지원하는 형식이 될 가능성이 있다.[40]

이와 같이 미일관계가 급진전된 반면, 한미관계는 일부 지연되는 모습을 보인다. 예를 들어, 원자력 협정, 방위비분담에 대해 양국은 좀처럼 의견을 쉽게 모으지 못하고 있다. 원자력 협정과 관련, 한국은 사용한 핵연료의 재처리 인정을 요구하였으나 미국이 반대하며 난항을 겪고 있다. 협상은 2010년 8월부터 진행되었지만 진행속도가 느려 기존협정의 만기를 2016년 3월로 늦추었다. 현실적으로 올해 안에 협상이 이루어져야 하지만 타결 가능성이 그리 높지 않다.[41]

---

38. 정성윤, '미일동맹과 한국의 안보',『전략연구』통권 제50호(2010), pp.18-19.
39. 집단적 자위권이란 유대관계를 가진 국가가 제3국으로부터 공격을 받았을 때, 자국에 대한 공격으로 간주하여 자위권을 행사할 수 있는 것을 말한다.
40. http://www.nocutnews.co.kr/news/4101277 (검색일 : 2014년 10월 11일).
41. http://www.newsis.com/ar_detail/view.html?ar_id=NISX20140925_0013193250&cID=10101&pID=10100 (검색일: 2014년 9월 28일).

방위비 분담의 경우, 한국은 2014년 6월 18일 방위비 분담 특별협정에서 약 9,200억 원에 달하는 이행약정에 서명하였다.[42] 최근 10년간 한국의 방위비 분담 비율은 큰 폭으로 증가하였다.[43] 2005년에 6,804억 원이었던 분담비용은 2014년에 9,200억 원에 달하며, 증가율을 고려했을 때 2017년부터는 분담액이 1조원을 넘어설 것으로 예상된다. 이번 제9차 분담금협상에 있어서 미국이 애초 요구했던 액수는 1조 원을 넘는 규모였다. 합의는 되었지만 협상과정에서 상당한 난항을 겪었던 만큼 방위비 분담문제는 양국 간에 예민한 이슈가 될 것이다.

이와 함께 한국은 일본의 집단적 자위권에 대한 미국의 태도에 대해 불만을 가지고 있다. 한국은 일본의 집단적 자위권 보유가 영토분쟁 지역의 불안감 고조, 한반도 유사시 자위대의 전개, 일본의 과거사 반성태도의 미흡 등을 내세워 반대의견을 펼치고 있다. 역사문제, 위안부문제 등 한국과 일본 간의 과거청산이 되지 않은 상황에서 미국의 일본 지원은 불만을 야기할 수밖에 없는 것이다.

이렇게 본다면, 한미동맹의 외부환경은 변화하고 있다. 중국의 부상과 미국의 재정 감소에 따라 미일동맹이 강화되는 전략적 변화가 이루어지고 있는 것이다. 이런 환경에서 우리가 국방력을 강화하기 위해 어떤 방향으로 한미동맹을 발전시켜야 하는지 생각해보자.

제2절. 향후 발전방향

한미동맹의 기본적인 발전방향은 외부의 위협을 낮추고 우리의 능력을 높이기 위해 적어도 우리에게 필요한 한으로 유지 및 강화되어야 한다. 이러한

42. http://www.fnnews.com/news/201401121713389186 (검색일: 2014년 9월 28일).
43. 박휘락, 「한국 방위비분담 현황과 과제분석 : 이론과 사례 비교를 중심으로」, 『국방정책연구』 제30권 제1호(2014), p.23.

점에서 최근 미일동맹의 변화 움직임은 우리에게 미래지향적 한미동맹에 대한 과제를 던져주었다. 또한 한미동맹은 국민들의 지지를 기반으로 할 때 보다 공고화될 수 있다. 국가는 안보이익 차원을 보다 고려한다면, 국민들은 자율성 문제에 보다 민감할 수 있다. 따라서 한미동맹은 변화에 대응하는 동시에 국민들의 단합에도 도움이 될 수 있는 방향으로 발전되어야 한다.

1. 한미연합사 존치 및 일본과의 연합체제 구축

최근 전시작전통제권 전환에 대한 논의가 진행 중이다. 양국이 전환에 합의를 하면 동시에 연합사는 자연스럽게 해체 수속을 밟고 용산기지에서 다른 곳으로 이전하여 부대에 통합하게 된다. 현재 전환 시기에 대한 연기, 재연기가 반복적으로 이루어지고 있으며 이를 둘러싼 목소리는 나날이 커져가고 있다.

국방부는 연합사가 해체되면 '연합전구사령부'를 창설할 계획을 발표하였다.[44] 그 내용을 구체적으로 보면, 미군 대장이 사령관을 맡고 한국군 대장이 부사령관을 맡는 현재와 달리 반대로 한국군 대장이 사령관, 미군 대장이 부사령관을 맡게 되며 사령부 내 한국군의 비율과 책임도 증대된다.[45] 기구의 성격은 한미 양국군을 단일 지휘체계하에 통제한다는 점에서 사실상 한미연합사와 큰 차이는 없다. 이는 한국이 국가안보에 있어 보다 자주적인 역할을 하게 된다는 점에서는 고무적이지만 현실적으로 이전보다 비효율적이고 작전수행의 원활한 진행에 우려되는 점이 있다.

지휘관은 예하부대의 요구사항이나 필요 요소에 대해 적시적인 제공을 할 수 있어야 한다. 하지만 현재까지 미군이 타국군의 지휘하에 들어간 적이 없

44. 홍관희, '북한의 위협과 한미동맹 과제', 『월간북한』 499호(2013), p.4.
45. 박휘락, '한미 연합전구사령부 설치 확장억제 공고히 해야', 『통일한국』 제355호(2013), p.1.

던 상황에서 사령관의 지휘가 원활히 작동할 수 있는지, 또한 전력의 활용이 적절하게 이루어질지 우려스럽다. 한국에 대한 가장 큰 위협요소는 북한의 비대칭전력인 핵이며 미국의 핵 확장억제력에 의존할 수밖에 없다. 핵위협에 대해서 대응체계를 확실히 제도화하여 핵 억지력을 보장받지 않은 상태에서는 확장억제에 대한 우려가 계속될 것이다. 그렇기 때문에 사전에 미국의 협조에 관한 내용이 전제되어야 한다. 또한 〈그림2〉를 보면 연합사와 전구사령부의 역할 및 구성에 대한 차이가 미비하기 때문에 기구의 폐지 및 창설은 불필요한 행정소요를 유발하며 지휘관계의 변화로 인한 소요는 혼란을 야기할 수 있다.

〈그림2〉 한미연합사령부와 연합전구사령부의 구성

*출처 : 박휘락, 「한미 연합전구사령부 설치 확장억제 공고히 해야」, 『통일한국』 제355호(2013), p.2.

이런 문제점을 고려할 때, 한국은 한미연합사를 존치하고 나아가 일본과의 연합을 통해 한미일 연합방위체제를 구축하는 전략을 모색해야 한다. 최근 미국, 일본, 호주는 이른바 '삼각동맹'을 적극화하고 있다. 이들 국가들은 삼각군사동맹을 체결하고 2+2회의(외무, 국방)와 해상훈련을 정례화하고 있다.[46] 이에 따라 일본에 탄도미사일의 정밀 추적 및 요격을 위한 MD체계를 설치하고 미일 연합작전 지휘부를 설치하기로 합의하였다.

한국의 경우, 한미연합사 해체를 논의하지만 반대로 일본과 미국은 연합사를 설치하려는 움직임을 보인다. 해체보다는 한미연합사를 존치하고 미일 연합작전 지휘부와 연계하여 삼국이 공조하는 연합체제로 발전시키는 것이 보다 이익이다. 2012년 2+2회의의 공동발표문에 따르면 미일 양국은 '동적 방위협력'을 추진하기로 합의하였다.[47] 그중 '다양한 사태에 대해 능동적인 대응,' 그리고 '자위대와 미군부대의 활동 강화를 통한 방위 의사 능력 표명'의 항목에 주목해야 한다. 발표문의 내용은 향후 일본 자위대의 적극적인 공세활동이 이루어질 것임을 예측할 수 있다. 이는 최근 미국이 일본의 집단적자위권을 지지한 것과 연계하여 생각해볼 수 있다. 한반도 유사시 일본은 자위대를 발진시킬 가능성이 높지만 그 구체적인 내용에 대해서는 알려지지 않았다. 이러한 상황에서 한미일 연합체제는 공식적으로 일본을 감시하고 제한할 수 있는 기회로 이용할 수 있다. 동시에 북한의 위협에 대해 우리의 억제력을 더욱 강화할 수 있다.

2. 방위비분담금 협상에서의 자주성

미국은 시퀘스터로 인해 비용의 문제에 직면하였다. 이는 군사전략의 변

---

46. http://www.konas.net/article/article.asp?idx=38182 (검색일 : 2014년 10월 5일).
47. 김두승, 「아베정권의 미일동맹정책과 한국의 안보」, 『한일군사문화연구』 제16권(2013), pp. 25-26.

화를 동반할 수밖에 없다. 그에 따른 대표적인 것이 해외주둔군에 대하여 신속대응군의 방향으로 전략을 변화하는 것이다. 이에 대해 각국에서 주둔군을 점차 철수하는 방향으로 진행 중에 있다. 주한미군 또한 철수해야 한다는 주장도 나올 정도이다.[48] 방위비분담금 협상에서 한국 측 부담비용이 점차 늘어가는 것도 이러한 측면에서 이해할 수 있다.

분담금이 늘어나는 것은 우리의 목소리를 크게 낼 수 있다는 점에서 긍정적인 면으로 작용할 수 있다. 자주적인 동맹을 이끌어 나갈 수 있다는 의미이다. 실제로 수년 전 벨Burwell B. Bell 한미연합사령관은 "한국이 공평하게 적절한 방위비를 분담할 용의가 있느냐가 미군의 한국주둔을 원하고 존중하냐에 대한 확고한 징표"라고 말한 바 있다. 즉, 방위비 분담에 대한 한국측 태도가 미국에게는 동맹의 견고함을 나타내는 척도로서 작용한다는 것이다.[49]

분담비용의 증가는 한국의 국력수준, 미국의 재정지출 감소, 그리고 미일동맹의 강화를 고려할 때 일정 부분 받아들일 수밖에 없다. 동맹은 역할 및 책임 분담과 함께 비용 분담 문제를 피할 수 없는 것이다. 하지만 분담금 증가를 자율성 확보의 차원에서 접근하고 그 방법으로 분담금 내역에 대해서 투명성 있게 파악할 필요가 있다. 이번 2014년 2월에 있었던 9차 방위비분담 협상에서 투명성과 합리성을 향상하기 위한 다양한 조치가 도입되었다. △분담금 배정 단계부터 사전 조율 강화, △군사건설 분야의 상시 사전 협

48. 기사에 따르면 미 육군의 동북아담당 해외지역장교(FAO)인 크리스토퍼 리 소령이 '워온더락스'라는 외교안보 전문 블로그에 '주한미군은 한국을 떠날 시간'이라는 글을 올렸다. 또한 외교전문지 '디플로매트'의 클린트 워크는 지난달 초 기고한 글에서 "한국은 경제적으로 발전했고 민주화를 이뤘지만 여전히 미국에 국방을 의존하고 있다"고 말했다. 이와 같이 안보전문가들의 주한미군을 철수해야한다는 발언들이 발표되고 있다. http://www.edaily.co.kr/news/NewsRead.edy?SCD=JF31&newsid=01115206606186664&DCD=A00603&OutLnkChk=Y (검색일: 2014년 10월 16일).

49. 박휘락, '한국 방위비분담 현황과 과제 분석: 이론과 사례 비교를 중심으로', 『국방정책연구』 제30권 제1호(2014), p.1.

의체제 구축, △군수지원 분야 중소기업 애로사항 해소, △주한미군 한국인 근로자 복지 증진 노력 및 인건비 투명성 제고, △방위비 예산 편성 및 결산 과정 투명성 강화가 그 내용이다.[50] 이런 조치들이 단순히 관행에 그치지 않고 계속적으로 유지하여 방위비 분담에 대한 국민들의 동의와 공감을 얻어야 할 필요가 있다. 국민들의 지지를 얻는 방향으로의 발전은 통합성을 강화할 뿐 아니라 한미동맹에 대한 정당성을 확보해주기 때문에 국방력 강화에 필수적인 요소이다.

일부 연구에 따르면, 한국이 방위비 분담의 대부분을 집행하거나 협상 주체를 다양화하여 세부항목을 협상해서 그것을 종합하여 총액을 결정하는 상향식 형태를 채택하는 방법에 대해서도 제시되고 있다.[51] 혹은 방위비가 국정예산에서 단일항목으로 차지하는 부분이 상당하기 때문에 국방부 내에 전담팀을 꾸리는 것도 효율적인 방법이다. 전담팀은 협상기간에는 방위비 협상에 대한 업무를 전문적으로 전담한다. 협상기간이 종료된 후에는 방위비가 투명하게 운용되는지를 추적하는 업무를 수행하면서 합리성이 있는지를 점검하고 이를 차후 협상에 반영한다. 이와 같은 맥락에서 우리나라의 자율성을 높이면서 국민들의 지지를 얻는 방향으로 나아가야 한다.

제5장. 결 론

국방력을 강화하는 방안에는 자체적인 능력을 고양시키는 방법만 있는 것이 아니다. 남북한은 비대칭적 군사구조로 우리는 대북 억제력에 위협을 받

50. http://www.mt.co.kr/view/mtview.php?type=1&no=2014011212414209131&outlink=1 (검색일: 2014년 10월 16일)
51. 박휘락, 앞의 책, p.30.

고 있다. 또한 한국은 인구감소에 따라 2020년까지 병력을 50만 명까지 감축하는 계획을 발표하였다. 감소된 병력의 공백은 장비의 첨단화 및 전담지역의 광역화 등으로 보완할 예정이지만 국방딜레마를 고려하지 않을 수 없다. 따라서 억제력 유지를 위해서는 가능한 다양한 방법을 활용해야 하며 한미동맹의 활용은 능력을 높이고 위협을 낮출 수 있는 최선의 대안이라 할 수 있다.

한미동맹은 우리가 원하는 한 그리고 우리가 원하는 수준으로 유지, 강화할 수 있어야 한다. 동맹 초기와 달리 현재는 우리의 국력이 성장하였고 동맹을 통해서 국가이익을 적극적으로 추구할 환경이 되었기 때문이다. 그렇기에 동맹에 영향을 미치는 환경변화는 중요하며 이에 대한 적절한 대응이 필요하다. 또한 한미동맹은 국민의 지지를 기반으로 해야 하며 동맹으로 인한 자율성 제한은 최소화해야 한다. 즉, 한미동맹은 안보이익과 자율성을 동시에 추구할 수 있는 균형점으로의 발전이 되어야 한다.

본 논문에서는 미일관계의 개선이라는 대외변수와 그에 따른 미국의 전략변화에 초점을 맞추어 한미동맹의 발전방향에 대해서 알아보았다. 첫째, 동북아 환경변화에 적응하기 위해 우리는 미일관계 강화를 한미동맹과 연계하여 궁극적으로 한미일 공조체제를 형성해야 한다. 둘째, 국민의 지지를 얻고 자율성 증대를 위해 방위비분담금 협상의 전담기구를 설립하고 예산 운용에 투명성을 보다 확보하여야 한다. 이런 방안을 통해서 동맹을 강화하는 동시에 국가이익을 추구할 수 있다.

한미 양국은 2013년 한미동맹 60주년을 계기로 한미동맹을 미래지향적 포괄적 전략동맹으로 심화·발전시키기로 합의하였다. 미일관계가 개선됨에 따라서 한미동맹에 대한 우려가 있지만 오히려 동맹에 대해 다시 생각해볼 수 있는 기회이다. 앞으로 추구할 포괄적 전략동맹에는 앞서 말한 내용들이 포함되어야 하며 그때 우리는 국민들의 지지와 대북 억지력을 갖춘 국방력 강화의 길로 나아갈 수 있을 것이다.

〈참고문헌〉

단행본 및 논문

· 김두승. '아베정권의 미일동맹정책과 한국의 안보'. 『한일군사문화연구』. 제16권, 2013.
· 대한민국 국방부.『국방백서: 2012』. 서울: 대한민국 국방부, 2012.
· 대한민국 국방부. 『정신전력 기본교재』. 서울: 대한민국 국방부, 2013.
· 박병철. '미중관계와 한미동맹'. 『통일전략』. 제12권 제3호, 2012.
· 박휘락. '한국 방위비분담 현황과 과제 분석 : 이론과 사례 비교를 중심으로'. 『국방정책연구』. 제30권 제1호, 2014.
· 박휘락. '한미 연합전구사령부 설치 확장억제 공고히 해야'. 『통일한국』. 제355호, 2013.
· 신승규. '한미동맹 변화요인과 정부성향별 영향분석'. 경기대학교 정치전문대학원 박사학위논문. 2010.
· 육군사관학교. 『신(新)국가안보론』. 서울: 박영사, 2014.
· 정성윤. '미일동맹과 한국의 안보' 『전략연구』. 통권 제50호, 2010.
· 정천구. '한국의 안보딜레마와 한미동맹의 가치'. 『통일전략』. 제12권 제3호, 2012.
· 조지프 나이. 양준희(역). 『국제분쟁의 이해』. 서울: 한울아카데미, 2009.
· 한국경제연구원.'한미동맹의 형성 및 변화 결정요인 분석과 향후 전망', 2008.
· 한국전략문제연구소. 『2013 동아시아 전략평가』. 서울: 한국전략문제연구소, 2013.
· 홍관희. '북한의 위협과 한미동맹 과제'. 『월간북한』. 499호, 2013.
· 황재호. '시진핑 시대 중국의 군사력 평가와 전망'. 『전략연구』. 제62권, 2014.
· 황진환 · 정성임 · 박희진. '1990년대 이후 남북 군사분야 회담 연구: 패턴과 정향'. 『통일정책연구』. 제19권 1호, 2010.
· 황진환 외 공저. 『군사학개론』. 서울: 양서각, 2011.

신문

· 〈[뉴스분석] 한미동맹〈미일 밀월… 1년만에 관계 역전〉. 『중앙일보』. 2013-11-22.〈미국 국방비 대규모 삭감 임박… 한반도 영향 우려〉. 『YTN』. 2013-02-18.
· 〈미-일-호주 군사동맹 강화가 주는 의미〉. 『코나스넷』. 2014-09-12.
· 〈[사설] 미국에서 제기되는 '주한미군 철수론'〉. 『이데일리』. 2014-08-12.
· 〈올 주한미군 '방위비분담금' 9200억원 확정〉.『파이낸셜뉴스』. 2014-01-12.
· 〈〈외교문서 공개〉 "주한미군 철수 막아라" 숨가쁜 외교전〉. 『헤럴드경제』. 2014-03-26.
· 〈중국, 일본 전역 타격권 순항미사일 대거 배치〉. 『연합뉴스TV』. 2014-02-25.
· 〈'투명성' 대폭 강화… 방위비분담금 제도 어떻게 바뀌나?〉. 『머니투데이』. 2014-01-12.

· 〈한미동맹이 껍질만 남으려나〉. 『뉴데일리』. 2013-11-12.
· 〈한미동맹이 린치핀?… 현실에 고개숙인 한미관계〉. 『헤럴드경제』. 2013-10-29.
· 〈韓 · 美, 원자력협력협정 줄다리기… 내달 협상속개〉. 『뉴시스』. 2014-09-25.
· 〈美, 시퀘스트 발동… 이제 어떻게 되나?〉. 『TV조선』. 2013-03-02.
· 〈中해군기 센가쿠제도 접근… 日전투기 요격위해 긴급발진〉. 『뉴시스』. 2011-03-03.

사이트
e-나라지표 http://www.index.go.kr

북한군 편입 시 안정적인 남북한 군사통합 방안 연구

고려대학교 북한학과 **김 재 우**

제1장. 서론

제1절. 연구의 목적

1990년대 초반 우리는 소련의 해체와 동구 공산주의의 붕괴를 보면서 머지않은 장래에 한반도 통일이 이루어질 것이란 희망에 부풀었으나, 기대했던 북한의 붕괴나 한반도 통일은 오늘날까지 이루어지지 않았다.[1] 그래서 이후 거의 한 세기 동안 우리는 분단의 고통 속에서 통일국가를 이루지 못한 채 살아왔다.

대한민국 안보의 현실적인 위협임과 동시에 민족적 동질성을 바탕으로 평화적 통일을 이루어야 할 대상인 북한의 국가적 능력은 시간이 흐를수록 쇠퇴되어 가고 있다. 이러한 북한의 쇠퇴는 3대 세습 통치자인 김정은의 권력 불안정, 국가 경제의 파탄, 체제이탈자의 발생 등 다양한 방면에서 근거를 찾을 수 있다. 김정은 체제가 북한의 체제위기를 극복하지 못한다면 어떠한

1. 한용섭, '통일국군의 위상과 남북한 군사력 통합 방안', 『군사논단』 통권 제 14호 및 15호, 1998 , p.188

형태로든 현실적으로 남북통일의 가능성은 더욱 높아질 것이다. 그래서 학자마다 정확한 시기와 방법에 대해서 여러 가지 논란이 있지만 급변사태든 지도층의 생존이든 북한의 붕괴를 가정하고 통일의 기운이 무르익고 있다고 주장하고 있는 것이다.

그러나 우리는 현실적으로 북한의 붕괴를 예단하기 쉽지 않다. 독일 통일의 아버지라고 불리는 빌리 브란트Willy Brandt는 독일 통일 약 1년여 전만 하더라도 동서독 통일이 남북한의 통일보다 느릴 것으로 보았다. 그러나 서독은 동독의 급작스런 붕괴를 예측하지 못했었고, 통일이라는 국제적이며 역사적인 사건이 그 누구도 예상하지 못한 가운데 현실이 되었다.

최근 다수의 언론 매체에서 '대북 정보망은 휴민트Humint붕괴로 인해 무력화되었다'고 부정적으로 평가하고 있다. 즉 한국의 대북정보 능력은 통일 이전의 서독과 비교 시 더 낫다고 할 수 없는 것이 현실이다. 그리고 이는 북한에 대한 신뢰성 있는 정보를 수집한다는 것이 매우 제한됨을 의미하고 그에 따라 붕괴 가능성을 예측한다는 것도 어렵다는 것을 뜻한다고 할 수 있다.

그런데 여기서 중요한 것은 통일에 대비하여 사전에 충분한 준비가 필요하다는 것이며, 무엇보다도 중요한 것은 어떠한 경우에도 국가의 안전은 반드시 보장되어야 한다는 것이다. 이것은 통일 과정에서도 마찬가지이다. 군사통합은 통일 과정에서 국가의 안정을 좌우하는 첫 번째 요소라고 할 수 있으며, 통일의 성패를 좌우하는 것은 바로 군사통합의 성공 여부일 것이다. 스탠리 호프만Stanlely Hoffmann은 '군사통합이 제대로 이루어지지 않으면 제반 분야의 기능적 통합은 어려움에 봉착하게 되고 나아가 전체적 통합 또는 통일 자체가 수포로 돌아갈 위험이 크다'고 지적했다. 그만큼 군사통합은 다른 분야의 통합보다 중요한 위치에 있다는 것을 의미한다.

과거 역사를 살펴볼 때 독일, 베트남, 예멘의 통일 과정을 통해 우리는 정치적 통일에 합의하더라도 군사통합은 손쉽게 달성하기 어려운 과제이며,

과거 분단국들보다 복잡한 환경에 속해 있는 한반도는 통일은 물론 군사통합에 있어서 많은 어려움에 직면할 것으로 보인다.

남북한은 6·25라는 동족상잔의 비극을 경험하였고, 반세기 이상 서로 다른 정치체제와 이데올로기 속에서 다른 세계관, 가치관, 생활관을 영위하고 있다. 우리 앞에 다가올 남북통일에 있어 북한 주민들이 과연 새로운 체제를 받아들이고 적응할 수 있을 것인지, 남한 정부와 국민들이 이들을 얼마나 포용하고 지원할 수 있을지는 미지수이다. 특히 남한과 북한의 군軍은 6·25전쟁과 이후 지속적인 북한의 도발로 인해 상호 간의 적대감은 타국 군에 비해 상당히 높아 원활한 병력통합은 큰 어려움이 따를 것으로 보인다.

위와 같은 요소를 고려했을 때 철저한 준비가 없다면 남북한의 군사통합은 외형적인 통합에만 그칠 가능성이 매우 높다. 서로에 대한 이질감과 적대감을 해소하고 민족적 동질감으로 나아가지 못한 채 내형적인 통합을 준비하지 않은 외형적인 통합은 예멘의 1차 통합에서 살펴볼 수 있듯이 전체적 통합 또는 통일 자체의 실패로 이어질 가능성이 매우 높다.

남북한의 통일이 이루어지면 민족 동질성의 회복과 통일된 남북한의 번영을 위해 정치·경제·사회·문화·군사 등 각 분야의 통합이 추진될 것이다. 한국정부가 통일을 주도함에 따라 군사통합도 한국군이 주도할 것으로 예상되는데 독일 사례처럼 북한군의 무기체계·전투장비·군사시설 등은 대부분 폐기되거나 일부만 활용될 것이므로 통합의 안정성에는 큰 영향을 미치지 못할 것이다.[2]

그러나 북한군은 통일 이전까지 스스로 강한 군대라고 자평하였으며 대량

---

2. 통일과 동시에 서독군은 동독군이 사용했던 170만 개의 병기, 2,300대의 전차, 7,850대의 장갑차, 3,400문의 화포, 10,600기의 지대공 미사일, 440대의 전투기 및 헬기, 70척의 함정과 30만 톤의 탄약을 수거하여 대부분 폐기하였으며, 나머지는 '유럽 재래식무기감축협정'에 따라 유럽지역 밖의 국가에 증여하거나 이전하였다. 김동명. 『독일 통일, 그리고 한반도의 선택』. 서울: 한울아카데미. 2010, p. 309.

의 병력과 WMD(대량살상무기)체계까지 갖추고 있었음에도 통합대상으로 전락한 것에 대하여 심각한 무기력함과 패배의식에 빠져들 것으로 예상된다. 더불어 경제적 빈곤과 사회적 지위의 상실은 그들을 무장투쟁세력화로 연결해 성공적인 군사통합의 큰 장애물이 될 것이다.

통일 이후, 한국군 주도하에 군사통합을 안정적으로 마무리하기 위해서는 인사·장비·교육 등 군사 분야별로 통합계획 수립이 필요하다. 그러나 아직까지 이와 같은 군사통합에 대비한 연구는 부족한 실정이다. 군사통합을 위한 인력양성, 제대군인 사회정착 지원 대책, 동화교육계획, 관련법령 개정 등 군사통합 이후 북한군에게 적용할 수 있는 방안은 연구결과가 매우 적다.

본 연구는 이러한 요인들을 고려하여 한국군의 주도하에 군사통합을 추진해야 할 때, 북한군의 반발을 최소화시켜 군사통합을 안정적으로 완료할 수 있는 방안을 찾고자 한다. 세부적으로, 통합의 대상인 북한군을 편입군과 제대군으로 나누어 필요한 교육 및 지원방안을 연구할 것이다.

제2절. 연구의 범위 및 방법

1. 연구의 범위

본 연구는 이론적 고찰을 통해 군사통합에 대한 개념을 정립한 다음 병력통합 시 예상되는 문제점을 분석하고, 북한군 편입 시 통일한국군을 조기에 안정화할 수 있는 방안을 연구하였다. 본 연구에서는 남북한의 경제력과 인구수 격차 그리고 세계적으로 입증된 자유민주주의 시장경제 체제의 우월성 등을 고려하여, 한국정부가 통일을, 한국군이 군사통합을 주도하는 상황을 전제로 하였다.

한국군이 주도하여 군사통합을 추진한다는 전제하에 통일한국군에 편입되는 북한군을 조기에 안정화할 수 있는 방안은 다음과 같이 연구하였다.

첫째, 군사통합의 이론적 개념을 정립하고, 군사통합의 유형을 살펴보았다.

둘째, 남북한이 채택 가능한 군사통합 유형을 살펴보고, 군사통합을 추진하는 과정에서 영향을 미칠 수 있는 요소를 토대로 예상되는 통합과정을 제시하였다.

셋째, 군사통합을 한국군 주도로 추진할 때 예상되는 문제점을 제시하고, 북한군 편입 시 조기에 안정화될 수 있도록 통합 추진 이전부터 미리 준비하고 대비해야 하는 방안 등을 제시하였다.

2. 연구의 방법

본 연구에서는 먼저 기존에 발표된 각종 문헌들을 참고하여 군사통합에 대한 개념을 정립하였다. 또한 향후 군사통합이 한국군 주도로 추진될 때 예상되는 문제점을 살펴보았다. 또한 통일한국군이 군사통합을 안정적으로 완료할 수 있는 방안들을 연구하였다.

보다 신뢰성 있는 연구 분석을 위해서는 북한군의 실질적인 복무환경 등 현 실태를 정확하게 분석할 최신 자료들이 필요하다. 그러나 북한에서 직접 발간한 문헌 자료를 획득하는 것은 매우 제한되었기 때문에 논문, 연구보고서, 정책자료집, 단행본, 언론보도 자료 등을 주로 활용하였다.

제2장 군사통합의 이론적 고찰

1. 통합의 개념

통합Integration이란 '각 분야의 이질성과 차별성을 해소하고 동질성을 높여 일체성을 추구하는 것', 또는 '부분들로써 전체를 형성하는 것'이라고 정의할 수 있는데, 보다 전문적으로는 '개별적 단위로써 일관성 있는 체계를 형성함'을 뜻한다.[3] 이러한 '통합'은 통합되기 전의 개별단위들이 통합 상태인 상호의존적 관계를 형성하여 체계특성을 만들어 내는 통합과정을 기술하는 데 보통 사용되고 있다. 따라서 통합Integration은 "서로 다른 정치적 실체 혹은 국가들이 하나로 결합되는 정치적 국제법적 사건으로 볼 수 있는 통일Unification과 달리 민족 또는 국가내부의 다양한 구성 부문들 가운데 상호 등질적 부문 간의 조화와 융합의 과정Process"[4]이라고 정리할 수 있다.

2. 통일과 군사통합

통합은 각 분야에서 차별성과 이질성을 해소하고, 동질성을 높여 일체성을 추구하는 것이라고 할 수 있다. 이때 국가통합은 하나의 영토 안에서 모든 분야가 통합된 것이며, 통일이 완성되었다고 할 수 있다. 따라서 통일은 각 분야에서 순조로운 통합이 이루어져야 하며, 그중 정치와 군사 분야의 통합이 가장 중요하다고 볼 수 있다.

정치통합과 군사통합의 관계를 살펴보면, 정치통합은 군사통합에 영향을 준다. 따라서 군사통합은 정치통합의 방식에 따라 과정과 방법이 결정된다고 할 수 있다. 그러나 예멘의 사례에서 보듯이 정치통합은 이루어지더라도 군사통합이 완전하게 이루어지지 않으면 결국에는 정치통합을 약화시키는 요인으로 작용할 수도 있다.[5] 즉, 군대가 정치의 수단이라고도 하지만, "권력은 총부리에서 나온다."[6]는 마오쩌둥毛澤東의 말처럼 군대가 정치에 영향을 줄 수도 있으므로 군대와 정치는 서로 영향을 미치는 상호작용 관계로 볼 수

3. 제정관, 『한반도 통일과 군사통합』, 서울: 한누리미디어. 2008. p. 104.
4. 제정관, 위의 책, p. 106.
5. 1990년 5월 22일 남북간 합의에 의한 통일예멘이 탄생하였으나 군사통합에 실패함으로써 내전이 발발하여, 1994년 7월 7일 북예멘군이 남예멘의 수도를 점령함으로써 2차 통일을 이루고, 남예멘군을 강제로 흡수통합하였다. 권양주. 『남북한 군사통합 구상』, 서울: 한국국방연구원. 2009, pp. 72-84.
6. 송인영, 『중국의 정치와 군』, 서울: 한울아카데미, 1995, p. 29.

도 있다.

다음으로 통일과 군사통합의 관계에서는 통일 논의가 먼저 시작되거나, 통일이 먼저 달성될 가능성이 높다. 전쟁에서 승리한 군대가 패한 군을 일방적으로 흡수하는 경우가 아니라면, 군사통합의 시기는 국가 간에 통일논의 및 협상이 진행되는 정도에 따라 달라질 수 있다. 통일협상이 순조롭게 진행되어 군사통합이 통일협상과 병행 추진될 수 있지만, 통일협상이 순조롭지 못하면 통일이 달성된 후에 비로소 군사통합이 추진될 수 있는 것이다.

반면, 통일문제가 주변국들에게 미치는 영향이 클 경우 군사통합이 통일협상보다 먼저 영향을 미칠 수도 있다. 독일의 분단과 통일에 대하여 관리권을 가지고 있던 2차 세계대전 전승국들은 통일 전인 1989년부터 독일군이 70만여 명의 군대로 재편되는 것을 심각하게 우려하였다. 따라서 미국·영국·프랑스·소련 등 2차 세계대전 전승국들 사이에서는 통일에 반대하는 기류가 강하게 되었다. 결국 2차 세계대전 전승국들은 통일 이후 새로운 군사력을 건설할 때 37만여 명 수준으로 병력을 감축[7]할 것을 요구하였다.

위 독일사례를 볼 때 한반도 통일문제 또한 크게 다르지 않을 것으로 보인다. 한반도 통일문제가 현실화되면, 통일한국군은 WMD(대량살상무기)로 무장한 180만여 명의 대군大軍이 된다. 통일한국군이 불러올 동북아지역 군사력 불균형과 군비경쟁을 우려하는 주변국들은 자국이 한반도 통일에 협력하는 조건으로 통일한국군의 병력감축을 포함하는 군사통합 계획을 먼저 제시하도록 요구할 가능성이 매우 높다.

3. 군사통합 유형

군사통합의 유형은 통합 당사국간의 강제성(무력 사용) 여부와 통합방식에

7. 신인호, '독일의 군비통제와 군개혁'『한반도 군비통제』제31호, 국방부 군비통제실, 2002, p. 77.

따라 상호 합의에 의한 흡수통합, 상호 합의에 의한 대등한 통합, 무력에 의한 강제흡수 통합으로 구분할 수 있다. 이를 도표화하면 아래 〈표 1〉과 같이 도표화할 수 있다.

〈표 1〉 군사통합의 유형

구분		통합방식	
		흡수통합	대등한 통합
합의 여부	강제 통합	무력에 의한 강제 흡수통합	상호 합의에 의한 대등한 통합
	합의 통합	상호 합의에 의한 흡수통합	

1) 상호 합의에 의한 흡수통합

상호 합의에 의한 흡수통합은 두 개 이상의 국가가 통합협상에 합의함에 따라 주도권을 가진 국가의 군대가 나머지 군대를 흡수하고, 동일한 군사체제로 단일화하는 유형이다. 이런 유형의 군사통합은 독일의 통합사례[8]에서 보는 바와 같이 양쪽의 군대가 모두 정상적인 지휘통제 체제를 유지하고 있는 가운데, 협상 주체들 간에 합의가 이루어짐으로써 어느 일방이 주도하여 단일체계로 통합을 추진하는 것이다.

통합이 완료되면 주도권을 가지고 있었던 측에서 지휘체계상 주요 직위와 병력의 다수를 차지하고, 무기 및 통신체계, 교육훈련체계, 새로운 국방정책 등을 결정하게 된다. 이때 적절한 보상을 통합대상 군대의 군인들에게 제공함으로써 통합과정이 순조롭게 진행되도록 한다. 비교적 장기간에 걸쳐 상호 합의하에 점진적으로 통합이 진행되므로, 통합대상 군대 주둔지역으로 통합주도국의 군대가 진입하더라도 해당 지역의 주민들의 거부감을 상당부분 감소시킬 수 있다.

8. 권양주(2009), 앞의 책, p. 63.

그러나 위와 같은 유형의 통합을 추진하기 위해서는 상당한 시간과 노력을 협상과정에 들여야 하며, 보상금 등으로 인한 경제적 부담이 증가할 수 있다.

2) 상호 합의에 의한 대등한 통합

상호 합의에 의한 대등한 통합은 당사국 간 합의에 의해 서로 대등한 입장에서 단순히 합치는 방식으로 통합하는 유형이다. 가장 이상적인 유형이나 예멘의 1차 통합 사례[9]에서 보듯이 완전히 성공하기에는 쉽지 않은 유형이다. 통합을 추진하는 과정에서 쌍방이 군사사상과 군사제도 면에서 유사한 조직체계와 병력규모, 무기 및 통신 체계를 보유하고 있다면 상호 비슷한 부분부터 시간을 두고 순차적으로 공감대를 형성하면서 완전한 통합을 추진할 수 있다. 그러나 쌍방이 상이한 조직과 제도를 가지고 있다면, 통합의 주도권 문제로 인해 갈등이 발생할 여지가 많다.

특히 통합직후에는 지휘체계상 상층부 구성을 두고 양쪽 군대 지휘부 간 갈등이 발생할 수 있으며, 점차 군사력을 축소·조정해 나가는 과정에서는 병력감축 대상과 규모, 무기체계 운용, 제대군인에 대한 보상 문제, 새로운 국방정책 수립 등에서 갈등요소가 나타날 수 있다.

따라서 위와 같은 유형의 통합방안 또한 추진과정에서 많은 시간과 노력이 필요하다. 통합을 안정적으로 완료하기 위해서는 협상초기부터 양쪽 군대 지휘부가 공동 참여하는 통합추진 기구를 만들어 충분한 의견 조율이 이루어지도록 해야 한다. 그리고 양쪽 군대의 하향식 통합 계획을 수립함으로

---

9. 군 지휘체계상 요직을 남북 예멘출신이 균등하게 배분하여 북예멘 대통령이 통합군 사령관을, 남예멘 국방장관이 국방장관을, 북예멘 참모총장이 군참모총장을 차지하고, 북부사령부는 구 북예멘의 군 조직이, 남부사령부는 구 남예멘의 군조직이 그대로 운영됨에 따라 사실상 독립적인 지휘체계로 유지되어 완전한 군사통합에 실패하였다. 권양주(2009), 앞의 책, p. 137.

써 통합진행 과정에서의 상호 간의 마찰을 예방할 수 있다.

3) 무력에 의한 강제 흡수통합

무력에 의한 강제 흡수통합은 베트남의 사례[10]에서 보듯이 당사국 간의 전쟁에서 승리한 국가가 패전국의 군대를 일방적으로 흡수하여 통합하는 유형이다. 패전국 군대는 무장해제를 당하고, 대다수의 군인들은 강제로 전역을 당하며, 무기·통신 등 장비와 체계는 승전국에게 흡수당하거나 도태당하며, 패전국의 군 시설 또한 일부만 재활용 된다.

이와 같은 유형의 통합은 주도하는 측에서는 넓은 분야에 걸쳐 신속한 통합을 실시하는 것이 통합의 성공여부에 결정적인 성패를 나눌 수 있다. 왜냐하면 패전국 군대의 군인들이 소규모 병력과 무기, 지휘체계를 보존하고 있다면, 그들은 비록 전쟁에는 패했더라도 통합대상으로 전락함에 따라 단번에 모든 것을 잃어버리는 것에 대한 불만을 가지고 통합에 반대하는 저항세력으로 자리 잡을 수 있기 때문이다.

따라서 통합을 주도하는 국가는 군사통합과정에서 지역주민들과의 관계에 많은 주의를 기울여야 한다. 지역주민과의 관계를 무시하고 점령군으로서 억압적인 점령지 관리정책을 시행한다면, 지역주민들에게 과거에 대한 향수를 유발시킬 뿐더러 저항세력을 보호함으로써 군사통합을 완료하는 데 더 많은 시간과 비용을 소모할 수도 있다.

---

10. 1975년 4월 30일 북베트남 월맹군이 남베트남의 수도 사이공을 점령하면서 베트남을 통일한 다음 남베트남군 출신들은 조사·분류 후 재교육시키거나 격리수용 혹은 처형함으로써 군사조직을 완전히 해체시켰다. 유제현, 『월남전쟁』, 서울: 한원, 1992, p. 461.

제3장. 남북한 군사통합 유형

제1절. 남북한 군사통합의 전제조건

한반도 통일의 형태는 어떠할까? 지금까지의 연구들을 종합해 볼 때, 북한지역에서 급변사태, 정변 등 극심한 혼란상황이 발생함에 따라 한국정부와 국제사회가 연계하여 통일을 추진하는 '경착륙'의 형태와, 남북한 정부와 주민들이 긴 시간 협의과정을 거쳐 점진적인 통일을 달성하는 '연착륙'의 형태로 나누어 볼 수 있다.

경착륙의 형태는 북한 김정은 체제가 장기간의 경제난, 정치불안 등으로 인해 안정적으로 유지되지 못하고 내부에서 분열이 발생하는 등의 극심한 혼란상황이 발생하여 급격히 붕괴되는 형태이다. 더불어 위와 같은 혼란상황하에 북한 군부의 도발 등으로 인해 한반도 및 동북아시아의 안보가 심각하게 위협을 받게 될 수 있다. 이와 같은 상황에서 주변국들이 동의하에 한국정부의 주도로 유엔을 비롯한 국제기구와의 협력하에 통일을 달성하는 형태이다.

반면 연착륙의 형태는 한반도 주변국들의 지원하에 상호 대화를 통해 남북한이 점진적으로 통일을 달성하는 형태이다. 이 경우에는 남과 북이 통일한국의 국호와 체제, 통치기구, 행정조직, 입법·사법기관 운영 등 광범위한 분야에서 상호 합의가 필요함에 따라 남북한이 장기간의 협의와 합의과정이 필요하다.

점진적인 통일을 달성하기 위해서는 남과 북이 민족 동질성 회복을 위한 조치를 쟁점사항을 합의를 해나가는 과정에서부터 동시에 시행해야 한다. 따라서 남한지역에 비해 상대적으로 낙후된 북한지역의 개발과 북한주민지원을 위해 남한은 많은 비용을 지불해야 할 것이므로 한국사회 내부에서부터 먼저 합의가 이루어져야 한다.

또한 점진적으로 통일을 추진한다면 남북한 군사통합도 비교적 안정적으로 추진될 수 있다. 남·북한군은 통일논의가 시작되는 순간부터 상호 협의하에 군비통제와 군비감축을 실시, 일정규모로 군사력을 조정함으로써 차후 안정적으로 군사통합을 조기에 완료할 수 있는 기반을 조성할 수 있는 것이다.

그러나 남북한 군대가 통합의 주체를 두고 대립할 수도 있는데, 이때 군사통합을 한국군이 주도해야 하는 이유는 총 인구수와 국가경제력 규모에서 찾아야 할 것이다. 현재 상비군 병력은 북한군이 한국군보다 많지만, 총인구를 고려했을 때 북한에 비해 한국의 병역가용자원이 월등하므로 한국군을 모체로 하여 북한군이 통합되어야 한다. 또한 남북한의 주요 무기체계를 비교해보면 한국군은 현대화되어 있는 반면에, 북한군은 주로 인력에 의존하거나 구형 무기체계를 운용하고 있다. 따라서 통일 이후 국가의 안전을 책임질 수 있는 강력한 군사력을 건설하기 위해서는 한국군 무기체계로 통합하는 것이 바람직하다.

또한 군사통합 시 필연적으로 많은 제대군인들이 사회로 진출하게 된다. 제대군인들이 사회에 안정적으로 정착할 수 있도록 지원해줄 수 있는 경제력은 북한에 비해 한국이 월등하다. 따라서 강력한 통일한국군을 건설하면서, 북한군 출신 제대군인들의 사회정착까지 안정적으로 지원하기 위해서는 국가 경제력이 월등한 한국이 주도권을 갖는 것이 바람직하다.

제2절. 남북한 통일 시 가능한 군사통합 유형

일반적으로, 두 개 이상의 국가 간에 군사통합의 채택 가능한 통합유형을 결정하는 데에는 상대적 군사력의 차이, 통합 주도국의 의지, 그리고 시간의 가용성이 많은 영향을 미치게 된다. 통합 당사국들의 재래식 군사력이 대등하고 가용시간이 충분하여 세부적인 군사통합절차와 조건을 상호 간 합의를 통해 조정할 수 있다면 '합의에 의한 대등한 통합' 유형을 적용할 수 있다. 반면에 통합주도국의 군사력이 우세하거나 대등한 가운데 통합주도국의 통합의지가 강하고, 협상을 통해 세부 군사통합절차와 조건을 상호 조정해 나갈 수 있는 시간이 가용하다면 '합의에 의한 흡수통합' 유형을 추구할 수 있다. 그러나 통합주도국의 통합의지가 매우 강하고 군사력도 상대적으로 강한 가운데 협상을 통해 군사통합의 세부 절차와 조건을 상호 조정해 나갈 수 있는 시간이 충분치 못할 경우에는 '무력에 의한 강제 흡수통합' 유형을 추구하게 된다.

남북한 통일에 따른 군사통합 시 채택 가능한 통합유형은 앞서 이론고찰에서 살펴본 바와 같이 ①상호 합의에 의한 흡수통합, ②상호 합의에 의한 대등한 통합, ③무력에 의한 강제 흡수통합 등이 있으며, 유형별 채택 가능성을 분석하면 다음과 같다.

1. 상호 합의에 의한 흡수통합

남북한 '상호 합의에 의한 흡수통합' 유형은 아래와 같은 두 가지 경우에 적용해 볼 수 있다.

첫째, 북한이 연착륙하는 가운데 한국의 주도하에 통일을 추진하며 북한군을 흡수통합하는 경우이다. 남북한이 대화와 협상을 통해 통일을 추진하는 과정에서 통합주도권 확보의 결정적인 요소는 남북한 국력의 격차일 것이다.

〈표 2〉 남북한 국력 비교표(2011년 기준)

구분	국민총소득	1인당 GNI	무역총액	총인구
한국	11,195억$	22,489$	10,796억$	4,941만명
북한	293억$	1,204$	63.2억$	2,431만명
비고(한국/북한)	38.2배	18.7배	170.8배	2배

*출처 : 국방부, 『2012 국방백서』, (서울: 국방부, 2012) p. 290.

이 경우 〈표 2〉에서 알 수 있듯이 오늘날 남북한의 국력은 그 격차가 매우 크다. 따라서 남북한의 통일은 자유민주주의 시장경제 체제로 한국의 주도 하에 통일을 달성할 가능성이 높다고 볼 수 있다. 따라서 통일에 따른 군사통합을 추진할 때에도 주도권은 한국군이 가지고 북한군을 흡수통합하는 유형을 택하게 될 것이다.

이 유형은 남북한이 군사적 대결과 상호 파괴행위를 예방할 수 있는 유형이라고 할 수 있다. 다만 현재 북한군의 병력규모가 120만여 명이나 된다는 것을 고려하면 통합과정에서 제대해야 하는 북한 군인들의 사회정착지원 비용이 막대하게 소요될 것으로 예상되며, 제대군인들의 사회정착과정이 원활하지 못할 경우 심각한 사회적 불안요소가 될 가능성이 있다.

둘째, 북한사회가 내부혼란으로 인해 경착륙을 하게 될 경우이다. 즉 북한지역에 소위 '급변사태'[11]가 발생하여 한반도 지역 전체와 동북아지역의 안정에 위협을 주는 상황이 됨에 따라 한국정부가 국제사회와 주변 강대국과 협력하여 남북한을 통일했을 때 추진할 수 있는 유형이다. 북한정권이 국가통제 능력을 상실하고 북한 내부에서 심각한 체제붕괴 현상이 발생하거나, WMD(대량살상무기)에 대한 통제권을 상실하는 상황이 발생되면, 남북한 통일을 통해 한반도 지역의 안정을 도모하고자 하는 한국정부의 요청을 UN을 포함하는 국제사회와 주변국들이 동의할 수 있다. 또는 국제사회가 먼저 북한군의 흡수통합을 한국정부에 요청할 수 있는데, 두 가지 경우 모두 매우 신중하게 접근해야 한다.

북한군 수뇌부는 현 북한정권 붕괴 시 한국군에 흡수되기보다는 군부 중

11. '급변사태'란 매우 빠른 시간 내에 대규모 또는 근본적인 변화를 초래할 상황을 말하며 급변사태의 유형에는 지도자 신상의 변화, 쿠데타 발생, 내부로부터의 변혁요구와 주민봉기 등이 있다. 유호열, '정치 외교분야에서의 북한 급변사태' 『북한의 급변사태와 우리의 대응』 서울: 한울아카데미, 2006, p. 20.

심의 새로운 정권을 수립하려 할 가능성이 있다. 따라서 국제사회의 협력 하에 한국군이 북한지역으로 진입 시 군부의 반발과 무력충돌이 발생할 수 있다. 이때 북한 일부지역에서 단기간 소규모 무력충돌이 발생한다면 한국군은 신속하게 저항세력을 제압하고 군사통합을 추진할 수 있다. 그러나 북한 군부가 조직화되고, 무력충돌이 대규모로 장기간 지속된다면 무력충돌이 점차 확대되어 한반도뿐만 아니라 동북아지역 전체가 불안정 상태로 빠져들 가능성이 높다. 따라서 이 경우에는 상당한 시간을 감수하더라도 협상을 통해 점진적인 통합을 추진해야 할 것이다.

2. 상호 합의에 의한 대등한 통합

남북한이 표방하고 있는 통일정책은 양쪽 모두 상호 합의에 의해 대등한 통일이 점진적으로 달성되는 것을 지향하고 있다. 따라서 남북한이 통일을 위해 상호대화를 이어나가는 과정에서 군사통합에 대한 협의도 함께 추진할 수 있는데, 이 경우 남북한 중 누가 군사통합의 주도권을 가질 것이냐를 두고 갈등이 발생할 수 있으므로 상호 합의에 이르기까지 많은 시간과 노력이 필요하다. 왜냐하면 이미 여러 번 언급한 바와 같이 어느 한쪽이 일방적으로 흡수통합을 추진하기에는 현재 남북한의 군사력의 격차가 크지 않다. 따라서 남북한은 서로 주도권을 장악하려 할 것이며, 대등한 통합은 매우 느리게 추진될 것이다.[12]

남북한의 무기체계, 전술교리, 인사관리, 병영 환경 및 의식주 실태가 지금처럼 서로 상이한 가운데 대등한 통합을 추진하게 된다면, 통합이 유효화되기 전까지 어느 정도 조정과정을 거쳐야 할 것이다. 또한 남북한 군대는

12. 권양주, '한국의 군사력 현황과 건설방향'『남북한 군사력의 현재와 미래』, 서울: 한국국방연구원, 2010, p. 54.

분단기간 상호 불신감이 쌓여 있는 상태이므로 적절한 군사력 조정이 없이 단순한 수평적 통합을 추진할 경우 군사력 재편 과정에서 예기치 못한 갈등과 잦은 마찰을 일으킬 수 있다.

3. 무력에 의한 강제 흡수통합

제2차 세계대전 이전까지 전쟁의 주요 수단은 개인화기와 소규모 화력지원 체계가 주종으로써 살상력이 크지 않았다. 그러나 현대전에서 사용되는 무기체계는 살상력과 파괴력이 크게 증가하였다. 따라서 전면전 발생 시 발생할 피해는 복구가 힘들 만큼 심각할 가능성이 높으므로 전쟁을 통한 상대국 흡수는 회피하는 것이 바람직하다.

또한 오늘날 국가 안보는 개별국가 독립적으로 추구하기보다 집단 안보체제를 구축하고 있다. 따라서 오늘날 전쟁은 한 국가가 상대국가만을 상대로 해서 수행하는 것이 아닌 집단 안보체제 간의 전쟁을 수행할 가능성이 높으므로 전쟁을 통한 갈등해소는 많은 어려움이 따른다. 남북한의 경우 각각 미국, 중국과 상호방위조약을 체결하고 있다. 따라서 무력충돌이 발생할 경우 미군과 중국군이 참전할 가능성이 높다. 이 경우 동북아지역 전체가 전쟁에 휘말리면서 남북한 모두 공멸을 초래할 수 있다. 따라서 이 유형을 채택할 가능성은 매우 낮다.

4. 남북한 군사통합 시 채택 가능한 군사통합 유형

한반도 분단의 성격과 남북한의 군사력, 한반도 주변국들과의 관계 등을 고려했을 때 바람직한 군사통합 유형은 '상호 합의에 의한 흡수통합' 유형이다. 이 유형은 북한지역에 급변사태가 발생하여 한국정부가 국제사회와 협력하여 통일을 달성하거나, 장기간 협상과정을 통해 남북한이 통일을 달성한 경우에도 적용할 수 있다. 다만 국가의 경제력과 인구수, 주변국들과의 관계, 방위력 건설능력, 현대화 능력 등을 고려했을 때 한국군이 북한군부의 동의하에 북한군을 흡수 통합하는 것이 가장 바람직하다. 한국군이 북한군부의 동의하에 군사통합을 주도함으로써 동북아 지역의 안정이라는 주변국들의 이해관계에도 일치시키며, 통일한국군의 군사력 수준 조정 의지를 제시함으로써 반대명분을 제거하고, 향후 안정된 통일한국과 공동의 번영을 추구할 수 있다는 기대감을 심어 줄 수 있기 때문이다. 따라서 남북한 통일 시 가장 바람직한 군사통합 유형은 '상호 합의하에 한국군이 주도해서 북한군을 흡수통합'하는 방안일 것이다.

제4장. 남북한 군사통합 시 예상되는 문제점

제1절. 통일한국군의 내적 이질감

1. 남북한 군대 정신교육

한국군과 북한군에게 내재된 상호 간의 적대감은 지속된 정전체제로 인한 대치상황의 지속에 기인한다. 특히 남북한의 병력을 대상으로 한 정신교육은 적대감과 승부욕을 고취시키는 데 그 초점이 맞춰져 있다. 일반적으로 정신교육이란 "한 국가의 존속과 발전을 위하여 필요한 가치관, 세계관을 그 사회 구성원들에게 습득시켜 바람직한 윤리적 규범을 내면화 시키고, 생활을 통해서 훈련시키는 교육"[13]으로 정의할 수 있다. 한국군은 정신교육을 창군 이후부터 지속적으로 그 중요성을 강조해 왔는데, 정신교육을 무기와 물자, 병력 등 유형전력에 대비되는 무형전력의 주요 요소로 보았기 때문이다. 특히 냉전시대에는 이념대결이 강화되면서 국가관과 안보관 확립에 역

13. 이규호,『국민윤리의 이론과 실제』, 서울: 문우사, 1982, pp. 18-19.

점을 두고 강조하였는데, 정훈교육, 공보교육, 공민교육의 세 분야로 나누어 정훈장교와 지휘관 주도하에 진행되어 왔다.[14]

한편 1960년대까지 북한군은 정신교육의 중점을 사회주의 제도를 무력으로 보위하는 데 두었다. 그러나 오늘날에는 당과 수령의 군대로서 남조선 혁명과 해방을 통한 전 한반도의 공산화라는 정치적 목적을 실현하고, 김씨 왕조의 절대 권력을 결사 옹위하는 수호자로서의 역할을 신념화하는 데 중점을 두고 있다.

북한군 정신교육은 김일성 일가에 절대적 충성을 강조하는 주체사상, 미제국주의와 남조선 타도를 통한 무력적화통일에 대한 사명감을 고취시키는 계급 교양, 사회주의 혁명의 당위성을 강조하는 사회주의 교양, 백전불굴의 혁명정신을 고취시키고 혁명적 낙관주의로 승리의 신심을 부여하는 혁명전통 교양을 공통 및 기본과제로 포함하고 있다.[15]

2. 체제 간 이념의 차이에서 형성된 적대감

이념의 차이에서 발생하는 갈등은 극단적 폭력행위를 수반할 가능성이 높다. 남북한은 분단 이후 자유민주주의 체제와 사회주의체제로 나누어져 상호 적대의식을 고양시키는 이념교육을 꾸준히 실시해 왔으므로 남북한 군인들에게 내재된 적대감은 매우 깊게 형성되어 있다.

북한군은 전쟁의 승패가 궁극적으로는 군인들의 정신력에 따라 좌우된다는 평가[16]에 따라 정치교육을 지속적으로 강화해 왔는데, '당의 군대'와 '혁명세력'으로서 전쟁을 통해서라도 미제의 앞잡이인 한국군은 반드시 말살시

14. 육군본부,『정훈 50년사』, 서울: 육군본부, 1991, p. 23.
15. 김일성·김정일 정치사상(40%), 계급교양(20%), 사회주의 애국주의 교양(20%), 혁명전통 교양(20%)로 구성된다. 제정관 외,『통일과 무형전력』, 서울: 국방대학교 안보문제연구소, 2002, p. 81.
16. 김광수,"조선인민군의 창설과 발전",『북한군사문제의 재조명』,서울: 한울아카데미, 2006, pp. 97-108.

키고 통일을 달성함으로써 신음하는 남한주민들을 해방시켜야 한다고 강조하였다. 그리고 사회주의 체제하에서 '하나는 전체를 위하여, 전체는 하나를 위하여'라는 집단주의 원칙과 주체사상을 통치이념으로 하는 김일성 일가와 노동당 독재체제를 결사 옹위하기 위한 '수령의 군대'로서 필요한 정치사상 교육을 집중적으로 실시해 왔다.[17]

반면에 한국군은 북한군을 주적개념에 포함하고 있지만, 북한군을 도발하면 강력히 응징해야 할 대상으로 인식시키고 있다. 공산국가들의 몰락 이후 북한의 경제난과 북한군의 열악한 복무환경등을 토대로 '싸우면 이길 수 있다'는 자신감을 부여하는 데 중점을 두고 있다. 또한 최근에는 종북세력의 위험성을 강조하면서 종북세력의 군내 유입을 방지하는 데 노력을 기울이고 있다.

이와 같은 남북한 군인들에게 내재된 적대감은 통합과정에서 어느 정도 상호교류를 통해 희석될 수도 있으나, 폐쇄된 사회에서 살아온 북한군의 경우 통일한국군에 편입되더라도 한국군에 대한 적대감이 쉽게 허물어질 것으로 낙관하기 어렵다.

3. 남북한 충돌로 형성된 적개심

북한군 수뇌부들은 그들이 자행한 수많은 무력도발에도 불구하고 하급군인들에게는 한국군이 미군과 더불어 북한을 끊임없이 침략하려 한다고 교육시켜왔다. 상대적으로 수뇌부에 비해 외부와 차단된 하급군인들은 일방적으로 교육받은 상태에서 제1·2차 연평해전과 연평도 포격도발 사건을 직·간접적으로 체험하였다. 또한 북한군 전·사상자들을 통해 전장공포심을 체험함으로써 한국군에 대한 적개심이 상당히 고조되어 있을 가능성이 높다. 또

17. 김용현, 「북한의 군사국가화에 관한 연구」, 동국대대학원, 박사학위 논문, 2001. p. 89.

한 화폐개혁 등 내부 정책이 잇달아 실패하면서 심화된 경제난의 원인 또한 한국과 미국 등 외부세계의 탓으로 돌리는 교육은 현실적인 삶의 어려움에 대한 분노의 대상 또한 한국군으로 전환되었을 것이다. 따라서 북한군들의 한국군에 대한 적개심은 매우 강할 것으로 예상된다.

현재 한국군은 잇단 북한의 무력도발로 인한 전우들과 민간인들에게 피해에 따라 가해자인 북한군에 대한 적개심이 매우 높아져 있다. 이러한 변화는 만 19세 이상 성인남녀를 대상으로 설문조사했던 결과를 통해서도 알 수 있다. 2011년 국민 안보의식 조사에 따르면, 한반도 안보상황이 '전쟁가능성은 낮지만 북한의 무력도발 가능성은 높다(76.1%)', '전쟁이나 북한의 무력도발 가능성은 낮다(15.1%)', '6·25와 같은 전쟁이 일어날 가능성이 높다(5.2%)', '기타(3.6%)'로 나타나는 등 전쟁 가능성은 낮지만 북한의 무력도발에 대한 우려는 높은 것으로 나타났다.[18] 이와 같은 남북한 군인들의 고조된 적개심은 남북한 군사통합 과정에서 사소한 무력충돌을 큰 혼란으로 확대시킬 가능성이 높다.

제2절. 군비축소에 따른 대량 전역으로 인한 사회불안요소의 증가

1. 제대군인 간 보상금 차이로 인한 차별의식

제대하는 북한군이 군사통합 이후 한국정부로부터 퇴직금을 받기 위해서는 「군인연금법」에 근거하여 매월 일정금액을 적립했어야 하나, 현실적으로 불가능했기 때문에 북한군에게 「군인연금법」을 적용해서 한국군과 동일한 수준의 퇴직금을 지급할 수 없다.

군사통합 시 군사력 조정에 따라 병력감축이 이루어질 가능성이 높다. 이때 제대군인들 간 보상금에서 차이가 나면 북한군 출신들이 매우 강하게 반

18. 특임장관실, 『한국인의 가치관 여론조사 결과』, 서울: 특임장관실, 2011, 45p.

발할 수 있다. 특히, 패배감과 차별의식이 결합된다면 부대단위로 반발할 가능성이 있다. 이러한 소요사태는 북한지역 전체로 확산될 수 있으며, 이에 따라 무력충돌 발생 가능성이 높아진다. 이 경우 군사통합은 물론, 정치적 통일 또한 실패로 돌아갈 가능성이 높아지므로 북한군 출신 군인들에 대한 적정 보상금의 지급여부 및 수준은 신중하게 결정해야 한다.

2. 재취업능력 부족으로 인한 빈곤계층화

군사통합에 따른 병력감축 계획에 북한군 출신들의 반발을 낮추기 위해서는 제대 후 한국사회에 안정적으로 정착할 수 있도록 원활한 재취업이 필요하다. 그러나 한국사회에서 살아가기 위한 경험이 없는 상태이므로 한국사회에서 북한군 출신 제대군인들의 재취업은 매우 어려울 것으로 예상 된다.

북한에서 제대군인들은 국가가 일자리를 배정해 주었기 때문에 스스로 취업해야 한다는 의식이 희박하다. 또한 평등주의와 집단주의적 사고에 익숙한 상태이기 때문에 개인의 창의성과 독자성을 바탕으로 한 무한경쟁 체제인 한국사회에서 스스로 취업하는 것은 매우 어려울 것이다. 북한에서 쌓은 경험과 기술은 한국사회에 비해 낙후되거나 상이한 경우가 많아 그대로 적용하기 어렵다.

1990년대 중반 고난의 행군 이후 지속된 경제난은 과거 사회주의 체제하의 집단주의적 노동의식을 약화시켰다. 낮아진 공장 가동률과 생필품의 배급중단은 개인주의적 노동의식으로 전환되어 직장에서의 작업규율과 노동의식의 하락을 가져왔다. 이것은 생산성에 직결되는 문제로써, 북한군 출신 제대군인들의 한국사회 취업활동에 문제가 될 수 있다. 북한에 진출한 민간업체가 북한 인력의 노동생산성을 측정한 결과, 남북한 인력을 동시 투입하여 비교측정이 가능한 부문에서는 북한 인력의 노동생산성은 한국 인력 대비 평균 36% 수준으로 나타났고, 직종별로는 29~52%의 분포를 보였다. 반면에 북한 인력만 투입되어 비교측정이 불가능한 경우에는 공정별로 37~78%의 수준을 나타내었다.[19] 북한 인력의 수동적인 작업태도와 기능의 현저한 차이로 인해 대부분의 한국근로자들은 북한 인력의 체감 생산성을 한국의 1/3~1/4 정도로 느끼고 있었다.[20] 따라서 군사통합에 따라 한꺼번에 많은 북한군 출신 제대군인들이 사회로 배출되면 실업자가 양산되어 빈곤계층이 급증할 우려가 있다.

제5장. 남북한 군사통합 시 북한군 안정화 방안

제1절. 군사통합을 대비한 제도개선 및 전문인력의 양성

1. 관련 법령 개정과 제도 개선

통일한국군의 장비, 조직, 인원, 시설 등 군사력 운영과 관련된 각종 법령을 개정해야 남북한 군사통합을 순조롭게 추진할 수 있을 것이다. 특히 그중에서도 편입되는 북한군의 개인 신상과 직접적으로 관련된 법령을 우선 개정함으로써 안정화를 도모할 수 있다.

군의 인력운용에 관련된 법령은 병역법, 군인사법, 군인연금법, 군인보수법, 국가유공자 등 예우 및 지원에 관한 법률이다.[21] 이 법령들은 현재 한국

19. 최수영.『북한 노동력 활용방안』서울: 통일연구원.2003, 41p.

20. 김규철 남북경협시민연대 대표는 개성공단의 노동생산성과 품질만족도를 남한의 40% 수준이라고 발표한 바 있다.『연합뉴스』, 2007년 2월 25일.

21. 병역법은 그 주요 내용이 병역의무 부과대상, 병역의 종류, 징병검사와 병역 처분, 복무기간, 복무형태, 유급지원병제, 상근예비역, 전환복무 등이며, 군인사법은 계급, 병과, 임용자격, 복무구분, 복무기간, 진급과 휴직, 정년, 전역과 제적, 소청, 징계, 휴가, 보수 등을 규정하고 있다. 또한 군인연금법은 퇴역연금 또는 퇴역연금일시금, 상이연금, 유족급여, 퇴직수당, 재해보상금, 사망조위금 및 재해부조금, 기금과 비용부담 등을 규정하고 있으며, 군인보수법은 적용범위, 봉급, 호봉구분 및 승급, 복무기간 계산, 각종 수당, 상여금, 여비 등을, 국가유공자 등 예우 및 지원에 관한 법률은 유공자 종류, 선정기준, 보상기준, 의료지원, 주택지원, 취학 및 취업지원 등으로 구성되어 있다.

군의 운용실정에 맞춘 법령이므로 통일한국군에 그대로 적용하기에는 맞지 않다. 예를 들어, 병역법 제11조(징병검사)에서는 만 19세가 되는 해에 징병검사를 받도록 규정하고 있다. 그러나 북한군은 만 17세부터 현역으로 복무함으로 이중복무가 될 가능성이 존재한다. 또한 군인연금법 제16조(복무기간의 계산)에는 전투에 종사한 기간은 복무기간을 3배로 계산하도록 하고 있다. 이를 그대로 적용할 경우, 북한군이 한국군 및 동맹군을 대상으로 수행한 전투기간이 복무기간에 삽입되기 때문에 위 전투행위를 제외하는 개정이 이루어져야 한다.

2. 군사통합 전문인력의 양성

독일은 군사통합을 위해 약 600명의 장병 및 군무원으로 편성된 동독지역 사령부를 설치하였다. 또한 동독군 인수에 필요한 대대급 이상 지휘관 및 여단급 이상 부대의 참모요원으로 2천여 명을 선발하여 운용하였다. 통합 당시 동·서독군대 간에는 상호 적대심이 크지 않았고 동독군은 9만여 명에 불과하여 비교적 높은 비율로 동독군을 통합인력으로 활용하였으나, 남북한군은 상호 적대감이 독일의 경우보다는 높을 것으로 예상됨에 따라 더 많은 수의 전문인력이 소요될 것이다.

북한군 통합 시 필요한 전문인력 소요는 남북한 상비군 규모, WMD(대량살상무기)체계, 남북한 군인들 간의 적대의식 등을 고려해서 산출해야 한다. 독일의 경우, 상호 적대의식이 강하지 않는 상태였으므로 대대급 이하 제대의 지휘관을 30~40%만 서독군으로 보직시켜도 별문제가 없었다. 그러나 장기간 분단 상태에서 형성된 적대감이 매우 강하게 남아 있을 것으로 예상되는 남북한은 최소한 대대급 부대에 2명 이상(50%)의 중대장을 한국군으로 보직시켜야 지휘권을 조기에 확립할 수 있을 것이다. 또한 대대급 이상 부대의 참모직위는 한국군에서 보직·파견해야 한다. 이러한 조치는 북한군 병력과 주요 전투장비에 대한 통제권 확보의 용이성과 함께 통합 시 우려되는 저항 활동의 예방가능성을 높여줄 것이다.

단기간에 군사통합에 필요한 전문인력을 양성하는 것은 매우 어렵다. 북한사회 및 북한군에 대한 풍부한 지식과 이해가 바탕이 되어야 원활한 군사 통합을 추진할 수 있으나, 현재 북한사회 및 북한군에 대한 지식을 축적할 기회는 매우 제한되어 빈약한 실정이다. 따라서 반드시 북한지역으로 투입될 인원들에 대해서 북한사회 및 북한군에 대한 체계적인 보수교육이 필요하다.

또한 통일이 임박하여 군사통합에 필요한 전문인력들을 양성하기에는 과목 선정, 교관확보, 수용시설, 가용인력 선발 등 다양한 제한요소가 발생한다. 따라서 예상 소요인력을 양성하여 지속적인 추적 관리가 필요하다. 통일세, 통일헌법 등에 대하여 북한의 반발이 있었음을 고려할 때 북한의 반발을 예방하기 위해서는 군 내부에서 운용 중인 각종 교육기관의 활용 가능성도 열어두어야 한다.

제2절. 통일한국군 편입군인 동화교육

1. 국방관련 법령 및 복지제도의 소개

1) 군인사법

통일한국군의 장교 및 준·부사관으로 재임용되고자 희망하는 북한군을 위해 차별대우를 받지 않는다는 인식을 심어주어야 한다. 이를 위해 각각의 임용조건 및 임용결격사유 등의 교육이 필요하며, 신분별 진급제도를 통한 복무 의욕 고취와 성실한 복무를 유도해야 한다. 특히, 근무실적 평가제도는 상위계급으로 진출, 주요 보직 이동, 각종 선발 시 주요 선발기준이 됨으로 세부 평가사항에 대해 확실한 교육이 필요하며 이것은 통일한국군의 지휘권 확립에 기여할 수 있다.

한국군은 법적으로 명예를 존중하고 정직하면서도 성실하게 근무할 수 있도록 신분을 부여하고 있다. 현재 북한군 내부의 기강해이는 여러 가지 방법으로 확인되고 있다. 특히 대민사고를 저질러도 내부적으로 무마되는 경우가 많기 때문에 불법행위나 비위사실을 저질렀을 경우 매우 엄격한 처벌과 개인 신상에 불이익이 있음을 인식시켜야 한다.

또한 한국군은 정치적 중립을 유지하는 것이 매우 중요하다는 것을 강조해야 한다. 과거의 북한군은 당의 군대로서 당과 수령의 정책을 수호하고 시행하는 집단이었지만, 한국군은 일체의 정치적 언행을 할 수 없으며, 군 외부에서 정치적 의사를 표현할 수 없음을 강조해야 한다. 반면 자신의 의사에 반대되는 부당한 전역, 제적, 휴직 등 불리한 처분에 대해서는 소청제도를 통해 바로 잡을 수 있는 기회가 보장됨을 알려야 한다.

2) 군형법

「군형법」은 대한민국의 영역 내 · 외를 불문하고 이 법에 규정되어 있는 죄를 범한 경우에 적절하게 처벌함으로써 군기 군법 및 질서를 유지하기 위해 제정된 법률로서 모든 군인을 대상으로 적용한다. 이 법에 명시된 죄를 저질렀을 경우에는 전시 · 계엄 상황하에서는 3심제도가 적용되지 않으며 적용되는 처벌의 정도가 매우 강하다. 따라서 통합 초기뿐만 아니라 통합완료 이후에도 반복해서 소개해야 한다.

한국군 주도로 군사통합을 추진하게 되면 통합대상으로 전락하게 됨에 따른 자괴감과 상실감, 통합 후의 불확실한 미래로 인해 일부 북한군 출신 군인들이 군사통합에 반하여 저항행위를 할 가능성이 있다. 만일, 어떠한 형태로도 저항행위가 발생하게 되면 한반도 통일의 완성이 상당기간 지체되거나 통일 자체가 위협 받을 수 있다. 따라서 이러한 행위는 '반란죄'가 적용되어 가장 엄중한 처벌이 따르며, 저항행위를 알면서도 묵인하였을 때도 처벌

됨을 강조함으로써 저항의지를 약화시켜야 한다.

또한 북한군은 1990년대 중반 이후 현재까지 식량난 해소 등을 위해 근무지를 이탈하거나, 대민피해를 입히더라도 묵인하거나 약한 처벌을 받았으나, 한국군은 근무지이탈, 근무태만, 대민피해 시 매우 엄하게 처벌하고 있음을 인식시켜야 한다.

3) 군인복무규율

「군인복무규율」은 「군인사법」 제47조의 2(복무규율)에 근거하여 군인의 복무, 기타 병영생활에 관한 기본사항을 규정함을 목적으로 대통령령으로 제정되었는데 모든 군인들에게 적용된다. 「군인복무규율」은 통일한국군이 지향하는 이념과 사명을 규정하고 있으며, 군인으로서 지녀야 할 정신적 태도와 행동기준을 제시하고 있다. 「군인복무규율」은 군사통합에 따라 남북한 군인들이 같이 생활하는 병영 내에서 반드시 준수해야 할 규정이므로 통합을 전후하여 남북한 모든 군인들을 대상으로 교육이 이루어져야 한다.

4) 통일한국군 복지제도

북한군에게 통일한국군의 복지제도를 소개하는 것은 매우 중요하다. 만성적인 식량부족, 부족한 의료지원 등 열악한 복무여건 속에서 근무해왔던 북한군에게 한국군의 우수한 복지제도는 군사통합 대상으로 전락함에 따른 패배감, 굴욕감, 반발심 등을 조기에 약화시킬 수 있을 것이다. 특히 하위계급의 군인들에게는 '한국군으로 통합되기를 잘됐다'라는 느낌을 갖도록 할 수도 있을 것이다.

다만, 이와 같은 복지제도를 북한군에게 소개할 때에는 통합과 동시에 모든 혜택이 한국군과 똑같이 주어질 것이라는 기대감을 심어줘서는 안 된다. 군사통합에 소요되는 재원이 엄청난 규모일 것으로 예상되는 가운데, 지휘 및 통제체계, 무기체계, 제대 군인들에 대한 보상 등에 가용한 국방비가 우선 배정되어야 함으로 복지 향상에 가용할 수 있는 재원은 제한될 것이다. 따라서 복지 수준은 군사통합이 추진되어 가는 과정에서 단계적으로 향상될 것임을 이해시켜야 한다.

또한 가용재원이 제한됨에 따라 기존 한국군에게 제공되었던 복지 수준도 이전보다 다소 악화될 수 있다. 일시적으로 군사통합 초기 남북한 군대가 통합됨에 따라 병력 규모가 팽창하여 복지수혜 대상자가 급증할 것이기 때문이다. 따라서 기존 한국군을 대상으로 향후 복지제도의 변화 가능성에 대하여 이해시켜야 한다. 이것은 통합과정에서 복지여건의 악화가 북한군 출신 군인에게 불만을 표하거나, 북한군 출신 군인을 경시하는 언행 또는 태도를 보여 군사통합의 저해요소로 발전할 수 있기 때문이다.

2. 내재된 적대감 해소를 위한 정신교육

1) 교육중점

통일한국군에 대한 정신교육은 민족 동질성을 회복할 수 있도록 누적된 상호 적대적 관계를 극복하는 데 중점을 두어야 한다. 공통적으로 우리 민족의 전통적 가치관과 민족공동체 의식을 고양시키는 데 중점을 두며 한국군에게는 북한군의 실상에 대한 이해를, 그리고 북한군에게는 자유민주주의 시장경제 체제의 장점을 적극 이해시켜야 한다. 이를 통해 북한군 출신 군인들에게 내재되어 있는 자본주의 체제에 대한 거부감을 희석시키고 당과 수령의 군대에서 국민의 군대로 변모할 수 있도록 해야 한다.

특히 일방적인 주입식·홍보식·광고식 교육보다는 한국사회 및 북한사회의 이상적 가치와 현실을 비교 설명하여 한국군과 북한군 모두 스스로 통일한국군으로서 지녀야 할 가치관을 새로이 정립하도록 유도하는 것이 바람직하다. 이를 위해서 기존의 한국군은 자유민주주의 체제에 대한 신념과 확신을 바탕으로 북한의 주체사상에 대해서 그 핵심을 이해하고 있어야 한다. 한국군이 이러한 신념과 확신을 가지고 있어야 통일한국과 통일한국군에 대한 믿음과 신뢰를 북한군에게 심어줄 수 있으며, 군사통합에 순응하도록 유도할 수 있기 때문이다.

2) 대적관 정립

독일의 경우 통일이 되기 전까지 우리와 마찬가지로 동독군과 서독군이 상호 주적으로 존재하였으나, 통일 이후 국방전략의 변화로 인하여 주적개념을 별도로 정립하지 않았다. 그러나 통일한국의 경우는 다르다. 국가의 존립을 직접적으로 위협하는 주적이라고 할 때, 미래 한반도 주변 국가들의 움직임은 결코 낙관적으로 예단할 수 없다. 통일과 동시에 상호 간에 주적으로 여기던 남북한 군대가 하나의 군대로 통합됨으로써 주적이 사라졌다고 할 수 있으나, 복잡한 동북아시아 정세 속에서 통일한국의 국가안보를 위협할 수 있는 집단은 언제든지 존재할 수 있다. 따라서 통일 이후 지역정세를 면밀히 살펴 현존위협과 잠재위협을 명확히 식별, 새로운 안보환경에 걸맞은 대적관을 정립해야 한다.

3) 이질성 극복

남북한은 각각의 이념과 정치체제를 유지하기 위해 상호 이질성을 극단적으로 심화시켜 왔다. 남북한 군인들에게 형성되어 있던 상호 이질성은 민족 동질성을 회복하는 데 주요 걸림돌이 될 것이다. 한국군에게 북한군은 6·25전쟁, 1·21사태, 강릉 잠수함 침투사건, 천안함 폭침사건, 연평도 포격도발사건 등 수많은 무력도발을 자행했으며 WMD(대량살상무기)를 개발하고 대한민국의 생존과 발전을 끊임없이 위협하고, 북한 주민들을 억압하는 북한정권을 결사 옹위하는 핵심세력으로 인식되어 왔다. 반면 북한군에게 한국군은 자신들의 체제와 생존을 위협하고 통일을 가로막는 미 제국주의의 하수인으로 인식되어 왔다.

남북한 군인들은 성장과정에서 자국 체제의 우월성을 집중적으로 교육받아 왔기 때문에 상호 간 현실 속 실상을 자세히 인지하지 못하고 있다. 특히 현재 북한군 대부분은 1990년대 중반 고난의 행군 시기에 출생하여 현재의 총체적인 어려움이 북한정권의 책임임을 제대로 인식하지 못하고 있다. 또한 한국에 대한 올바른 인식이 없는 상태에서 입대하였기 때문에 군사통합에 따른 통일한국군으로 복무 시 다양한 문제점이 나타날 것이다.

한국군과 북한군이 통일한국군으로 재편성된 이후 이질성을 극복하고 동질성을 회복하기 위해서는 지난 분단기간 형성된 상호 간에 이질적인 문화 및 가치관을 비교하여 상호간에 대한 이해를 높여야 한다. 이를 바탕으로 남북한이 공통적으로 보유하고 있는 문화·전통·가치관을 중심으로 동질성을 회복시키는 교육이 필요하다. 또한 남북한 군인들을 하나로 묶을 수 있는 슬로건을 설정해서 공동목표로 제시함으로써 같은 조직의 구성원으로 통합시켜야 할 것이다.[22]

제3절. 제대군인 복지대책 및 사회적응 지원

1. 한국사회 정착대비 사회적응교육 지원

지난 60여 년 동안의 극단적인 적대의식 속의 대치상황은 북한군에게 한국군 주도의 군사통합은 미래에 대한 극도의 불안함과 공포심으로 다가올 수 있다. 이러한 심리상태는 한국에 갓 입국한 북한이탈주민들의 심리상태와 유사할 수 있으므로, 하나원 교육체계를 적용하면 생존과 미래에 대한 불

22. 독일의 경우에는 통일독일의 연방군을 하나로 동화시키기 위하여 '민주주의와 문민통치 개념 위의 제복 입은 국민(Uniform in Civil)'이라는 슬로건을 부각시켰다. 제정관 외, 『통일과 무형전력』. 91p.

안함을 치유하고 한국사회에 조기에 정착할 수 있도록 도와주는 데 상당한 효과가 있을 것이다.

북한군 제대군인들에 대한 사회적응 교육은 아래 〈표 3〉과 같이 직급에 따라 구분해서 적응교육을 실시해야 한다.

〈표 3〉 북한군 제대군인들에 대한 직급별 사회적응 교육

구분	통합안정성 저해도	기간
장성 / 정치군인	고	단기간
영관급 장교 / 직업군인	중	중기간
사병	저	장기간

첫째, 북한군 장성들과 정치군인은 우선적으로 교육해야 한다. 이들은 다른 직급들보다 통합에 따른 상실감 그리고 한국사회 편입에 대한 불안감이 가장 큰 집단이다. 따라서 군사통합에 대한 저항의지도 가장 큰 집단이다. 안정적인 군사통합을 위해서 이들은 통합 초기에 단기간에 걸쳐 집중적으로 한국사회에 대한 이해와 적응교육이 필요하다.

둘째, 영관급 장교들을 포함한 제대예정 직업군인들이다. 이들은 북한 지도부 및 군부에 대한 충성심, 북한체제에 대한 긍정적 인식이 잔존하며 어느 정도 안정된 기반을 가지고 있다. 또한 부양가족이 있으므로 재취업 및 보상에 큰 관심을 가지고 있을 것이다. 반면, 북한군 장성 및 정치군인과 같이 통합과정에서의 불만을 저항이라는 행동으로 나타낼 수 있는 조직과 지휘통솔력을 가지고 있다. 따라서 기존의 가치관을 변화시킬 수 있도록 한국사회에 대한 이해와 함께 재취업에 필요한 직업훈련도 중 기간에 걸쳐 병행해야 한다.

셋째, 의무복무 중인 북한군 사병들이다. 이들은 상위계급 군인들에 비해 절대 다수를 차지하기 때문에 반드시 한국사회에 안정적으로 정착해야 한

다. 사병들은 북한사회에서 상위계급 군인들에 비해 적은 혜택과 고단한 삶을 살아왔으므로 지도부와 군부에 대한 충성심이 적을 것으로 보이며, 따라서 군사통합에 대한 저항의지도 가장 약할 것으로 예상된다. 그러나 이들은 만 17세에 입대하여 한국사회에 정착하기 위한 지식, 경험, 기술이 매우 부족할 것이다. 따라서 이들에 대한 사회적응교육을 3단계로 나누어 초기에는 한국사회에 대한 특성에 대해 교육함으로써 한국사회의 이해도를 증진시키고, 이후 장기간에 걸쳐 정규교육과 직업훈련을 병행하여 실시해야 한다. 다만 이들에 대한 교육을 군에서 모든 교육을 담당하기는 어려울 것이다. 따라서 제대 전까지 군에서 한국사회에 대한 기본적인 교육을 실시한 후, 지자체 및 교육부, 고용노동부 등과 연계하여 점진적인 정규교육과 직업훈련을 병행 실시해야 할 것이다.

북한군이 한국사회에서 공통적으로 체감할 것으로 예상되는 것은 크게 남북한 소득격차로 인한 상실감, 자본주의 사회의 황금만능주의, 가치관의 차이로 인한 혼란함, 언어와 문화차이로 인한 소외감 등이 있을 것이다. 소득격차에 따른 상실감을 희석시키기 위해서는 한국사회의 지역별·학력별·연령별 평균소득과 북한이탈주민 및 다문화 가정의 소득수준을 사례로 제시하면서 미래에 대한 비젼을 제시해야 할 것이다.

자본주의 사회는 황금만능주의로서 한국사회에서 행복의 척도는 돈만이 아니라, 다양한 요소로 평가될 수 있음을 인식시켜야 한다. 무소유의 삶을 행하고 신의 품으로 돌아간 종교인들이나, 이웃과 나눔을 통해 행복과 기쁨을 느끼는 사람들이 많이 있으며, 자신의 시간과 노력, 재능을 다른 이에게 봉사하며 행복을 느끼는 이들이 더 많음을 인식시켜야 한다.

가치관의 차이로 인한 혼란함은 다양성과 자유민주주의의 장점에 대해 이해시킴으로써 극복할 수 있을 것이다. 개인의 자유와 권리, 창의성과 독창성이 존중되며, 차별을 거부하며 개인의 능력에 따라 얼마든지 성공할 수 있는 사회임을 이해시켜야 한다.

북한에서는 1964년 이후 주체언어 이론에 따라 '문화어'사업으로 한자어와 외래어를 한글로 전환시켜 사용하고 있다. 반면 한국에서는 한글뿐만 아니라 다양한 언어를 사용하고 있다. 따라서 언어사용으로 인한 이질감을 해소하고 언어와 문화차이로 인한 소외감을 극복할 수 있도록 언어와 문화에 대해 서로 동일한 의미를 공유하여 일체감을 느끼도록 유도해야 한다.

2. 적정수준의 초기 정착자금 지원

초기 정착자금 지원 등 제대군인에 대한 보상금 문제는 군사통합비용에서 큰 부분을 차지할 것이다. 북한군 사병들의 경우, 만 17세에 입대하여 대부분 미혼상태이며, 중학교 졸업 후 입대하기 때문에 교육이 중요하다. 더불어 한국군 사병과의 형평성을 고려하여 금전적인 보상 대신 귀향 후 상급학교 진학 및 직업교육 후 취업활동에 대한 간접적인 지원이 효과적일 것이다. 반면, 사병이 아닌 직업군인들에게는 부양해야 하는 가족과 재취업까지의 생계가 절박하므로 약간의 금전적인 보상이 필요하다. 물론, 이 경우 국민적 합의가 필요할 것이다.

북한군 출신 제대군인들에 대한 적절한 보상은 안정적인 군사통합에서 나아가 완전한 통일에 기여할 것이다. 무엇보다도 중요한 것은 활발한 경제활동이 가능한 연령대의 제대군인들이 저항활동이 아닌 경제활동을 해야 한다는 것이다. 이것은 군사통합의 안정성을 넘어서 통일한국의 정치적 안정과 경제적 발전에 매우 크게 기여할 것이기 때문이다.

3. 복무경력의 재활용 기회 부여

북한지역 대부분의 군사시설은 지하화되어 있다는 것은 이미 오래전부터 알려진 사실이다. 1960년대부터 4대 군사노선을 채택한 북한은 전 국토를 요새화하고 전쟁물자와 탄약, 군수공장 등 주요 군사시설들을 지하화하였다. 지하화된 시설의 특성상 탐지에 많은 시간이 소요될 것인바, 군사통합에 반하는 세력이 이 시설 중 일부라도 장악한다면 안정적인 군사통합과 완성된 통일은 매우 어려워질 수밖에 없다.

따라서 통일이 유효화되는 순간부터 지하화된 북한지역의 주요 군사시설들을 통일한국군 통제하에 둘 수 있어야 한다. 군사시설들의 통제, 군수물자들의 이동, 무기 및 탄약, 전투장비의 폐기 등의 임무에 혼합편성부대를 활용하는 것이 바람직할 것이다.

기존 북한군의 무기체계에 대한 처리방침이 결정되고, 이에 대한 처리계획이 수립되면 군사통합이 유효화됨과 동시에 무기와 탄약들은 지정된 장소로 이동시켜 폐기 혹은 재활용해야 한다. 이 과정에서 중장비, 폭발물 등은 인명피해의 우려가 있으므로 숙달된 인력들이 다루어야 한다. 그러나 북한군의 무기체계는 소련군의 영향을 받았으며, 한국군은 미군의 영향을 받고 있다. 특히, WMD(대량살상무기)체계는 한국군에게 생소한 무기체계이다. 따라서 북한군의 무기체계를 처리할 때 북한군을 활용해야 효율적이고 안전하게 처리할 수 있을 것이다.

4. 취업능력 향상을 위한 직업교육훈련

남북한 군사통합 시 최대 1백만여 명의 제대군인들이 한국사회로 배출될 것으로 예상되는데, 제대군인들의 안정적인 사회정착은 통일의 완성에 대단히 중요하다. 특히, 대다수를 차지하는 북한군 출신 제대군인들은 낯선 한국사회에 쉽게 적응하지 못할 것이 분명하다.

따라서 북한군 제대군인들에게 기본적인 소양교육 및 장·단기 취업능력 강화교육이 필요하다. 이 교육들은 한국사회에서 요구하는 취업능력을 배양하고, 이질성을 극복하기 위한 최소한의 교육이다. 세부적으로, 기본 소양

교육은 제대군인 전체를 대상으로 실시하여 한국사회에 가능한 빠르고 안정적인 정착에 도움을 주어야 한다. 더불어 이 교육과정은 자신의 취업능력을 분석하고 향후 취업활동에 필요한 기본상식을 습득하는 데 중점을 두어야 한다. 장기 취업능력 강화교육의 경우 제대군인들 중 부양해야 할 가족이 없거나 연령이 낮아 경제적 부담이 적은 인원들에게 학교교육기관에서 교육을 받을 수 있도록 하는 것이다. 기존 북한에서의 학력과 연령을 고려하여 중등교육과정과 고등교육과정에 대상인원의 소질과 적성에 맞는 맞춤식 · 특성화 교육이 필요하다.

단기 취업능력 강화교육은 연령이 높아 학교교육을 받기 어렵거나, 부양해야 할 가족이 있어 장기 교육을 받기 어려운 인원들을 대상으로 실시해야 한다. 군과 민간의 전문교육기관 등을 활용하여 짧은 기간 동안 최대한 소질과 적성에 맞는 특정 기술습득 및 자격증 취득 과정을 거쳐 빠른 재취업의 길을 열어주어야 한다.

상기 제시한 장·단기 취업능력 강화교육은 소질과 적성에 따라 취업을 희망하는 직종에 필요한 최소한의 기술을 습득하는 데 중점을 두고 실시해야 한다. 교육기간 소요되는 교육비용 및 생활보장은 국가에서 대부분 부담해야 하며, 또한 교육기간 동안 최소한의 수당을 지급함으로써 교육 여건의 보장과 함께 경제체제에 대한 적응력을 길러주어야 한다. 또한 대상인원당 1개의 과정을 선택하도록 함으로써 효율성을 제고해야 한다.

제6장. 결론

한반도 통일은 북한지역에서 급변사태 등 극심한 혼란상황이 발생함에 따라 한국정부의 주도하에 국제사회와 협력하여 달성하거나, 남북한이 상호대화를 통해 합의해 나아가며 점진적으로 통일을 달성할 수 있다. 이와 같은 방법으로 통일여건이 조성된다면 국가 경쟁력, 체제 우월성, 인구수 등 종합적으로 앞선 한국정부가 주도권을 가지고 통일을 추진하게 될 것이다. 한국정부의 주도로 남북한이 자유민주주의 시장경제 체제로 통일되면, 민족의 동질성 회복을 위해 정치·경제·사회·문화·군사 등 각 분야에 통합이 신속하게 추진되어야 한다. 각 분야의 통합은 민족의 동질성 회복과 안정적 통일을 위해 동시에 추진되어야 하지만, 군사통합은 남북한 통일에 가장 큰 영향을 미칠 수 있으므로 가장 먼저, 그리고 가장 안정적으로 추진되어야 한다.

남북한 군사통합에는 군사통합 이론에 따라 여러 가지 유형을 고려해 볼 수 있으나 경제력, 지원능력, 현대화 수준 등을 비교했을 때 한국군이 주도하여 북한군을 흡수 통합하는 유형이 유력하다. 그러나 남북한의 군사력 수준과 북한군의 특수성을 고려했을 때, 한국정부의 주도하에 통일이 이루어지더라도 군사통합 과정은 쉽지 않을 것으로 예상된다.

북한군은 한국군보다 두 배 정도 많은 120만여 명의 병력을 보유하고 있을 뿐만 아니라, 주요 재래식 지상군 무기의 보유 수량 또한 월등하다. 또한 2012년 이후 장거리미사일(은하 3호)발사와 3차 핵실험에 성공하는 등 WMD(대량살상무기)체계까지 보유하고 있으므로, 북한군은 자신들이 통합대상으로 전락함에 따르는 패배감과 무기력함을 받아들이기 어려울 것이다. 특히, 북한군 지휘부는 북한사회에서 특권계층으로 많은 혜택을 누리고 있으며, 동서독 군사통합과정에서 동독군 장성들이 강제제대 후 어떤 대우를 받았는지 잘 알고 있다. 따라서 한국군 주도의 군사통합에 매우 강하게 반발할 가능성이 크다. 만약 일부 소수의 북한군이 군사통합에 조직적으로 저항하게 되면 그것은 언제든지 북한지역에 대규모 저항으로 확대될 가능성이 존재한다. 이 경우 군사통합뿐만 아니라 궁극적으로 통일한국을 완성하는 데 큰 부정적인 영향을 미칠 수 있다. 따라서 우리는 통일을 준비함에 있어 한국군 주도의 군사통합을 안정적으로 완료하기 위해 군사통합 시 예상되는 문제점을 분석하고, 통일한국군의 일원으로 편입될 북한군과 사회로 배출되는 북한군출신 제대군인들이 통일한국사회에 빠르게 안정화될 수 있도록 방안을 마련해야 한다.

남북한 군사통합 시 예상되는 문제점을 예상해보면, 통일한국군에 북한군이 편입됨으로써 형성되는 내적 이질감과 북한군출신 제대군인들이 통일한국사회에 정착하는 과정에서 사회불안 요소가 증가하는 것을 들 수 있다. 통일한국군에 북한군 일부가 편입되면 수십여 년 동안 형성되어 잠재된 적대감, 적개심, 이질성과 편입대상 선발과정에서의 불신과 갈등 등 사소한 문제가 심각한 갈등으로 확대될 수 있다. 선군정치하에 '당과 수령의 군대'였던 북한군과 '국민의 군대'인 한국군의 군문화가 상이한 가운데 한국군에 편입된 북한군이 과거 군대문화에서 벗어나 변화하지 못한다면 한국군과의 문화적 차이로 인해 갈등이 유발될 수 있다. 또한 편입된 북한군 출신 군인들이 한국군의 현대식 무기체계와 전술교리에 대한 적응도는 다른 한국군 출신 부대원들로부터 무시당하거나 따돌림 당함으로써 갈등이 발생할 수도 있다.

군사력 조정에 따라 북한군 출신 제대군인들은 한국사회에 정착하는 과정에서 심각한 경제적 어려움, 취업능력 부족으로 인한 대량 실업상태에 처할 가능성이 높다. 또한 독일통일과정에서 보듯 발전된 남한사회와 주민들의 삶의 수준을 인식하고 기대하였으나 단기간에 동일한 생활수준으로 도달하기 어렵다는 것을 인지하였을 때 상대적 박탈감과 소외감이 들 것이다. 생활수준의 개선이 기대에 미치지 못하고, 재취업 또한 수월하지 않아 경제적 어려움이 지속된다면 구 북한체제에 대한 동경 등과 함께 불만세력으로 변질될 가능성이 존재한다.

그러므로 조기에 북한군에 대한 안정화 방안을 마련, 군사통합이 유효화되는 순간부터 즉시 시행하여 안정적으로 남북한 군사통합을 완료하기 위한 준비가 필요하다. 통일한국군에 내재된 상호 간의 적대감을 해소하고 민족적 동질성을 회복할 수 있도록 동화교육을 실시하고, 국방관련 법령을 개정하여 통일한국군으로 편입되는 북한군들이 개인 신상과 관련하여 차별받지 않도록 해야 한다. 군복무 시 반드시 숙지해야 할 군 형법, 군인복무규율 등의 법규와 함께 군 복지제도 소개를 통해 북한군 출신 군인들이 미래에 대한 두려움을 걷어내고 그 자리에 기대감을 심어주며, 자랑스러운 통일한국군의 일원으로서 긍지심을 갖도록 해야 한다. 또한 신분별 보수교육을 통해 전술교리 숙달 및 무기 조작능력을 배양하여 통일한국군의 전투력을 저해하지 않도록 해야 한다. 북한군 출신 제대군인들에게는 한국사회 적응에 필요한 소개교육을 실시하고, 적정수준의 초기 정착금을 지원해줘야 한다. 초기 정착금은 의무복무를 하는 사병들은 지원대상에서 제외해야 하며, 부양가족이 있는 직업군인을 대상으로 지급해야 한다. 통합초기에는 적절한 취업능력이 부족한 실태이므로 군복무 시 습득한 기술을 활용할 수 있도록 회수된 북한군 무기체계 해체 시 전문인력으로 활용하거나, 지뢰 및 인공 장애물 제거 인력으로 활용할 수도 있다. 초기단계를 지나 안정적으로 정착할 수 있도록 민간직업교육훈련기관을 이용한 전직지원교육을 실시해야 한다.

지금까지 연구한 바와 같이 남북한 통일과정에서 군사통합이 추진될 때 군사통합이 안정적으로 완료되느냐의 여부가 통일을 완성하는 데 결정적인 영향을 미칠 것으로 보인다. 북한군은 당과 수령을 수호하고 체제보위의 핵심세력으로서 북한사회에서 절대적인 지위를 누리고 있다. 또한 선군정치와 장거리 미사일, WMD(대량살상무기)개발 등은 남북한 군사력을 대등하게 만드는 요소로써, 결과적으로 북한군을 대상으로 한국군이 주도하는 군사통합은 결코 순탄치 않은 협상과정을 겪을 것으로 보인다.

남북한의 통일이 언제 다가올지 알 수 없다. 그러나 통일이 가시화되지 않더라도 우리는 통일이 한반도에 가져올 이득과 고난을 예상할 수 있다. 남북한 통일이 아직 가시화되지 않은 지금부터라도 '안정적인 남북한 군사통합 방안'을 더욱 구체화한 다음, 군사통합을 대비한 조직과 전문인력을 충분히 양성하여 미래에 다가올 남북한 통일이 성공적인 통일이 되도록 준비해야 한다.

〈참고문헌〉

단행본 및 논문

· 권양주, 『남북한 군사통합 구상』, 서울: 한국국방연구원, 2009

· '한국의 군사력 현황과 건설방향', 『남북한 군사력의 현재와 미래』, 서울: 한국국방연구원, 2010

· 국방부, 『2012 국방백서』, 서울: 국방부, 2012

· 김광수, '조선인민군의 창설과 발전', 『북한군사문제의 재조명』, 서울: 한울아카데미, 2006

· 김동명, 『독일 통일, 그리고 한반도의 선택』, 서울: 한울아카데미, 2010

· 김용현, 「북한의 군사국가화에 관한 연구」, 동국대대학원, 박사학위 논문, 2001

· 송인영, 『중국의 정치와 군』, 서울: 한울아카데미, 1995

· 신인호, '독일의 군비통제와 군개혁', 『한반도 군비통제』 제31호, 국방부 군비통제실, 2002유제현, 『월남전쟁』, 서울: 한원, 1992

· 유호열, '정치 외교분야에서의 북한 급변사태', 『북한의 급변사태와 우리의 대응』, 서울: 한울아카데미, 2006

· 육군본부, 『정훈 50년사』, 서울: 육군본부, 1991

· 이규호, 『국민윤리의 이론과 실제』, 서울: 문우사, 1982

· 제정관 외, 『통일과 무형전력』, 서울: 국방대학교 안보문제연구소, 2002

· 제정관, 『한반도 통일과 군사통합, 서울: 한누리미디어, 2008

· 특임장관실, 『한국인의 가치관 여론조사 결과』, 서울: 특임장관실, 2011

· 최수영, 『북한 노동력 활용방안』, 서울: 통일연구원, 2003

· 한용섭, '통일국군의 위상과 남북한 군사력 통합 방안', 『군사논단』 통권 제 14호 및 15호, 1998

신문

· 『연합뉴스』, 〈통일초대석〉 김규철 남북경협시민연대 대표, 2007년 2월 25일

사이버안보와 한국의 대응전략
- 대응조직의 마련과 시스템 구축을 중심으로 -

영남대학교 군사학과 **최 혁 준**

제1장. 서론

세계 최고수준의 네트워크 전산망, 정보처리산업기반기술, 인터넷 보급률 등 IT기술에서 전 세계를 주도하고 있는 것이 바로 대한민국이다. 그렇다 보니 전사회적으로 정보통신기술, 사이버인프라에 대한 의존도가 급증했고 개인과 조직에서 사이버활동이 활발히 이루어짐에 따라 사회 내에 수많은 정보통신기반이 사이버공격의 표적이 되기에 이르렀다. 이러한 환경에서 사이버공간에서의 범죄와 악의적인 해킹, 주변국의 사이버도발 등 사이버위협 사례가 증가하여 국가안보에 심대한 영향을 미치는 것으로 그 문제점이 대두되고 있다.

사이버위협은 단순히 사이버공격에 의한 사이버공간에서의 피해 형태로 발생했던 과거에서 더욱 진화하여 사이버공격에 의해 국가적 차원의 실제적 물리적 피해를 발생시키는 것이 가능한 단계에까지 도달하였다. 사이버공격의 종류 또한 해킹, 악성코드 유포, DDos공격 등으로 매우 다양한 공격유형이 산재해 있고 스턱스넷Stuxnet과 같이 공격대상에게 물리적 피해를 가할 수 있는 무기체계까지 등장하였다. 사이버위협의 주체 또한 국가의 단위를 넘어서서 불법테러조직, 개인 등 주체의 범위가 넓어지고 있다.

이러한 사이버안보 개념의 확장에 따라 북한의 대남도발 양상 또한 새로운 국면에 접어들고 있다. 2003년 1·25대란을 시작으로 2009년 7·7 DDos공격, 2011년 3·4 DDos공격, 농협 전산장애, 지속적인 GPS교란, 2013년 3·20사이버공격, 6·25사이버공격 등 북한은 기존의 재래식 전력을 기반으로 일삼던 도발에서 사이버전 공격의 빈도를 급격히 늘리며 한국에 대하여 새로운 도발을 일삼고 있다.

북한이 사이버전의 중요성을 인지하고 꾸준히 전력증강을 꾀하는 시점에서 그에 대비한 우리의 노력이 다소 미흡하다는 지적이 끊임없이 흘러나오고 있다. '국가사이버 안전관리규정'과 같은 법률을 채택하고 청와대와 국정원을 필두로 한 사이버보안 컨트롤 타워의 설치, 국방부 산하 사이버사령부 창설 등 사이버전력 증강을 위한 변화의 움직임들이 있었다. 그러나 미흡한 법률기반으로 인해 사이버재난 발생 시 대응측면에서 사각지대가 발생하고 사이버안보를 관리하는 여러 정부기관들 간의 갈등, 적극적인 개념의 사이버전을 수행하기 위한 핵심전력의 부재 그리고 무엇보다 사이버관련 재난 발생 시 이에 대처하기 위해 성급하게 마련된 법, 제도, 기관, 시나리오 및 훈련 프로그램 등으로 인해 실질적인 사이버안보 위기상황에서 국민의 생명과 재산을 보호해야 할 정부가 실효적인 대책을 마련하고 대처할 수 있을 것인가 하는 의문이 계속해서 제기되고 있는 실정이다.

이에 본 논문에서는 사이버안보의 중요성을 강조하고 북한의 대남 사이버도발 사례에 대해 간략히 살펴보며 대표적인 세계 사이버전 사례를 들어 현재 어떠한 사이버전 양상이 펼쳐지는지 알아보고자 한다. 그리고 우리의 주적인 북한과 우리와 가장 긴밀한 동맹국이자 가장 선진화된 사이버전 능력을 구축하고 있는 미국에 대해 알아보고자 한다. 적국과 선진국의 능력을 토대로 우리의 사이버전 능력 증강 방안 모색을 위해 한국의 사이버전 수행능력의 취약성을 살펴보고 보완점 및 대응방안을 제시하고자 한다.

제2장. 사이버안보 위협

1. 사이버안보의 중요성

사이버공간은 정보기기와 컴퓨터 그리고 인터넷 등의 네트워크로 연결된 가상공간으로 전 세계 모든 분야를 촘촘한 그물망의 형태로 연결하고 있다. 이는 국민 생활의 보편적인 영역에서부터 국가단위의 핵심기능까지 모든 것을 총망라하여 지대한 영향력을 발휘한다는 의미이다. 만약 원활하게 운영되는 사이버공간에서 정체를 알 수 없는 어떤 존재에 의해 의도적인 침입이 발생하였고 그 존재에 의해 일정량의 정보가 해킹되었으며 동시에 불법적으로 유포된 악성코드에 의해 사이버공간에서의 어떤 기능이 마비되었다고 가정해 보자. 한 개인의 입장에서는 개인의 신상정보가 유출되어 심리적, 금전적 피해가 발생할 수 있고 기업의 차원에서는 기업의 핵심 기술이 유출되어 기업 경쟁력에 막대한 손실을 입을 수 있다. 국가차원에서는 국가운영의 핵심 기능이 마비되어 천문학적인 국고의 손실 혹은 자동화시스템에 의해 운용되는 시설이 마비되어 직접적인 인명피해가 발생할 수도 있다.

지금까지 언급된 여러 가정들이 실제 세계 곳곳에서 발생하고 있는 사이버위협에 의한 피해사례이며 세계 각국은 이미 총성 없는 전쟁 즉 사이버전쟁에 돌입한 상태라고 봐야 한다. 제임스 캔턴은 "제3차 세계대전은 이미 시작되었다."고 하면서 3차대전은 현실에서의 전쟁뿐만 아니라 사이버공간 또한 전쟁터로 이용된다고 강조하였다.[1] 우리나라 또한 캔턴이 말하는 사이버공간에서의 전장에 이미 놓여 있다.

1. 제임스 캔턴, 『극단적인 미래예측』, 김영사 2007. 275쪽 이하 참조

2. 북한의 사이버도발 사례[2]

1) 1·25대란(2003)

2003년 1월 25일 오후 2시경 미국, 호주 등 해외로부터 유입된 슬래머 웜Slammer Worm이 초당 1만~5만 개의 패킷을 대량 생산하여 네트워크를 공격함으로써 KT가 운영하는 국제 관문국인 서울 혜화전화국의 도메인네임 시스템 서버가 엄청난 양의 데이터 트래픽을 이기지 못하고 처리 속도가 급격히 떨어지는 등 심각한 병목현상이 발생하였고, 이로 인해 외국으로의 인터넷 접속장애 및 국내 DNS서버에 과부하를 초래하여 인터넷이 중단된 사고이다.

국가	한국	일본	중국	미국
감염시스템 수 (전세계 감염서버 대비 비율)	8,848 (11.82%)	1,288 (1.72%)	4,708 (6.29%)	32,091 (42.87%)
슬래머웜 발생 후 30분간 전 세계적으로 약 75,000대 감염				

(출처: 인터넷데이터분석협회[CAIDA])

미국의 산학연관 협업 연구기관인 CAIDAThe Cooperative Association for Internet Data Analysis의 발표에 따르면, 전세계 'Microsoft SQL 서버 2000' 중 취약점 업데이트(패치 업데이트)를 하지 않은 서버의 90%가 10분 이내에 감염되었다고 보고하였으며, 국내에서는 전 세계 감염시스템(약 7만 5천 개)의 11.8%인 8천 8백여 개가 감염되어 일본의 약 7배, 중국의 약 2배에 달하는 것으로 보고되었다.

2. 고려대학교 산학협력단, 「사이버위협 시나리오 개발 및 대응방안 연구-최종보고서」, 2014년, p4-14 참고

1·25대란의 경우 장차 대한민국이 받게 될 사이버위협의 신호탄임과 동시에 우리의 사이버위협에 대한 국가차원의 대응전력이 매우 미흡하며 또한 국민 개개인의 사이버보안에 대한 의식수준이 현저히 낮다는 것을 시사한다.

2) 7·7 DDoS(2009)와 3·4 DDoS(2011)

2009년 7월 5일 미국의 21개 주요 정부기관, 금융, 인터넷 포털 사이트를 대상으로 한 대규모 DDoS 공격을 시작으로 7월 10일까지 총 4차례에 걸쳐 미국 국내 주요 정부기관, 금융기관 및 인터넷 포털 사이트를 대상으로 DDoS 공격이 발생하였다. 우리나라의 경우에는 7월 7일부터 10일까지 총 3차례에 걸친 DDoS 공격으로 청와대 등 주요 정부기관과 인터넷 사이트가 마비되는 사건이 발생하게 되었다. 국내외 DDoS 사건의 경과를 살펴보면 다음의 표와 같다.

〈7.7 DDoS 사건 기간별 경과사항〉

구분	기간	주요 공격대상
1차 DDoS 공격	2009. 7. 5~6	미국 21개 주요 정부기관, 금융, 인터넷사이트 등 대규모 공격 발생
2차 DDoS 공격	2009. 7. 7~8	국내 12개, 미국 14개 주요 정부기관, 금융, 인터넷사이트 등 대규모 공격 발생
3차 DDoS 공격	2009. 7. 8~9	국내 15개, 미국 1개 주요 정부기관, 금융, 인터넷사이트 등 대규모 공격 발생
4차 DDoS 공격	2009. 7. 9~10	국내 7개 주요 정부기관, 금융, 인터넷사이트 등 대규모 공격 발생

(출처: Cisco Systems Korea, 2009. 7. 16.)

공격에 이용된 악성코드에는 공격 대상 웹사이트 목록을 담은 파일BinImage/Host, 네트워크 트래픽을 유발하는 다수의 에이전트Agent.67072.DL,Agent.65536.

VE 등이 있다. 이들 악성코드가 설치된 PC는 이른바 '좀비PC'가 되어 일제히 특정 웹사이트를 공격하며, 하나의 PC에서 수십 개의 웹사이트를 공격하는 공격 방식이 기존 공격과 다른 특징이다.[3]

이후 2011년 3월 3일 오후 5시경 7·7 DDoS 대란의 업그레이드판이라 할 수 있는 3.4 DDoS 공격이 개시된다. 최초로 국내 포털 사이트 및 공공기관의 웹 사이트에 대한 공격 징후가 발생하였고, 이후 4일 오전 10시와 오후 6시 30분 사이 국방, 은행, 인터넷 포털, 공공기관 등 총 40개의 웹 사이트를 대상으로 DDoS 공격이 발생하였다.

7·7 DDoS 대란과 3.4 DDoS 공격은 개인 사용자 PC가 DDoS 공격자인 점, 배포지로 P2P 사이트가 활용됐다는 점, 외부 서버로부터 명령을 받으며 사전 계획대로 공격이 이루어졌다는 점 등이 유사하다. 그러나 3·4 DDoS 공격의 경우 기존의 닷넷프레임웍 기반인 윈도우 2000/XP/2003에 국한되지 않고 모든 윈도우 운영체제에 대한 파괴가 가능하고 공격 때마다 파일구성이 달라지고 새로운 파일이 추가 제작돼 분석 및 대응에 걸리는 시간과 노력이 증가했으며 호스트 파일 변조로 백신 업데이트를 방해해 치료하지 못하게 하는 기능이 추가되어 보다 업그레이드된 공격 양상을 전개하였다.

〈3·4 DDoS 공격 대상 기관〉

기관유형	공격진행시간	
	1차 공격(3월 4일 오전 10시)	2차 공격(3월 4일 오후 6시 30분)
공공	경찰청 외 9개 기관	경찰청 외 14개 기관
국방	공군본부 외 6개 기관	공군본부 외 9개 기관
민간	-	네이버 외 6개 기관
은행	국민은행 외 5개 기관	국민은행

(출처: KISA)

3. 안철수연구소, '악성코드, 이렇게 대응한다 #3 7.7 DDoS 인터넷 대란', 2010. 06. 22

3) 농협 전산장애(2011)

농협 전산망 마비 사태는 2011년 4월 12일 농협 전산망에 있는 자료가 대규모로 손상되어 수일에 걸쳐 전체 또는 일부 서비스 이용이 마비된 사건이다.[4] 해커가 제작한 악성코드가 농협 내부 사설 IP를 이용해 서버에 접속했고 트로이 목마 방식의 악성코드를 심었다. 악성코드가 패치관리 시스템 서버를 타고 각 PC에 퍼진 후, 7개월 동안 꾸준히 감시하면서 공격 시점을 정했다.[5]

한국인터넷진흥원에서 검찰과 공조하여 54개 사고관련 악성코드를 분석하였는데, 검찰에 제공한 결과에 따르면 이 사건으로 인해 농협 내부망 전산서버 시스템 587대 중 273대가 파괴되었다.[6]

4) GPS 교란(2010)

GPS 신호는 약 −160dBW의 낮은 전력을 가지며 반송파 주파수 및 PRN 코드열과 같은 신호 규격이 공개되어 있어서 비고의적인 또는 고의적인 교란 신호에 취약하다. GPS 교란 신호가 발생하면, 차량이나 항공기, 선박 등의 항법이 불가능하며, 시각동기를 요구하는 통신망과 금융망도 사용이 제한된다.[7]

미래부에 따르면 북한은 2010년을 시작으로 3년간 3차례에 걸친 GPS 전파교란으로 국내 이동통신기지국과 민·군 장비 GPS 수신기에 혼선을 유발시켜 통신품질을 저하시키는 피해를 입혔다고 한다. 우리 정부는 북한의 잇따른 전파교란 시도에 대해 2011년과 2012년 두 차례에 걸쳐 방송통신위원

4. 위키백과, 농협 전산망 마비 사태
5. 안랩, 〈[Special Report] APT 공격의 현재와 대응 방안〉, 2014. 01. 29
6. 한국인터넷진흥원, 〈2011년도 국정감사 업무현황〉
7. 임덕원, 〈GPS 전파교란 피해사례와 감시기술 동향〉, 한국항공우주연구원, Vol.11 No.1, 2013

장 명의의 항의서한을 북측에 전달했지만, 북한은 항의서한 접수를 거부했다.[8]

민간에서의 정보통신, 전자기기는 물론 특히, 군에서 운용되는 전자장비의 경우 GPS에 상당부분 의존하고 있다. 이에 초점을 맞춘 북한의 GPS 전파교란은 평시의 발생하는 경제적 손실뿐만 아니라 유사시 전투수행의 투입될 우리군의 첨단무기체계에 심대한 위협이 된다. 따라서 확실한 대응방안을 마련해야 한다.

5) 3·20 사이버공격(2013)과 6·25 사이버공격(2013)

3·20 사이버공격은 2013년 3월 20일 오후 2시 50분경 국내 주요 언론사와 금융권의 전산망이 악성코드에 감염되어 다운된 사태이다. 방송 및 금융부분 6개사 전산망이 동시에 마비되어 최장 10일 간의 복구 기간이 소요되었다.

공격자가 제작한 악성코드는 트로이 목마 방식으로 유포되어, 소프트웨어 업데이트와 운영체제 패치 등을 관리해주는 PMS를 통해 피해 기관 내 PC에 악성코드를 자동으로 감염시켰다. 감염된 PC를 통해 중앙 관리 서버, DB 관련 포트 등의 정보를 수집한 후 서버 변조를 위한 추가 악성코드를 유포시켰다.[9]

이러한 방식으로 KBS, MBC, YTN 등 주요 방송사와 언론사가 피해를 입었으며, 신한금융 계열의 신한은행과 제주은행 전산망이 장애를 일으켰고, 농협은행도 일부 PC에 장애가 발생하여 인터넷을 차단하는 등 피해가 발생하였다. 3·20 사이버공격으로 피해를 입은 PC는 3만 2천여 대로 추정

---

8. 연합뉴스, 〈북한 GPS 전파교란으로 3년간 민 · 군 장비 피해〉
9. Red Alert, 〈3.20 사이버테러 사고 분석 보고서〉

되며, 사실상 손상된 데이터의 복구가 불가능하다고 전망되었다.

6·25 사이버공격은 2013년 6월 25일 오전 9시 10분경 청와대 홈페이지 및 주요정부기관 등에 대한 사이버 공격이 감행된 사건이다. 이 공격 또한 3.20 사이버 공격의 북한의 해킹 수법과 일치하는 것으로 정부에서는 북한의 소행이라고 공식 발표했다.

6·25 사이버공격으로 인해 아래 표에서 제시하는 바와 같은 피해가 발생하였는데 특히 주목해야 할 사항으로 홈페이지 변조를 일으켜 변조된 홈페이지 화면에 '통일대통령 김정은 장군님 만세!!' 문구를 띄움으로써 사이버 공격의 주체가 북한이라는 것을 스스로 밝힌 것이다. 도발의 대담성이 한층 높아졌음을 볼 수 있다.

〈6·25 사이버공격 전산 마비 피해〉

피해 방식	피해 내용
홈페이지 변조	청와대 홈페이지의 일부를 변조하여 홈페이지 화면에 '통일대통령 김정은 장군님 만세!!' 문구 띄움
분산서비스거부(DDoS) 공격	"정부통합전산센터"의 DNS(gcc.go.kr)에 무작위로 생성한 도메인 질의를 통해 분산서비스거부(DDoS) 공격 수행
신상정보 공개	공격자는 웹 사이트 변조를 통해 새누리당원, 군장병, 청와대, 미 25보병사단, 미 3해병사단, 미 1기병사단 신상정보 유출

(출처: Red Alert)

3. 세계 사이버전 사례

사이버위협, 사이버전쟁 등은 대한민국 외에도 세계적으로 이슈가 되고 있다. 대한민국에서의 사이버전 양상은 북한이라는 단일공격 주체로부터의 도발로 그 공격양상이 한정되어 있다. 그렇기 때문에 전 세계에서 사이버전 양상이 어떻게 펼쳐지는지 인지하고 그에 맞는 현대화된 대응전력을 갖추기 위해서는 세계 사이버전 사례를 연구할 필요가 있다.

〈세계 사이버전 주요 사례〉

년 도	내 용
1986	소련이 미국 미사일 방어체계 정보 입수를 위해 관련 연구소 침입을 시도함
2000	이스라엘 – 팔레스타인 4개월간 사이버전 수행 이스라엘 텔아비브 증권거래소와 은행 등 40여 개 사이트 파괴
2001	미국 정찰기와 중국 전투기가 충돌한 사건 이후 미–중 해킹전이 시작됨 백악관 사이트 일시 마비
2004	중국 해커들이 한국 국방 연구소, 원자력연구소, 외교부, 언론사 등 사이트 집중 공격
2005	일본 방위청, 경찰청 컴퓨터 시스템에 해킹 흔적이 발견됨
2007	중국 해커들이 미국 국방부 동아태국 정보를 집중 공격하여 초토화시킴 로버트 게이츠 국방장관의 컴퓨터까지 침입함 러시아 해커들이 에스토니아 정부, 언론, 방송, 은행전산망 일제 공격
2009	오바마 미국 대통령 당선인을 비롯한 주요 인사 33명의 블로그 해킹 피해 미국 국방부 차세대 전투기(F–35)자료 유출 청와대, 백악관 등 주요 사이트가 DDoS 공격을 받아 다운되거나 접속 장애 발생

(출처: 서울신문. 2008)

2009년 이전에 발생한 사이버첩보와 국가 간 사이버공격 등 다양한 사례 등이 위 표에 제시된 바와 같으며 이외에도 러시아–에스토니아전(2007), 러시아–그루지아전(2008), Stuxnet(2010) 등의 사례를 들 수 있다. 본 3절에서는 그중 확실한 특성을 갖는 세 가지 사례에 대해서 구체적으로 알아보고자 한다.

1) 러시아 파이프라인 폭파사건(1982)

최초의 군사적 사이버작전이라 할 수 있는 러시아 파이프라인 폭파사건은 스텍스넷Stuxnet보다 30년 전에 수행된 작전이지만, 기반시설 공격에 악성코드가 사용된 공격으로 유사성이 깊다. CIA는 이 공격에서 악성코드를 파이프라인 제어시스템에 숨겨놓았고, 이 악성코드가 작동하여 물리적 폭발까지 발생했다. CIA가 소비에트 파이프라인 제어시스템을 조작해서 폭발을 초래

했다는 것이다.[10]

이는 사이버공격으로 적국의 산업기반시설, 정부기관시설에 침투 오작동을 일으켜 직접적으로 물리적인 피해를 입히는 것이 가능하며 실제로 국가마다 무수히 많은 공격대상이 존재하고 있어 실제 사이버전에서 이와 같은 양상이 전개될 경우 적국 혹은 자국의 치명적인 위협이 될 것이라는 오늘날의 연구가 이미 30여 년 전 과거에 실현되었음을 보여주는 사례이다.

2) 걸프전(1992)

걸프전 당시 미국 NSANational Security Agency는 이라크에 수출된 프린터 내 마이크로 칩에 바이러스를 숨겨둬 전쟁 초기 바이러스를 이용해 이라크 방공시스템Iraqi air defence system을 무력화시켰다.[11] 이라크 공습을 실행하기 전에 이와 같은 사이버공격을 통해 이라크 방공 지휘센터의 메인 컴퓨터 시스템을 혼란시키고 방공시스템 'C31'의 기능을 마비시켜 개전 초기 확실하게 제공권을 장악하는 데 크게 기여하였다. 이 사건을 계기로 미국은 사이버전의 효용성을 확실하게 인지하고 사이버전 수행과 네트워크 보안을 전략적인 개념으로 여기기 시작했다.

3) 1차·2차 미-중 사이버분쟁(1999, 2001)

나토군의 일원이었던 미군은 1999년 5월 8일 세르비아 베오그라드 주재 중국 대사관을 폭격했다. 세르비아 정부군이 독립을 요구하는 알바니아계 코소보 주민을 유혈 진압하자 나토군이 군사 작전에 나서는 과정에서 벌이진 일이었다. 이 일로 중국 대사관 직원 3명이 죽고 중국 내에서는 극렬

10. 고려대학교 산학협력단, 「사이버위협 시나리오 개발 및 대응방안 연구-최종보고서」, 2014년. 15쪽 이하 참고

11. 안랩, 〈[보안포커스] 걸프전은 최초의 사이버 전쟁일까?〉, 2014. 02.11

한 반미 시위가 벌어졌다. 시위는 사이버공간으로 이어져 수많은 컴퓨터 해커들이 중국 주재 미국 대사관을 비롯하여 미국 내무부와 에너지부 등 정부 웹사이트를 무차별 공격했다. 내무부 홈페이지로 침입한 해커들은 공습으로 희생된 중국 대사관 직원 3명의 사진을 게재했고 에너지부 홈페이지에는 '나치를 닮은 미국의 폭거에 항거라하!'라는 격문을 임의로 띄웠다.[12]

당시 미국 대통령이었던 빌 클린턴은 폭격을 '비극적인 실수'라며 유감을 표시했고 중앙정보국CIA은 타격 목표를 잘못 설정한 데에 따른 오폭이었다며 사과하고 중국정부가 반미 시위세력을 완화시키며 분쟁은 일단락되었다.

2차 미-중 사이버분쟁은 2001년 4월 미 해군 EP-3 에어리스 정찰기가 남중국해 공해 상공에서 첩보활동을 벌여 중국이 F-8 전투기를 보내 공중 충돌시킨 데에서 비롯되었다. 이후 미국 승무원에 대한 억류를 반대하는 미국 전문가 집단이 65개의 중국 웹사이트를 훼손했고 이에 대한 보복으로 중국 해커 그룹인 'Hoker Union of China', 'Chinese Red Quest' 등은 2001년 5월 1일부터 7일까지를 'Hack the USA' 주간으로 선포하였다. 중국 해커 그룹은 이때 백악관, 미 공군, 에너지부를 포함한 1000여 개 이상의 미국 웹사이트를 공격하였다. 공격 받은 웹사이트는 서비스가 불능되거나 중국 국기 사진 등으로 도배되었다.

이와 같이 사이버공격의 주체가 국가가 아닌 민간단체 혹은 개인일 수도 있다. 민간단체나 개인의 의한 사이버공격의 경우 마땅한 제재 및 통제 수단이 없기 때문에 예방하고 대응하는 측면에서 훨씬 더 큰 어려움이 따른다.

이렇게 각각 다른 특수성을 갖는 세계 사이버전 사례를 살펴보았다. 물리적 피해발생 가능성이 존재하고 단 한 번의 공격으로 국가 전체의 군사기반을 붕괴시킬 수 있으며 또 이러한 공격을 수행하는 주체의 범위 또한 지나치

---

12. 미국 ABC 뉴스, 1999-05-12

게 광범위하다는 점은 사이버전이 국가안보 차원에서 깊이 있게 다뤄져야 하며 우리가 사이버전 수행능력을 구비해야 한다는 확실한 당위성을 제공한다.

제3장. 주변국의 사이버전 능력 현황

앞선 사례들로부터 제공된 사이버전 역량 강화의 당위성을 바탕으로 현재 대표적인 선진국으로서 미국과 우리의 주적인 북한이 어느 정도 수준의 사이버전 능력을 갖추고 있는지 알아보고자 한다.

1 미국의 사이버전 능력

미국은 2009년 5월에 발표된 '사이버정책 검토 보고서(yberspace Policy Review: Assuring a Trusted and Resilient Information and Communications Infrastructure'를 기점으로 미국의 사이버 안보 및 전력에 대한 논의를 발전시키고 체계화하고 있다. 우선 미국은 사이버 영역을 새로운 작전 영역으로 보고 있다.[13] 제임스 클래퍼 美 국가정보국장이 2013년 3월 美 상원 정보위원회에서 "미국이 직면한 최대의 안보위협은 사이버공격과 사이버첩보 활동이다. 사이버공격은 북한의 핵위협이나 시리아의 내전보다 더 위험하다."고 언급한 것을 보면, 미국은 사이버 공간을 작전영역, 즉 전장으로 인식하고 있음을 엿볼 수 있다. 미국의 국가차원의 사이버전 조직체계는 아래 그림과 같다.[14]

13. 임종인, 2013. 5. '[특집Ⅱ] 인터넷 보안-외국의 사이버공격전 대비 현황', 월간 과학기술, vol528, p52

14. 유동렬, 『사이버 공간과 국가안보』, 북앤피플, 2012.12.29., p139

〈미국의 국가차원 사이버안보 조직체계〉

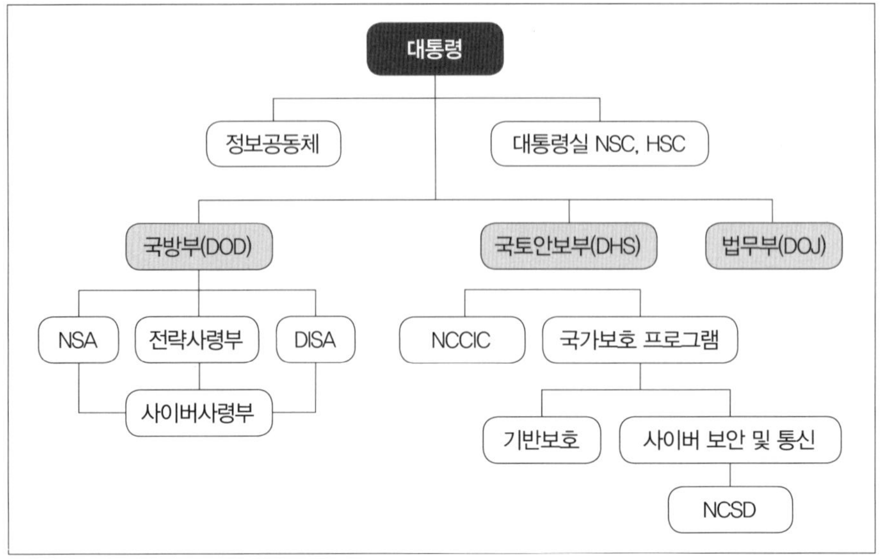

(출처: 고려대학교 산학협력단, 사이버위협 시나리오 개발 및 대응방안 연구, 2014년. p49)

오바마 대통령은 2009년 사이버안보 관련 보좌관을 신설하였으며, 2010년 5월에는 4성 장군을 사령관으로 하는 美 사이버사령부United States Cyber Command, USCYBERCOM를 창설하였다.[15] 그리고 2012년에는 美 사이버예비군 창설을 발표하였다. 또한 2013년부터 2017년에 걸쳐 사이버무기 개발 프로젝트인 '플랜X'를 추진하는 등 사이버위협에 대응하기 위해 군 차원에서도 빠르게 움직이고 있다.[16]

2013년 1월 2일 美 오바마 대통령은 2013 회계연도 국방수권법National Defense Authorization Act에 서명하였다. 이 국방수권법의 내용을 살펴보면 사이버 사령부 운영과 사이버 국방 기술 획득 및 연구개발에 수백만 달러의 예산을 할당하는 등 사이버 영역에 대한 미 국방부의 높은 관심을 확인할 수 있

15. 위키백과, 미국 사이버 사령부, https://en.wikipedia.org/wiki/United_States_Cyber_Command
16. 임종인, 〈[특집Ⅱ] 인터넷 보안-외국의 사이버공격전 대비 현황〉, 월간 과학기술 2013. 5, vol528, p52

다.[17] 실제로 오바마 행정부는 사이버안보부문의 2014년 회계연도 예산을 전년 대비 21%가 늘어난 47억 달러를 제안하였는데, 다른 정보기관들의 예산이 총 44억 달러 감축된 것을 고려하면 매우 큰 성장세로 볼 수 있다.[18]

2014년 미국은 국방수권법National Defense Authorization Act을 통하여 사이버안보에 관한 국가적인 차원의 협의를 모색하였다. 사이버관련 인력의 탄력적인 운영의 일환으로 사이버관련 단일 조직에 대한 권한, 능력과 분쟁 해결 교육을 통해 구성원들이 직접 운영하고 생각할 수 있는 힘을 기르고, CYBERCOM 직원이 아닌 정보 및 사이버보안 관련 민간 직원, 전투 무기 운용 경험이 있는 사병을 활용할 수 있는 방법을 고안하기로 하였다. 또한 유사시 신호정보에 대한 수집권한을 미국 사이버사령부CYBERCOM에 위임할 수 있도록 하고, 국가안보국NSA이 사이버 공간에서 활용하는 인프라와 장비를 CYBERCOM에 제공하기로 하였다. 더불어 미국을 통해 타 국가로 유출될 수 있는 사이버무기 및 관련 기술 확산을 막는 다양한 제도 및 교육을 강화하며, 주요 사이버무기의 취약점을 평가하는 방안을 확대하였다. 2014년 국방수권법을 통해 사이버안보라는 목표를 달성하기 위한 공동 메커니즘을 통해 강력한 리더십을 제공할 것을 강조하였고, 민간에 대한 협력과 지원을 통한 상생을 통해 사이버전문 인력 확보 및 최신 기술에 대한 관리를 강화하였다.

미 국방부는 2016년까지 사이버사령부 산하에 사이버공격 능력을 갖춘 사이버 전투부대를 두는 계획을 수립하고, 인력확보를 추진 중에 있다. 미 국방부 사이버인력 충원 개요를 살펴보면, 현재 900명 수준의 미 사이버사령부 인력에 대하여 6,000명 수준으로 확대할 계획이며, 특히 인력 충원의 주요 목적을 사이버공격 역량 강화에 집중할 것으로 알려졌다. 또한 사이버

17. 보안뉴스, 〈2013 국방수권법안을 통해 본 향후 美 국방부의 사이버정책 방향〉, 2013-01-16
18. 손영동, 『0과1의 끝없는 전쟁』, 인포더 북스, 2013. 10., p267

사령부 산하에 국가 임무 부대(핵심기반시설 보호), 전투 임무 부대(적국에 사이버공격 수행), 사이버 방호 부대(국방 컴퓨터시스템 방호) 세 가지 임무에 따른 133개 팀을 갖춘 하위 부대를 설립할 계획이다.

미 육군 사이버 사령관 Rodney D Harri는 2014년 9월, 미 육군이 사이버 방호 여단을 창설한다는 사실을 발표하였다. 미 육군 사이버사령부Army Cyber Command는 최근 업무 증가로 2년 내에 두 배 규모로 확대가 필요하며, 조지아주 Fort Gordon에 여단급 규모로 확대하여 주둔하기로 하였다. 또한 사이버 전문가 커리어 관리를 위해 CMF 17이라는 병과를 만들고, 산하에 사이버전 장교 병과인 CMF 17A, 사이버전 전문가 병과인 CMF 17C를 신설하는 계획을 발표하였다.

또한 연방정부로부터 급여 및 각종 혜택을 받으면서 국가 위기상황 발생 시 대응하고 주 방위군의 의무를 수행하는 방호인력을 조직하는 법률을 제정하였으며, 전쟁 시 부대 배치를 받고 활동을 수행하지만 평시 훈련의 의무는 없는 방호인력인 사이버예비군을 조직하고 지원하는 법률을 제정하였다.

추가로 'Cyber Warrior Act of 2013'을 통해 미국의 모든 주의 사이버방위군을 대상으로 사이버공격에 대한 즉각적인 대응이 가능하도록 권한을 부여하고 국가에서 교육을 지원하는 법률을 제정하였으며, 합참 지휘 통제 하에 사이버사령부와 기타부대들의 합동관점 사이버전투 임무수행 훈련인 'Cyber Flag'를 실행함으로써 국방부 네트워크 위협에 관한 실시간 탐지, 평가, 대응능력을 개발하고 있다. 공격과 방어능력 동시향상을 위한 훈련으로는 NSA 주관 'CDX'대회를 개최하고, 사이버사령부 주관으로 국가 기반시설의 보호, 예방, 복구를 대비한 훈련인 'Cyber Guard' 훈련을 실시함으로써 사이버사령부, 사이버예비군, 주방위군, DHS, 법무부, FBI 등 연합 사이버 방어임무 수행훈련을 실시하고 있다.

2. 북한의 사이버전 능력

2014년 국정조사에서 북한이 '전략사이버사령부'를 창설, 운영하고 있다는 사실이 공개되었다.[19] 2012년 김정은 국방위원장의 지시로 기존의 전자전 부대를 확대·개편했으며, 2010년에는 1,000명, 2012년에는 3,000명이었던 사이버요원의 수 역시 2014년 현재 5,900명에 달하는 것으로 분석하였다.[20]

북한의 기존 사이버전 조직체계는 탈북자의 증언, 첩보, 문헌 연구 등을 통해 다음 그림과 같은 체계를 통해 구성되어 있음을 알 수 있다.

〈북한의 사이버전 기구〉

국방위원회
중잠모루
정찰총국 (사이버전 총본산)
지휘자동화국
적공국
31소 해킹 프로그램 개발
32소 군 관련 프로그램 개발
56소 지휘통신 프로그램 개발
204소 軍 상대 e-심리전
전자정찰국 (사이버전 지도국 121국) 해킹 및 사이버전 전담부대
91소 해커부대
31, 32소 사회 일반 e심리전
자료조사실 정치, 경제, 사회기관 해킹
기술정찰조 110호 연구소 군, 전략기관 사이버공격

(출처: 고려대학교 산학협력단, 사이버위협 시나리오 개발 및 대응방안 연구, 2014년. p59)

---

19. KBS TV, '북 사이버전 요원 5,900여 명… 해킹 실력 상당' 2014-10-8
20. 임종인 외, 『북한의 사이버전력 현황과 한국의 국가적 대응전략』, 한국국방연구원, 국방정책연구, 제29권 제 4호, p21~31, 2013년

위와 같은 조직체계를 운용하는 데 필요한 인적자원은 북한 내 유수의 대학을 통해서 효과적으로 양성되며, 이렇게 양성된 인력은 각 부대에 배치되어 대한민국을 대상으로 하는 다양한 사이버작전에 투입된다. 이러한 북한의 사이버전 관련 각 기구와 주요 임무는 다음 표와 같이 정리할 수 있다.

〈북한의 사이버전 관련 기구와 주요임무〉

<table>
<tr><th>기능</th><th colspan="2">부서</th><th>주요임무</th></tr>
<tr><td rowspan="3">사이버 요원 양성
및
연구</td><td colspan="2">김일성 군사대학</td><td>- 1966년 개설, 5년제 전산과정
- 1,000여 명 사이버전사 양성</td></tr>
<tr><td colspan="2">김일 정치군사대학</td><td>- 1996년 미림대학, 지휘자동화대학
- 전자전연구 및 사이버전사양성</td></tr>
<tr><td colspan="2">정찰총국 모란봉대학</td><td>- 정찰총국 작전국 소속
- 사이버전 대비 전문가 양성</td></tr>
<tr><td rowspan="7">사이버 공작 실행</td><td rowspan="5">총 참모부</td><td>지휘 자동화국</td><td>- 군지휘통신 교란 등 전자전수행
- 31소, 32소, 56소</td></tr>
<tr><td>적공국 204소</td><td>- 한국군대상 사이버심리전 전개
- 역정보, 허위정보 유출</td></tr>
<tr><td>작전국 413,128
연락소</td><td>- 한국 및 해외정보 수집, 해킹
- 전담요원 해외파견, 사이버테러</td></tr>
<tr><td>기술국
100연구소</td><td>- 구 기술정찰조(121+100)확대
- 한국 주요 정보 수집, 해킹
- 사이버테러(디도스공격)</td></tr>
<tr><td>해외정보국 자료
조사실</td><td>- 한국 전략정보 수집, 해킹전담
- 사이버전담요원 해외주재</td></tr>
<tr><td colspan="2">225국</td><td>- 한국 전략정보 수집, 해킹전담
- 사이버전담요원 해외주재</td></tr>
<tr><td>당</td><td>통일전선부</td><td>- 대남 사이버 심리전 전담
- 120여 개 친북사이트 운영
- 트위터, 유튜브 등 SNS 공작
- 여론조작 댓글팀 가동
- 남남갈등, 사회교란 시도</td></tr>
</table>

(출처: 고려대학교 산학협력단, 사이버위협 시나리오 개발 및 대응방안 연구, 2014년. p60)

북한의 사이버 인프라의 경우 인터넷과 인트라넷의 이중화, 정보통신 인프라의 절대적인 부족, 완전한 국가독점 및 국가통제를 특징으로 한다. 북한의 인터넷과 인트라넷 분리구축 정책은 북한의 독자적 사이버전략의 결과물로 1996년 북한만이 사용하는 독립적인 망을 구축하였다. 2013년 5월 20일자 '자주민보'에 게재된 '북의 최후의 결전은 사이버전이다.'라는 글을 보면 북한만의 폐쇄망을 구축하는 것을 '사이버 자주 노선'이라고 일컫고 있다. 북한은 일반 기관과 주민을 위한 '광명'과 이와 분리된 '붉은검(국가보안성)', '방패(국가보위부)', '금별(군)' 등 각 기관별 독립된 망을 운영하고 있다. 광명에는 3,700여 기관이 이용하고 있으며, 이용자 수는 5만 명에 이른다.

북한은 중국 단둥과 신의주를 잇는 광통신망을 통해 중국의 차이나텔레콤으로부터 회선을 할당받아 중국 IP를 통해 인터넷을 이용하고 있다. 때문에 중국의 필터링 정책에 의해 걸러진 인터넷 콘텐츠에 대해서만 접근이 가능하다. 월드뱅크 통계에 따르면 북한의 인터넷 사용자 수는 인구 대비 0%에 가까우며, 세계 최저수준이라고 한다. 북한에서 인터넷을 이용할 수 있는 인원은 북한 정부에서 신뢰할 수 있는 간부급 인원수 백 명에 지나지 않는다. 또한 북한 검열이 없는 인터넷은 독일서버에 위성 접속하여 사용이 가능하며 외국인과 소수의 엘리트들만 사용이 가능하다. 북한의 모든 PC는 보안서버나 보위부에 등록되며 인터넷에 접근할 수 있는 기능이 차단되고, 전기사정이 좋지 못해 컴퓨터를 쓸 수 있는 시간도 제한된다. 전반적으로 부족한 인터넷 인프라와 낮은 이용률 등 북한의 사이버 인프라는 매우 빈약한 상황이라고 할 수 있다. 그러나 아이러니컬하게도 이러한 부족한 인프라가 외부로부터의 사이버공격에 대한 방어 측면에서는 북한의 사이버전 수행의 강점으로 작용하고 있다.

인적자원측면에서 북한의 사이버전력은 구체적으로 밝혀진 것이 없어 이견이 많은 부분이기도 하다. 북한 사이버전 인력에 대한 보도 자료나 연구

자료들을 보면 매우 다양한 수치를 보이고 있다. 여기서 산출되는 인원수에 대해서도 사이버부대원, 사이버전 관련인력, 사이버전사, 해커 등 다양한 주체들이 언급되지만, 구체적으로 각기 어떤 관련이 있는지도 명확하지 않다. 하지만 방어와 달리 사이버공격은 고도의 능력을 갖춘 해커라면 불과 수십 명의 소수 정예만으로도 큰 위력을 발휘할 수 있어 실제로는 사이버전사의 규모는 크게 중요하지 않다. 지금까지의 사이버공격 사례를 볼 때 북한은 현재 한국을 위협할 수준의 해커들을 충분히 확보하고 있는 것으로 보인다.

그밖에도 북한의 사이버 전사들이 북한 사회에서 상당히 높은 봉급과 포상, 유학과 같은 특혜를 받고 있다는 점을 주목해야 한다. 금성 중학교를 최우수성적으로 졸업하는 학생에게는 우수대학 진학, 외국유학, 부모의 평양 생활 보장 등 특혜를 주는 제도적장치가 마련되어 있다.[21] 또한 대좌(대령)급 이상 정보전사 가족들은 매달 미화 400달러 정도를 받는 등 안정된 생활을 하고 있다고 한다.[22] 2009년 7.7디도스 공격에 참여했던 해커 전원에게 유학 등의 다양한 특혜를 주었다고 하며,[23] KBS를 포함한 대남 사이버공격에 참여했던 사이버전사들은 김정은의 직접 지시로 평양의 고급 아파트를 배정받았고, 훈장 등 포상을 받았다고 한다. 북한은 이처럼 사이버전의 전략적 중요성에 걸맞은 사회적 대우를 통해 안정적으로 우수한 인력을 확보하고 있음을 알 수 있다.

교육체계의 경우 북한은 80년대부터 국가차원에서 체계적으로 해커를 양성해왔으며, 매년 많은 수의 사이버전사를 배출해오고 있다. 북한은 가장 우수한 인재들을 조기에 뽑아 최고의 교육기관에서 중등교육, 고등교육, 부서교육 등의 세 단계로 나누어 집중적인 해커전문 교육훈련을 시킨다고 한

---

21. 데일리안, '북, 군사망 무력화시킬 사이버전 감행 가능', 2011-06-01
22. 자유아시아방송, '북한군 정찰총국, 사이버 요원 해외 급파', 2013-03-21
23. 아시아경제, '북 사이버전 수준은 세계 3위', 2012-06-7

다. 북한에서는 방어보다는 공격을 목적으로 해커를 대규모 양성하고 있으며, 사이버공격 교육을 위한 별도의 교재가 존재하고, 사이버공격과 관련된 교육 내용은 철저한 보안사항이라고 한다.[24] 북한의 해킹 교육은 자신들의 능력을 검증하기 위해 수시로 실전 훈련 형태로 진행된다고 한다. 글로벌포스트지는 인터넷 인프라가 취약한 북한이 사이버공간에서 가장 위협적인 국가가 될 수 있었던 주요한 이유로 효과적이고 강력한 교육훈련 시스템을 꼽고 있으며,[25] 제프리 카는 북한이 정보전 능력을 개발하는 데 많은 돈을 투자하고, 기술훈련을 위해 정보전 전사들을 인도와 중국의 일류 대학에 보내는 등의 노력을 통해 사이버 전사들을 잘 훈련시키고 있다고 말하고 있다.[26] 이처럼 북한은 확실한 제도적 기반 아래 높은 대우와 체계적인 교육시스템을 통해 수준 높은 사이버전사를 배출하는 안정적인 사이버안보 생태계를 마련한 것으로 보인다.

제4장. 한국의 사이버전 대응 문제점 및 발전방안

사이버위협의 심각성을 인지하고 세계 각국이 앞다투어 사이버전 수행능력을 증강시키는 요즘 이에 발맞춰 한국 또한 사이버전력 증강을 위해 많은 노력을 기울이고 있다. 그러나 제도적, 법적 기반이 미흡한 상황에서 선진국의 제도를 모방하는 데 급급하며 위기 발생 시마다 후속조치 차원의 대처에 그치는 대응방안들은 분명히 한계를 드러내고 있다. 특히 한국은 휴전상

24. TV조선, '앞으로 북한이 노릴 사이버공격 대상은?', 2013. 10. 17.
25. Global Post, 'North Korea: How the least-wired country became a hacking superpower.', 2013-05-22
26. ZDNet, 'Q&A of the Week: The Current State of the Cyber Warfare Threat featuring Jeffrey Carr', 2012-5-11

태의 분단국이라는 상황에서 북한이라는 분명한 주적이 존재하고 이들의 위협에 항상 노출된다는 점, 사회 전 분야에서 ICT기술에 대한 높은 의존도를 보이는 반면 보안의식은 매우 낮고 불법소프트웨어, 불법콘텐츠 등의 대한 높은 사용률을 보여 사이버위협을 가중시킨다는 점 등이 작용하여 사이버전 수행능력을 증강시킴에 있어서 큰 걸림돌로 작용하고 있다. 보다 구체적인 문제점을 파악하고 그에 대한 발전방안을 제시하고자 한다.

1. 한국의 사이버전 수행 취약성

첫 번째, 사이버공격에 대응할 수 있는 법제도가 미흡하다. 법률이 일률적이지 않고 산재되어 있어 중복 규정, 모순 규정이 발생하는 등 다양한 비효율을 초래하고 있다. 사례를 살펴보면 우선 사이버안보를 담당하는 세 주요기관 중 하나인 인터넷침해대응센터는 정보통신망 이용촉진 및 정보보호 등에 관한 법률에 그 설립근거를 두고 있다. 국군기무사령부령 제1조에서는 정보통신기반보호법 제8조의 규정에 의하여 지정된 주요정보통신기반시설에 대한 기술적 지원 가운데 국방분야에 관한 사항을 관장하기 위하여 국군기무사령부를 둘 수 있도록 하고 있다. 이를 근거로 국군기무사령부 휘하에 국방정보전 대응센터가 설립될 수 있었다.

반면 국가정보원 내의 국가사이버안전센터의 경우에는 국가사이버안전관리규정(대통령훈령 제222호)에 그 근거를 두고 있다. 이렇게 사이버안보 관련 주요기관 세 곳이 모두 각기 다른 법적 근거하에 존재하고 역할을 수행하고 있다. 이러한 산재된 법적 근거 속에서 역할과 책임의 충돌, 사각지대의 발생 등 다양한 비효율이 초래되고 있는 것이다. 더불어 국가사이버안전관리규정의 근거를 둔 국가사이버안전전략회의의 경우 국가정보원장이 이를 총괄·조정하도록 하고 있으며 교육과학기술부, 외교통상부, 법무부, 대통령실 외교안보수석비서 등 중앙행정기관과 공공기관 및 지방자치단체장들까지도 국가정보원장의 지시를 받아야 한다는 점을 볼 때 전략회의의 구성이나 업무에 대한 근거가 법률이나 명령보다 하위의 훈령이 있다는 것 또한 크나큰 비효율을 초래하는 요인이다.[27]

두 번째, 주변국과 사이버관련 사안을 공조할 수 있는 시스템이 부족하다. 한국을 겨냥한 사이버공격의 시발점은 국내가 아닌 국외인 경우가 대다수이다. 특히, 북한은 자국의 사이버전사를 중국 내로 파견하여 중국에서 우리나라로 사이버공격작전을 구사하는 수법을 반복하고 있다. 이때 이들을 색출하고 공격원점을 찾아내어 무력화시키는 것이 가장 확실하고 효과적인 대응이라 할 수 있는데 중국의 경우 국가의 네트워크망이 거대한 인트라넷으로 구성되어 있기 때문에 상호 간의 협의에 의한 공조 없이는 접근 자체에 상당한 제약이 걸리는 것이 현실이다.

세 번째, 정부와 민간 상호 간의 정보 공유가 미흡하다. 빠르게 변화하는 사이버환경의 특수성을 고려했을 때 정부기관에 소속되어 있는 인적자원들보다는 현장에서 직접 보안시스템을 구축하고 관리하는 민간 인적자원들이 사이버전 수행에 큰 효율을 발휘할 것이다. 또한 민간 자원이 소속되어 구성된 독립 조직은 민·관 상호간의 정보 불균형 해소에 기여하고 정보기관들 간의 보다 완전한 형태의 권력분립을 이루는 데 큰 도움이 될 것이다.

네 번째, 한국의 사이버전 조직체계는 어느 정도 구조화가 이뤄져 있는 상태이지만 조직들 간의 협의체계가 부족하다. 법적 근거가 혼재되어 있어 조직들 간의 권한과 책임, 역할의 경계가 모호한 상황에서 갈등이 상존해 있는 실정이다. 이를 해소하기 위해 조직체계 전체를 아우르는 협의체는 물론 조직들 간의 일대일 협의체를 구성하는 것도 고려되어야 할 사안이다.

---

27. 육소영(Yook So-Young), '사이버보안법의 제정 필요성에 관한 연구: 미국법과의 비교를 중심으로', 公法學硏究 Vol.11 No.2 [2010], p13 이하

다섯 번째, 공격형 사이버부대 양성이 부실하다. 현재 북한의 사이버위협에 대응하기 위해 다양한 프로그램을 활용하여 방어작전을 주 임무로 하는 사이버부대, 화이트해커 양상에 상당한 노력을 기울이고 있다. 그러나 한정된 국방예산, 민감한 국제여론을 의식하여 적극적인 공세작전을 구사할 수 있는 공격형 사이버부대 양성에는 소극적인 모습을 보이고 있다. 그 결과 우리 군의 방어형 사이버전력과 공격형 사이버 전력 양성의 불균형이 매우 심각한 것으로 드러났다. 북한은 가장 특출한 인재를 선별하여 이들은 사이버 공격을 주 임무로 수행하는 사이버전사로 양성한다는 점을 볼 때 우리도 공격작전 수행이 가능한 사이버부대를 확대 운용해야 한다는 필요성을 제기해 본다.

2. 한국의 사이버전 능력 향상방안

위에서 제시한 한국의 사이버전 능력의 취약성을 보완하고 향후 사이버위협에 효과적으로 대응할 수 있는 역량을 구비하기 위해 다음과 같은 방안을 제언한다.

첫 번째, 사이버안보에 관한 전체를 아우르는 기본 법률을 제정해야 한다. 이를 '사이버안보기본법'이라 가칭하며 기본법에는 모든 사이버안보 관련 조직의 설치 및 존재 이유가 명시되어 있어야 하며 기관의 권한과 책임의 범위가 분명하게 명시되어 있어야 한다. 또한 예산배정의 당위성을 뒷받침할 수 있는 내용이 포함되어야 하며 기본법을 토대로 통일적 기준을 제시하고 중립적이고 일관되게 적용될 관리기준을 제시하여야 한다. '사이버안보기본법'을 규정이나 훈령 등 모든 것을 뛰어넘는 상위근거법률로 제정하여 중복규정, 모순규정의 발생을 최소화하고 조직들의 역할 수행에 있어서 발생하는 비효율 감소효과를 기대할 수 있다.

두 번째, 국정원이나 국방부 혹은 청와대 차원의 핫라인 개설을 통해 사이버공격에 의한 위기발생 시 신속하게 관련국과 공조하여 공격근원을 색출하고 무력화시키는 제도적 기반을 마련할 것을 제언한다. 사이버환경의 특성상 지정학적 요인과는 관계없이 인접한 주변국들이 모두 상이한 사이버안보환경에 놓여 있어 기존의 전통안보 개념에서의 다자간 안보협의체의 구성은 매우 어렵다. 특히 한국이 속한 동북아 지역의 경우 한·중·일 그리고 러시아 모두 사이버안보 측면에서 서로 다른 이해관계에 놓여 있기 때문에 동북아 전체의 사이버안보협의체의 구성은 상당한 국력이 소모될 것이라 판단된다. 그럼에도 불구하고 북한의 사이버위협에 효과적으로 대응하기 위해서는 주변국과의 공조체계는 필수불가결한 요소이므로 중국과 일본 러시아 각국과 일대일공조체계를 마련하는 것이 효과적일 것이다. 또한 최근 한국의 미국과 중국과의 관계가 동북아정세의 매우 민감한 이슈로 떠오르고 있음을 감안하여 공조체계는 동맹의 수준에서의 협의보다는 그보다 낮은 수준의 협조체계 정도로 관계를 유지하는 것이 바람직하다 판단된다.

세 번째, 정부와 민간의 원활한 정보공유 및 정보기관의 권력분립을 위해 가칭 '사이버안보민간위원회'를 설치할 것을 제언한다. '사이버안보민간위원회'는 민간기업에서의 사이버보안 실무자, 민간에서 활동하는 해커 등 급변하는 사이버환경에 신속하고 유기적으로 대처할 수 있는 자원들을 주축으로 구성하며 정부산하기관과의 원활한 소통을 위해 각 부처에서 파견된 인원들을 일부 소속시켜 구성한다. '사이버안보민간위원회'는 사이버안보와 관련된 사안들에 한해서 미래창조과학부, 국방부, 행정자치부 등의 정부부처와 동급의 책임과 권한을 부여하여 사이버안보의 특화된 역할을 수행할 뿐만 아니라 각 조직을 견제할 수 있는 기능까지 수행하게 하여야 한다. 조직의 구성과 권한부여를 통해 사이버위협에 대한 효과적인 대응능력 향상은 물론 정부와 민간사이의 원활한 정보공유 활동을 통해 정보 불균형을 해소하고 민간인적자원이 주축이 되는 조직의 신설을 통해 특정기관의 정보축적에 의한 권력의 집중을 방지하고 보다 완전한 형태의 권력분립을 추구할 수 있게 될 것이다. 미국이 사이버안보 관련 정부산하기관을 운영하는 것과 동시에 NSA, FBI, CIA, 육·해·공·해병대 정보부대 등 16개 정보공동체를 운영하는 것과 맥락을 같이하여 국가의 정보수집역량 및 사이버전 수행 능력을 향상시킴과 동시에 정부조직 간의 권력의 균형을 유지할 수 있는 최선의 방안이라고 할 수 있다. '사이버안보민간위원회'를 설치할 경우 한국의 사이버안보 컨트롤타워 조직체계는 다음과 같이 구성될 것이다.

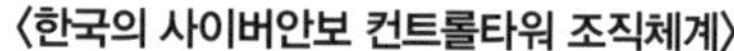
〈한국의 사이버안보 컨트롤타워 조직체계〉

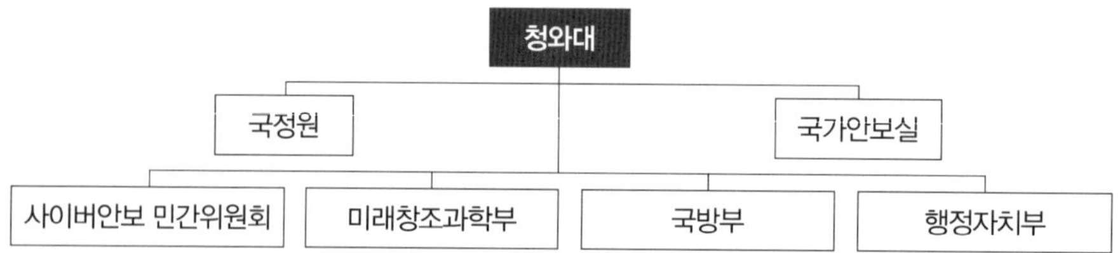

네 번째, 사이버안보 컨트롤타워들 간의 다양한 협의체의 구성 및 협업 활동에 대한 확실한 법적근거 마련을 제언한다. 컨트롤타워들 간의 협의체 조직은 유사시 신속한 공동대응 기반이 마련되는 것임과 동시에 사이버위협에 대한 대응능력을 크게 향상시키는 촉매 역할을 할 것이다. 뿐만 아니라 평시에는 협의체의 꾸준한 정보공유, 협업 활동으로 각 조직 간의 상존해왔던 갈등을 해소하는 데 기여할 것이다. 이를 위해 앞서 문제점에 언급한 바와 같이 컨트롤타워 전체를 아우르는 협의체뿐만 아니라 각 컨트롤타워들 간의 일대일 협의체를 조직하는 데 주목하여야 한다. 명목상으로 협의체를 조직하는 데 그칠 것이 아니라 협의체의 구체적인 활동내용(정기적인 업무보고 및 의견교환활동, 구체적인 시나리오하의 합동대응 훈련, 실제사안에 대한 협업활동 등)을 명시한 법적 근거를 마련하여 협의체가 전·평시 구분 없이 제 기능을 발휘할 수 있도록 해야 한다.

다섯 번째, 제도적 기반 마련을 통해 공격형 사이버부대 양성 확대를 제언한다. 공격형부대를 양성한다는 것은 자칫 주변국과의 관계에서 긴장감을 조성하고 동북아 지역의 안보딜레마를 심화시키는 결과를 초래할 수 있다. 특히 사이버전 수행능력 면에서 공격형사이버 부대를 양성하는 것은 오늘날 현대전이 네트워크중심전EBO 양상으로 전개된다는 것을 고려할 때 분명 주변국의 민감한 반응을 유발할 것이다. 그러나 이미 북한은 꾸준히 사이버전력 증강을 위한 노력을 통해 상당한 수준의 사이버공격 수행능력을 확보하였고 중국의 경우 사이버전 수행역량이 이미 미국의 방어체계를 무력화 시키고 백악관, 펜타곤 등 미국의 핵심시설에 침투할 수 있는 수준에 이르렀다. 동북아 지역에서 사이버안보딜레마는 이미 시작되었으며 한국은 이미 후발주자로 많이 뒤처져 있는 실정이다. 주변국의 민감한 반응을 의식하여 우리의 역량 강화를 주저하기 보다는 확실한 의지하에 제도적 기반을 만들고 사이버공격작전 수행이 가능한 부대 양성을 확대해야 할 시점이다. 특히 사이버공격전력 만큼은 합법적으로 무력을 관리 · 운용하고 유사시 전쟁을 수행하는 군의 특수성을 활용하는 방안으로 증강계획을 수립해야 할 것이다.

여섯 번째, 사이버 영역별 보안자격제도와 '국가공인사이버보안자격증' 신설을 제언한다. 국가공인자격증제도 내에, 보다 전문화된 사이버보안 부문을 신설하여 기존의 정보처리기사, SIS, 정보보안기사 자격증보다 한층 더 전문화된 내용으로 구성하여 운영한다. 이 자격증 제도의 전문성과 실효성을 국가차원에서 인증·관리하여 학생들이 취업을 준비하고 기업이 인사채용을 실시하는 데 있어서 상당한 메리트를 발휘하도록 유도한다면 자연스럽게 사이버보안 자격제도가 안정적으로 자리 잡게 되고 국가차원에서는 고급 사이버인력을 체계적으로 관리할 수 있는 또 하나의 시스템을 구축하는 효과를 보게 될 것이다. 여기서 그치지 않고 정보보호병, 사이버수사병, 공군

정보체계관리병 등과 같은 기존의 IT특기병 제도를 확대하여 '국가공인사이버보안자격증'을 취득한 군 입대 자원들에 대한 특수보직을 추가 신설하고 특히 사이버사령부나 각 부처의 정보공유·분석센터에서 복무기간 중 근무할 수 있도록 여건을 보장하는 등 사이버보안자격제도와 병역법이 통합적으로 활용될 수 있도록 신설·개정할 필요가 있다.

제5장. 결론

사이버안보는 점차 국가안보의 핵심사안으로 자리잡고 있다. 앞서 언급한 바와 같이 미국은 사이버위협을 자국이 직면한 최대의 안보위협으로 인지하고 사이버전력 증강에 박차를 가하고 있다. 우리의 주적으로 끊임없이 도발수위를 높여가는 북한도 기존의 전통적방식의 위협에서 사이버공격을 통한 대남도발로 그 도발방식의 변화를 꾀하고 있다. 이에 우리 또한 사이버전력 증강을 위해 노력을 기울이고 있으나 여러 가지 취약성을 보이고 있다. 취약성을 보완하고 한국의 사이버전 능력 향상을 위해 다음과 같은 방안을 제언한다.

첫째, '사이버안보기본법'의 제정을 통해 기존의 산재되어 있는 법률적 근거를 하나로 통합시키고 중복규정, 모순규정을 최소화시킴으로써 사이버전 수행의 효율성을 끌어올려야 한다.

둘째, 국정원 혹은 청와대 수준의 핫라인 개설을 통해 유사시 주변국 특히 중국과 접촉할 수 있는 사이버 공조체계를 개설해야한다.

셋째, '사이버안보민간위원회'의 설치를 통해 사이버전 수행능력을 갖추는데 민간자원을 적극적으로 활용할 수 있는 또 하나의 장을 마련해야 한다.

넷째, 사이버안보 컨트롤타워들 간에 다양한 협의체를 조직하여 사이버위협에 대한 신속한 대응능력 확보해야 한다.

다섯째, 국방부 산하의 공격형 사이버부대 확충을 위한 제도적 기반 마련을 통해 기존의 전력보다 획기적인 전력증강을 꾀하여야 한다.

여섯째, '국가공인사이버보안자격증' 제도를 신설하고 이를 병역법에 확대 적용시켜 기존의 IT특기병 제도를 확대 운영하여야 한다.

한국은 사이버전 수행역량을 강화시키고자 하는 노력에 있어서 여러 가지 문제점에 봉착해 있다. 법적 제도적 기반이 부재한 상황에서 시시각각 발생하는 사이버테러에 대응하기 위해 무작정 선진국의 제도를 반영하여 마련된 대응방안은 그 한계가 분명하다. 한국의 사이버안보 환경을 치밀하게 분석하고 우리의 실정에 맞는 우리가 가진 문제점들을 보완할 수 있는 구체적인 방안들이 제시되어야 한다. 이를 위해서는 향후 꾸준한 방안 모색이 필요하다. 이러한 노력을 통해서만이 우리에게 다가오는 사이버위협을 온전히 걷어낼 수 있을 것이다.

〈참고문헌〉

단행본 및 논문

· 제임스 캔턴『극단적인 미래예측, 김영사 2007. 275쪽 이하 참조
· 고려대학교 산학협력단, '사이버위협 시나리오 개발 및 대응방안 연구-최종보고서' 2014년. p4-14 참고
· 안철수연구소, 〈악성코드, 이렇게 대응한다 #3 7.7 DDoS 인터넷 대란〉, 2010. 06. 22
· 안랩, 〈[Special Report] APT 공격의 현재와 대응 방안〉, 2014. 01. 29
· 한국인터넷진흥원, 〈2011년도 국정감사 업무현황〉
· 임덕원, 〈GPS 전파교란 피해사례와 감시기술 동향〉, 한국항공우주연구원, Vol.11 No.1, 2013
· Red Alert, 〈3.20 사이버테러 사고 분석 보고서〉
· 안랩, 〈[보안포커스]걸프전은 최초의 사이버 전쟁일까?〉, 2014. 02.11
· 임종인, 〈"[특집Ⅱ] 인터넷 보안 – 외국의 사이버공격전 대비 현황"〉,
· 월간 과학기술 2013. 5., vol528, p52
· 유동렬, 〈"사이버 공간과 국가안보"〉, 북앤피플, 2012.12.29., p139
· 손영동, 〈"0과1의 끝없는 전쟁"〉, 인포더 북스, 2013. 10., p267
· 임종인 외, 〈"북한의 사이버전력 현황과 한국의 국가적 대응전략"〉, 한국국방연구원, 국방정책연구, 제29권 제 4호, p21~31, 2013년
· 육소영(Yook So-Young), 〈사이버보안법의 제정 필요성에 관한 연구: 미국법과의 비교를 중심으로〉, 公法學硏究 Vol.11 No.2 [2010], p13 이하

싸이트

· 위키백과, 농협 전산망 마비 사태
· 위키백과, 미국 사이버 사령부, https://en.wikipedia.org/wiki/United_States_Cyber_Command

신문

· 연합뉴스, 〈북한 GPS 전파교란으로 3년간 민 · 군 장비 피해〉
· 미국 ABC 뉴스, 1999-05-12
· 보안뉴스, '2013 국방수권법안을 통해 본 향후 美 국방부의 사이버정책 방향〉, 013-01-16
· KBS TV, '북 사이버전 요원 5,900여 명… 해킹 실력 상당', 2014-10-8
· 데일리안, '북, 군사망 무력화시킬 사이버전 감행 가능', 2011-06-01
· 자유아시아방송, '북한군 정찰총국, 사이버 요원 해외 급파', 2013-03-21
· 아시아경제, '북 사이버전 수준은 세계 3위' 2012-06-7

· TV조선, '앞으로 북한이 노릴 사이버공격 대상은?' 2013-10-17
· Global Post, 〈"North Korea: How the least-wired country became a hacking superpower."〉, 2013-05-22
· ZDNet, 〈"Q&A of the Week: The Current State of the Cyber Warfare Threat featuring Jeffrey Carr."〉, 2012-5-11

제7회 최우수상

다문화 군대로의 변화에 따른 대비방안 연구

영남대학교 군사학과 **안 찬 소**

제1장. 서론

1. 연구의 목적

한국 사회는 급속도로 다문화 사회로 변화하고 있다. 다양한 인종과 문화, 종교를 가진 다양한 사람들이 공존하며 생활하고 있다. 2013년 안전행정부에 조사에 의하며 한국은 외국인 수는 전체 인구의 2.8%에 달해 기준치인 1%를 넘는 다민족 사회로 변화된 것이다.

다문화 사회로 들어선 이유는, 1980년대 산업화시대에 노동력 부족으로 인하여 외국인 근로자가 입국하기 시작한 것이 첫 번째 이유이다. 이후 1990년대에는 국내에서 결혼 상대를 찾기가 어려워진 한국남성들이 동남아 국가의 여성들과 결혼하는 국제결혼이 두 번째 이유이다. 다문화 사회로의 발전이 지속되고 있으므로 2050년쯤에는 전체 인구의 10%에 해당할 것으로 전망된다.

이러한 급속한 변화는 현실적인 문제로 될 것이며, 사회적으로뿐만 아니라 군에서도 예외가 아닐 것이다. 사회발전은 군대에도 많은 영향을 끼치며, 그러한 변화는 군대 문화를 변화시키는 요인으로 작용할 것이다.

또한, 다문화 가족 출신 자녀들도 입대를 하게 될 것으로 예상되며, 다문화 자녀들의 입대가 증가함에 따라 다문화 장병의 복무 부적응이나 병영생활 내 갈등의 문제가 초래할 가능성이 높다. 현재 한국의 다문화 사회는 1980년대부터 짧은 시간에 형성되었기 때문에, 사회 내에서 다문화 문제에 대한 이해가 부족하고 이를 수용하고 받아들일 수 있는 사회적 공감대도 많이 부족한 것이 사실이다.

다문화 군대로의 변화가 촉진됨에 따라서 군대 내에서는 다문화 장병과의 관계 면에서 문제가 초래되고 있다. 피부색과 외형적인 차이, 외국인에 대한 혐오하는 인식, 인종차별주의적 인식, 문화적인 갈등, 언어의 차이를 예로 들 수 있다. 이러한 다문화 사회로의 변화에 따른 부정적인 요소는 군에서의 전투력 발휘에 영향을 끼칠 수 있다. 그러므로 다문화 장병의 건전한 군복무를 위한 효과적인 대비방안 마련이 필요하다.

따라서 본 연구의 목적은 대한민국의 다문화시대 환경변화와 연계하여 군의 실질적인 대비 방안을 도출하고, 나아가 미래 다문화시대에 다문화 군대 병영에 도움이 되는 방안을 제도적, 심리적, 역량 및 활용 측면으로 심층적으로 고찰하여 강한 군대를 건설하도록 하는 데 있다.

따라서 본 연구의 연구 중점은 한국의 다문화시대에 대한 개념과 실태에 대해서 알아보고 현재 한국군의 다문화 장병에 대한 실태를 분석한 다음 앞으로 추진해 나아갈 대비방안들을 제시하고자 한다.

2. 연구의 범위와 방법

연구의 범위는 오늘날 한국의 다문화 가족들의 특성을 분석하고, 한국군이 다문화 군대로의 변화에 대한 인식과 다문화 군대로의 변화가 어떤 모습으로 발전할 것인지를 예측해본다.

연구의 대상은 한국에 거주하고, 군에 입대하여 근무하게 될 다문화 가족 출신의 장병들을 중점적으로 다루고, 추가로 외국인과 결혼한 다문화 가족을 포함한다.

다문화 군대란, 다문화 가족 출신의 장병들과 일반 장병들이 함께 형성한 군대를 일컫는다. 특수한 조직인 군에 입대하여서 일반장병과 차별이 없는 여건 속에서 군 전투력을 최대한 발휘할 수 있도록 피부색, 언어, 외관, 문화 등의 다름을 받아들이고 수용하도록 일반 장병들의 교육이 필요하고 수용성을 증대시킬 수 있는 것이 주요 연구 방안이다.

따라서 원활한 복무적응과 다문화 구성원들을 통합하여 전투력 발휘를 극대화하는 방안에 대해 중점적으로 연구를 할 것이다.

먼저, 다문화 사회가 우리 군에 어떠한 영향을 미치는가에 대하여 알기 위해 다문화 사회로의 변화와 특성을 연구한다. 다음 다문화 장병들의 실태를 알기 위해 다문화 가족 출신 장병의 현황과 특성을 분석을 하고, 한국군의 정서와 특성에 맞는 효과적인 제도적, 심리적, 역량 활용방안을 도출한다.

제2장. 한국의 다문화 현상과 특성

1. 다문화 사회로의 변화와 특성

1. 다문화 사회

다문화 사회란 한 사회 내에서 거주하고 있는 외국인의 수가 증가하여 다양한 인종들이 거주하는 현상을 일컫는다. 현재 한국은 안전행정부에서 기준으로 하고 있는 전체인구의 1%를 넘는 다민족 사회를 이루고 있지만, 인구 중 외국인이 어느 정도 수준으로 구성되어야 다문화 사회인지에 대한 기준은 명확하게 없다. 한국은 대표적인 다문화 국가인 캐나다, 미국, 호주 등과 비교하면 매우 낮은 수준이지만, 점진적으로 경제발전 및 글로벌화에 따라 다문화 사회로 발전해 나아가고 있다. 또한, 다문화 사회 속에서의 시민들은 개인의 인종과 민족의 차별이 없이 정치, 경제, 사회, 문화적 권리를 취득할 수 있어야 한다.

2. 다문화 사회로의 변화

한국 사회는 급속도로 다문화 사회로 변화하고 있다. 다문화 사회로의 변화는 역사적인 흐름과 밀접한 관련이 있다. 한국은 1970년대부터 급격하게 농촌 인구가 줄어들어 농촌의 남성들은 여성 부족으로 결혼을 하지 못하는 경우가 발생하였다. 이 문제점을 해결하기 위해 동남아권 여성들이 유입되게 되었다. 2000년대 이후는, 우리나라의 경제성장과 함께 공부와 사업, 일자리를 위해 외국인 유학생 및 거주자들이 급속도로 유입이 증가하였고, 우리나라 사람들과 결혼하는 외국인이 늘어났으며, 국제결혼이 곧 다문화 가정으로 이루어지게 되었다.

〈그림 2-1〉 인구대비 체류외국인 비율

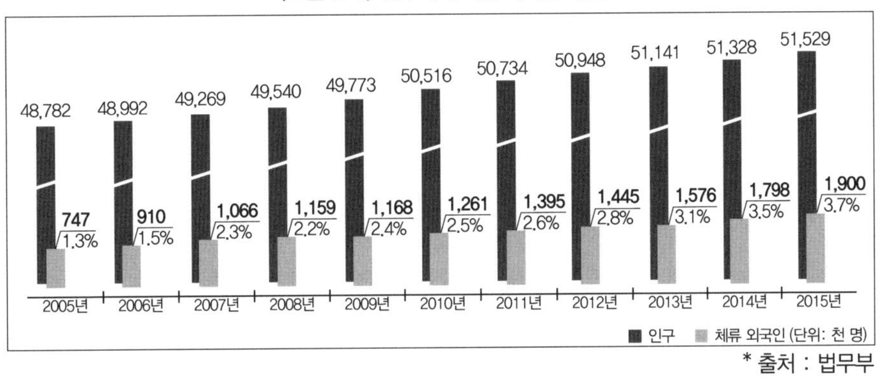

* 출처 : 법무부

한국의 체류 중인 외국인 수는 도표에서 보는 바와 같이 2005년에는 1.5%에 달하는 것이 2015년에는 3.7%로 늘어난 것으로 확인할 수 있으며, 점진적으로 상승하였다. 우리 사회에 다양한 문화를 가진 외국인들의 비율이 증가하는 원인으로는 외국인 노동력의 증가, 국제결혼의 증가, 국내 체류 외국인의 증가, 유학생의 증가, 북한 이탈주민의 유입 등이 있다.

2. 다문화 가정의 종류

다문화 가정이란, 다른 인종, 다른 사회 · 문화적 배경을 가지고 있거나, 그 이상의 결합으로 생성된 가족 형태를 의미한다. 즉 가족 모두가 한국이 아닌 다른 국가 출신인 경우가 있거나, 다양한 언어, 민족, 종교적 배경을 지닌 사람들이 하나의 가정을 이루는 형태도 있다.

1990년대 이후, 한국은 글로벌화에 발 맞춰 개방화 흐름을 따라서 외국인의 유입이 더욱 증가하게 되었다. 한국에는 다양한 다문화 가정의 형태를 이루고 있다.

〈표 2-2〉 2015년도 외국인 주민 현황

구분	체류 외국인 주민	외국인 근로자	결혼 이민자	유학생	외국국적 동포	기타 외국인
명	1,376,162	608,116	147,382	84,329	286,414	249,921

출처 : 안전행정부(2015) 2015년 지방자치단체 외국인 주민현황

이러한 외국인의 체류 이외에 이주민의 유입이 증가하였다. 한국은 1960년대에 독일, 베트남, 중동지역으로 많은 근로자들이 보내져 국내로 외화를 벌어들인 적이 있다. 그러나 1980년대에 들어서서는 소득수준이 향상되게 되면서 3D 업종을 꺼려하게 되면서 3D업종이 인력난을 겪게 된다. 이에 외국인 근로자들이 채용되어 노동력 부족을 채우게 되었다. 이러한 과정 속에서 3D업종을 중추로 외국인 근로자들의 유입이 증가하게 되었다.

외국인 근로자의 유입이 증가함과 함께 국제결혼의 이주민도 증가하였다. 국제결혼 이주민은 1990년대 이후로 급격하게 증가하기 시작하였다.

〈표 2-3〉 한국인의 국제결혼 현황

연도	전체 결혼(건)	국제결혼(건)		외국인 아내		외국인 남편	
		혼인건수	비율(%)	혼인건수	비율(%)	혼인건수	비율(%)
1993	402,593	6,545	1.6	3,109	47.5	3,436	52.5
1994	393,121	6,616	1.7	3,072	46.4	3,544	53.6
1995	398,484	13,494	3.4	10,365	76.8	3,129	23.2
1996	434,911	15,946	3.7	12,647	79.3	3,299	20.2
1997	388,591	12,448	3.2	9,266	74.4	3,182	25.6
1998	375,616	12,188	3.2	8,054	66.1	4,134	33.9
1999	362,673	10,570	2.9	5,775	54.6	4,795	45.4
2000	332,090	11,605	3.5	6,945	59.8	4,660	40.2
2001	318,407	14,523	4.6	9,684	66.7	4,839	33.3
2002	304,877	15,202	5.0	10,698	70.4	4,504	29.6
2003	302,503	24,776	8.2	18,751	75.7	6,025	24.3
2004	308,598	34,640	11.2	25,105	72.5	9,535	27.5
2005	314,304	42,356	13.5	30,719	72.5	11,637	27.5
2006	330,634	38,759	11.7	29,665	76.5	9,094	23.5
2007	343,559	37,560	10.9	28,580	76.1	8,980	23.9
2008	327,715	36,204	11.0	28,163	77.8	8,041	22.2
2009	309,759	33,300	10.8	25,142	75.7	8,158	24.5
2010	326,104	34,235	10.5	26,274	76.7	7,961	23.3
2011	329,087	29,762	9.0	22,265	74.8	7,497	25.2
2012	327,073	28,326	8.7	20,638	72.9	7,688	27.1

출처: 통계청, 2012

위 자료를 보면, 2012년 국제결혼은 전체 결혼 건수 327,073건의 약 8.7%에 해당하는 28,326건이다. 1994년에서 1995년으로 넘어가면서 6,616건에서 13,494건으로 1.7% 더 증가하여 3.4%가 된 것을 알 수 있다. 우리나라의 국제결혼은 한국 남성과 외국 여성이 주를 이루고 있다.

3. 다문화 가정의 자녀들의 현황

1. 다문화 가정의 현황 및 사회 적응

1990년대 이후부터 지속적인 외국인의 유입으로 인하여 한국의 다문화 가족은 글로벌화와 함께 점차적으로 증가할 것으로 보인다.

〈표 2-4〉 다문화 가족 및 결혼이민자 구성원 규모 (2008~2011년)

구 분	2008년	2009년	2010년	2011년
다문화 가족 규모	340,472	428,463	494,965	550,974
결혼이민자 규모	145,077	164,753	191,592	205,352
다문화 자녀수	58,007	107,689	121,935	151,154

출처: 김정근, '다문화정책: 동화에서 융화로', 삼성경제연구소 CEO, 제853호

다문화 가정의 증가는 장기적으로 보았을 때 사회 갈등을 일으킬 가능성이 높다. 다문화 가정의 초기 한국사회 안정화, 차별 경험 어려움 등이 있다.

〈표 2-5〉 다문화 가족 '12년 대비 차별 경험'

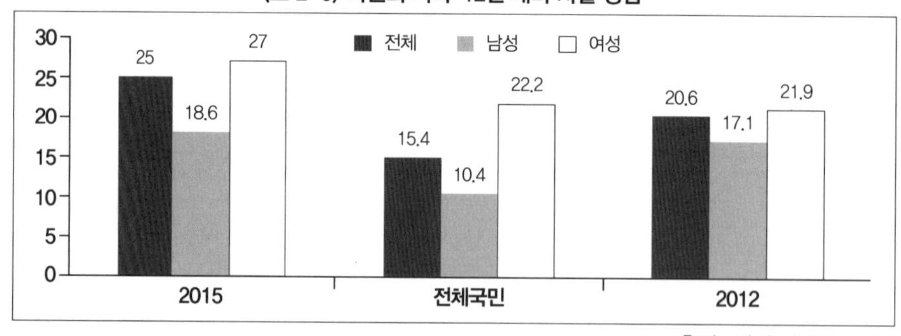

출처: 여성 가족부, 2015

위의 자료를 보면, 다문화 가족이 한국에서 생활하면서 차별을 경험했다고 답한 비율이 2012년에는 20.6%에서 2015년에는 25%로 증가한 것을 알 수 있다. 또한 남성보다 여성이 높은 비율의 차별 경험을 겪고 있다.

〈표 2-6〉 결혼이민자-귀화자의 한국생활 어려움 현황

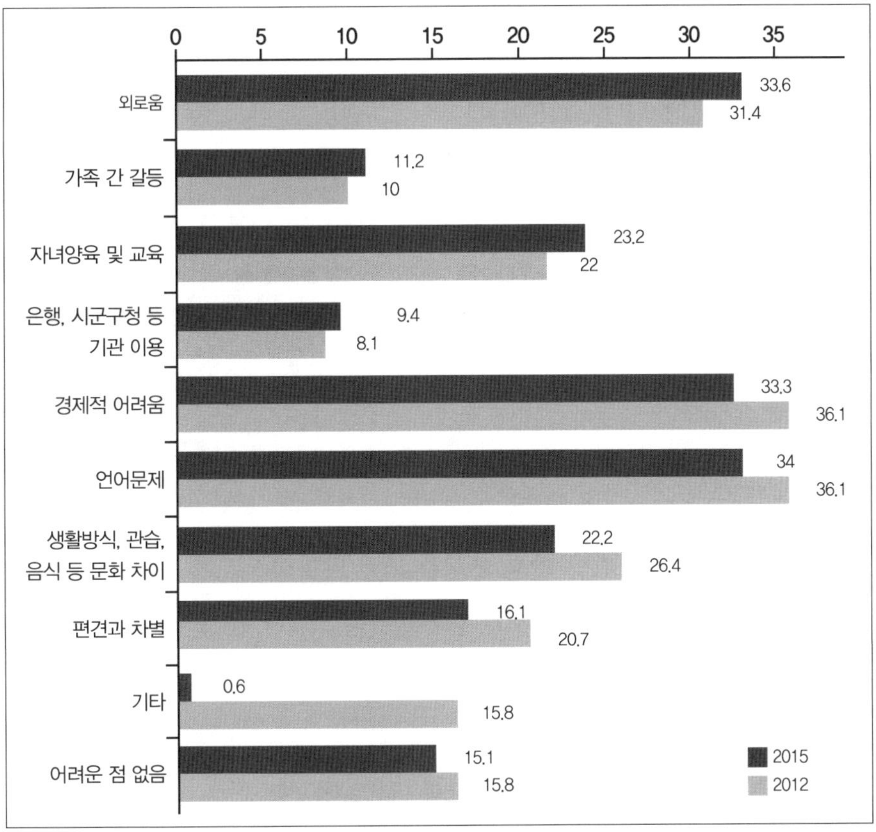

항목	2015	2012
외로움	33.6	31.4
가족 간 갈등	11.2	10
자녀양육 및 교육	23.2	22
은행, 시군구청 등 기관 이용	9.4	8.1
경제적 어려움	33.3	36.1
언어문제	34	36.1
생활방식, 관습, 음식 등 문화 차이	22.2	26.4
편견과 차별	16.1	20.7
기타	0.6	15.8
어려운 점 없음	15.1	15.8

출처 : 여성 가족부, 2015

결혼이민자와 귀화자들이 한국생활을 하는 데 있어 많은 어려움을 겪고 있는 것으로 나타난다. 2015년 기준, 외로움(33.6%)과 경제적 어려움(33.3%), 언어적 문제(34%)가 가장 높은 비중을 차지하고 있다. 2012년 대비 2015년에 어려움이 늘어난 것은 외로움과 가족 간 갈등, 자녀 양육 및 교육에 대한 어려움이다. 또한 생활방식, 관습, 음식 등 문화적 차이(22.2%)의 어려움도 크다. 한국사회는 다문화 사회로의 변화에 대해서 대비를 하고 있지만, 아직까지 인종, 종교, 문화적 차이를 이해하고, 공존하는 데는 미흡한 수준이다.

2. 다문화 가족 자녀들의 현황

한국사회가 급격하게 다문화 사회로 바뀌면서, 많은 다문화 가정이 생겨났다. 따라서 현재 11세 이하의 다문화 자녀들이 10년 후인 약 2026년쯤에는 다문화 장병의 수가 급격하게 증가할 것이라고 예상된다.

〈표 2-7〉 다문화 가족 자녀의 연령별 분포 현황

구분	계	만 6세 미만	만 7~12세	만 13~15세	만 16~18세
학생 수(명)	151,154	93,537	37,590	12,392	7,635
비율(%)	100	61.9	24.9	8.2	5.1

출처: 행정안전부, 2012

다문화 가족 자녀 연령별 분포 현황을 보면 만 6세 미만(61.9%)과 만 7~12세(24.9%)가 절반 이상의 비율을 차지하고 있다. 즉 만 16세~18세부터 만 6세 미만으로 갈수록 자녀의 비율 대비 수가 점차 증가하고 있다.

〈표 2-8〉 다문화 가족 자녀 연령별 현황

년도	연령별 현황				
	계	만 6세 이하	만 7~12세	만 13~15세	만 16~18세
2013	191,328	116,696	45,156	18,395	11,081
2012	168,583	104,694	40,235	15,038	8,616
2011	151,154	93,537	37,590	12,392	7,635
2010	121,935	75,776	30,587	8,688	6,884
2009	107,689	64,040	28,922	8,082	6,645
2008	58,007	33,140	18,691	3,672	2,504
2007	44,258	26,445	14,392	2,080	1,341

출처: 안전행정부, 2013

위의 자료를 보면, 2007년부터 2013년까지 전체 다문화 가족 자녀의 수가 증가함을 나타내고 있다. 또한 만6세 이하의 자녀가 연령별 현황 50%를 차지하고 있다.

4. 다문화 가정의 자녀들의 학교 부적응

2015년 전국 다문화 가족 실태조사연구에 의하면[1], 다문화 자녀의 취학률은 초등학교 97.6%, 중등학교 93.5%, 고등학교 89.9%, 고등교육기관 53.3%이다. 다문화 자녀들이 학교를 그만둔 이유로는 학교생활 및 문화의 차이(18.3%), 학교 공부의 어려움(18%)이다. 또한 친구나 선생님과의 관계(23.8%), 가정형편의 어려움(18.6%) 등이 있다. 강은희 여성부 가족부 장관은 "다문화 가족의 생활여건은 점차 개선되어 가지만, 사회적 관계형성에 여전히 어려움을 겪는 것으로 나타났다"고 지적하였다.

〈표2-9〉 집단 따돌림을 당한 이유

집단따돌림을 당한 이유	비율(%)
특별한 이유 없이	35.3
의사소통이 잘 되지 않아서	26.5
외모가 달라서	20.6
부모 중 한 사람이 외국출신이어서	20.6
행동이 다른 아이들과 달라서	14.7
기타	2.9

출처 : 여성 가족부, 2006년 결혼이민자 가족실태조사 및 중장기 지원정책방안 연구 재정리

국제결혼에 대한 사회의 부정적인 시선과 순수한 한국인이 아니라는 편견과 차별이 사회에서 나타나면서, 자연스럽게 학교에서도 부정적인 영향을 끼치게 된다. 그 영향으로 다문화 자녀들은 집단 따돌림을 당하게 된다.

1. 2015년 전국 다문화 가족 실태조사 결과, 여성 가족부(2015)

집단 따돌림을 당한 이유 중 '특별한 이유 없이'가 35.3%로 가장 높은 비율을 차지하였다. 그다음으로 '의사소통이 잘 되지 않아서'가 26.5%로 두 번째로 비율이 높으며 '외모가 달라서'와 '부모 중 한 사람이 외국출신이어서'가 각각 20.6%로 다음으로 높은 비율을 차지하였다.

다문화 가족 자녀들은 자신의 가정의 형성 과정이 국제결혼인지, 불법체류자인지에 따라 국적과 교육권의 보장이 달라진다.

또한 배타적인 한국사회의 특성과 외국인에 대한 지나친 편견으로 인해 일부 학교의 경우 외국인 자녀 입학을 기피하거나 통합교육을 거부하는 등의 문제가 발생하고 있다(교육과학기술부, 2006).

다문화 가족 자녀들은 학교에서 한국어 습득의 부족으로 또래학생들에 비해 많은 어려움을 겪는 것으로 보인다. 이러한 어려움이 지속되면 다문화 자녀들은 흥미를 잃게 되고, 더욱 학교에 적응하기 어려워지게 된다.

〈표2-10〉 다문화 가족 자녀의 재학현황과 중도탈락률

(단위: 명, ()안은 %)

	다문화 가족 자녀의 재학현황	다문화 가족 자녀의 중도탈락률
고등학교	2,504	1,743 (69.6%)
중학교	3,672	1,459(39.7%)
초등학교	18,691	2,887(15.4%)

출처: 교육과학기술부, 2008년 학생현황 자료 분석 재정리

교육과학기술부에서의 분석 자료에 의하면, 초등학생은 18,691명이며 2,887명이 중도탈락을 하였고, 중학생은 3,672명이였으나 1,459명이 중도탈락을 하였고, 고등학생은 2,504명이었으나, 1,743명이 중도탈락을 하였다. 중도탈락을 하게 된 인원들은 정규교육을 받지 못하게 된다. 자녀들의 재학현황과 중도탈락률을 보았을 때, 상대적으로 학습의 어려움이 적은 초등학교에서의 중도탈락률은 15.4%로 가장 낮은 탈락률을 보여준다. 하지만

상급학교로 올라갈수록 중도탈락률의 비율은 2배씩 증가하고 있는 것으로 나타났다.

제3장. 한국의 다문화 군대의 현황과 특성

1. 한국군 다문화 장병 실태

한국이 다문화 사회로 변화함과 함께 한국의 군대도 다문화 군대로 변화가 불가피할 것이다. 앞으로 다문화 가정의 자녀들의 입대의 비율은 증가할 것으로 예상된다.

1. 다문화 가족 자녀 입대 예상 인원

〈표3-1〉 다문화 가정 자녀 남자 현황

(단위: 명)

연령	계	16~18세	13~15세	7~12세	6세 이하
인원 (연평균)	54,890	3,410 (1,137)	4,187 (1,196)	14,736 (2,456)	32,557 (4,651)
징병검사		2010~12년	2013~15년	2016~21년	2022~27년

출처: 행정자치부, 2009.

다문화 가정의 자녀들의 입대 예정 인원은 2015년까지 약 1,000여 명이며, 2021년까지는 약 2,500여 명, 2027년까지는 약 4,700여 명으로 지속적으로 증가할 것으로 예상된다. 따라서 지속적인 다문화 장병들의 병역 입대가 증가함에 따라서 다문화 장병들의 만족스러운 군복무를 위하여 대비방안을 세워야 할 것으로 전망된다.

〈표3-2〉 다문화 가정 자녀 입대 전망

구 분	내 용			
년 도	'13~15'년	'16~18'년	'19~24'년	'25~30'년
징병검사 인원	8,616명	15,038명	40,235명	104,694명

출처: 행정자치부, 2012.

다문화 가정 자녀들의 징병검사 인원은 13~15년에는 8,616명이며, 25~30년에는 104,594명으로 지속적으로 수가 증가하는 것을 알 수 있다. 이렇듯 한국의 다문화 군대로의 변화에 대비하기 위해서는 현재 한국의 다문화 가정의 자녀들의 성장환경과 현황, 자녀들의 입대 현황 및 전망은 중요한 정보가 될 수 있음을 알 수 있다.

2. 다문화 가족 간부 및 병사 현황

2013년 현재 군 다문화 장병은 수백 명이 근무하고 있으나 일반 장병들과 동일한 여건에서 근무하고 있다.[2] 즉, 다문화 장병들은 일반 장병들과 동일하게 함께 근무하고 있으며, 현재까지 복무 중 특이한 제한 사항 등은 없는 것으로 파악되어지고 있다.

2. 다문화 군대로의 변화에 따른 고려요소

다문화 군대로의 변화에 따라 다문화 가정 출신 장병들의 수가 증가하고 군 내에서 다문화 장병 비율도 증가하게 되면, 우리나라 군 내에서 다양한 변화가 일어날 것으로 전망된다. 다문화 장병이 들어오게 됨에 따라 전투력 발휘에 시너지 효과를 발휘하는 긍정적인 변화를 줄 수도 있으며, 반대로 왕따, 따돌림 등 부정적인 변화를 가져다줄 수도 있다. 즉, 다문화 군대로의

2. 노양규, 나태종「다문화 군대에 대비한 병영정책 연구」, 2013. 10 p48.

변화는 군대의 전투력 발휘에 큰 힘을 실어줄 수도 있으며, 역으로 기존의 군대문화를 혼란스럽게 만드는 요인이 될 수도 있다.

군대는 기존의 사회와 다른 특수한 조직이기 때문에, 개인의 특성을 하나하나 이해하기는 어렵다. 따라서 군대 내에서는 사회와는 특수한 인간관계, 상하관계가 존재한다. 이러한 특수한 조직 속에서 다문화 장병이 잘 적응하기 위해서는 군대의 특성과 다문화 장병의 특성을 잘 파악해야 한다.

1. 관습과 문화의 이질성

다문화 군대로 변화함에 따라 다양한 문화와 관습의 이질성이 발생할 것이다. 특히 군 내의 내무생활이나 단체생활, 종교적 활동 시에도 나타날 것으로 예상된다. 다문화 장병들은 일반 장병과 다른 생활방식과 다른 사고, 남녀에 대한 사고, 음식, 예절, 집단과 개인에 대한 인식 등 많은 이질성이 있을 것이다. 똑같은 상황과 똑같은 말이라도 문화적 이질성 때문에 상처가 될 수도 있다. 이러한 관습과 문화의 이질성으로 인한 갈등이 심해진다면, 군 내에서의 생활을 하면서 악영향을 끼칠 가능성이 높다.

2. 정체성과 차별

'우리가 자신의 정체성을 찾는 데 있어서 가장 큰 영향을 미치는 요인'은 사회라고 말할 수 있다.[3] 모든 사람은 특정한 사회 안에서 살아가며, 그 사회 속에서 문화를 배우고 언어, 규범 등을 배우며 살아간다. 즉 정체성은 고정되어 있기보다는, 타인 또는 집단의 문화 속에서 상호작용하며 형성되는 것이지만, 오늘날 군에서의 다문화 장병들의 정체성 확립은 쉽지만은 않다.

오늘날 군에서는 폭행, 모욕, 성폭력, 인종차별, 언어폭력 등과 같은 병

3. 한국군의 「다문화 가정 장병」증가에 따른 대비방안 연구 p79.

영 부조리가 아직까지 존재하고 있으며, 차별과 갈등이 비일비재하기 때문이다. 다문화 장병의 차별의 대상이 되는 이유는 한국어 능력 부족, 낮은 학력, 낮은 유대감, 다른 문화적 경험 때문이다.

하지만, 다문화 장병이 병영부조리의 피해자가 될 가능성이 높지만, 반대로 다문화 장병의 유입으로 인해 일반 장병들이 피해자가 될 가능성도 충분히 있다.

3. 피부색과 외모상의 이질성

다문화 장병과 일반장병의 차이가 눈에 띄게 드러나는 것은 피부색과 외모상의 이질성이다. 같이 생활하는 부대원들과의 첫 만남 후에는 익숙해져서 문제가 되지 않을 것이지만, 타 부대와의 활동이 있을 경우에는 개인 프라이버시를 침해하는 범위까지 따가운 시선을 받는다.

이러한 따가운 시선은 다문화 장병의 자존감을 낮추고 심리적인 불안을 형성할 것이다. 지속적인 이러한 현상이 있게 된다면, 다문화 장병과의 갈등은 더 커질 것으로 예상된다.

한국인들은 서양국가의 외국인과는 다르게 경제적으로 어려운 나라인 아프리카나 동남아 국가들에 대해서는 따가운 시선을 보내는 경향이 있다. 하지만, 어느 나라든지 다문화 장병이 군 내에서 한국어를 잘하거나, 운동을 잘하거나, 군 내 생활을 잘 적응하는 경우에는 오히려 더 좋은 관계를 형성하기도 한다.

4. 다문화 장병의 긍정적인 요소

다문화 장병의 유입으로 인하여 기존 군대문화에 혼란을 줄 수도 있지만, 다문화 장병은 외국어를 능숙하게 한다는 큰 장점을 가지고 있다. 이러한 능력을 연합작전이나 PKO 혹은 통역병, 해외 기자 파견 등 다양하게 활용할 수 있을 것이다. 이러한 부분에 다문화 장병들을 적극적으로 활용하면 더욱 훌륭하고 효과적인 성과를 거둘 수 있을 것이다. 또한 성과를 거둔 다문화 장병들의 정체성 및 자존감을 높여 줄 수 있을 것이다.

3. 다문화 군대로의 변화

1. 한국군의 다문화 장병에 대한 인식

현재 다문화 장병이 복무를 하고 있고, 또 앞으로도 다문화 장병의 입대 비율은 점차 증가할 것이다. 따라서 다문화 장병과 일반장병들 사이에서 공감대를 형성하여 잘 화합하여 지내야 할 필요성이 있다. 현재 일반장병들은 다문화 장병에 대하여 잘 알고 있는지, 같이 생활하며 지내고 싶은지에 대한 태도 및 인식을 파악하여야 한다. 부정적인 태도라 할지라도, 앞으로 우리가 지속적인 교육과 수용으로 받아들여야 할 실정이다.

김아랑 교수의 다문화 가정 장병에 대한 태도 연구에 의하면,[4] 다문화 장병에 대하여 일반장병들은 외모(피부색, 생김새)가 많이 다를 것이다가 가장 높은 비율을 차지하였고, 전반적으로 군대라는 특수한 조직 내에서 생활하는데 어려움을 가지거나, 애국심, 소속감이 적어 군복무를 회피할 것이라는 인식을 가지고 있다. 한편 저출산·고령화로 병력 부족한 문제를 채워줄 수 있고, 다양한 언어구사로 군의 선진화·정예화가 될 것이며 따라서 우리군의 위상을 높여줄 것이라는 긍정적인 태도도 비등하게 가지고 있는 것을 알 수 있다. 즉, 다문화 가정이라는 변수는 군에 입대해서 적응하는 데 아주 큰 영향을 미치지 않는 것으로 보인다.

---

4. 김아랑, 「다문화 가정 장병에 대한 현역장병의 태도에 관한 연구」 p29 〈표13〉

2. 외국의 다문화 군대

한국의 다문화 군대로의 변화는 아직 미흡한 수준이지만, 외국에는 다문화 군대로의 전환이 된 국가들이 많다. 이러한 나라의 다문화 군대 사례를 분석하여 앞으로 우리 군의 바람직한 다문화 군대로의 변화에 큰 교훈과 보탬이 되어야 한다.

미국은 역사적으로 독립전쟁, 남북전쟁, 흑인 노예문제, 흑인 폭동, LA폭동 등 많은 인종 간의 갈등을 겪었다. 이러한 다양한 갈등을 겪었지만, 극복하여 오늘날 막강한 군사력을 가지게 되었다. 여러 가지 이유가 있지만, 인종, 종교, 문화의 다양성을 통합·발휘하였기 때문이다. 미국은 인종, 종교, 피부 등에 관한 불공정한 대우를 받았을 시에 고충을 처리해주는 제도도 있으며, 미국에 공헌한 인물들을 기념하는 특별행사 등을 추진하여, 다문화 장병들의 소속감과 자긍심을 고취시켜 주었다. 이러한 미국의 다양한 배려와 수용이 오늘날 미군을 존재하게 만들었음을 시사한다.

이스라엘군은 기본가치관을 '국가방위와 애국심, 충성심, 인간존중'으로 정하였고, 인간존중에서는 인종, 종교, 출신국가, 성별 ,신분, 역할에 관계없이 존중하여야 한다."라고 규정하고 있다.[5]

이스라엘은 우리나라와 같이 징병제를 택하고 있고, 아직도 영토분쟁이 있다는 점에서 우리나라와 유사한 점이 있다. 이스라엘은 18세 이상이면 모두 군복무를 의무화하지만, 종교적인 소수그룹은 면제해주고, 이민자들의 경우는 히브리어교육 등, 조기에 적응을 하기 쉽도록 제도를 만들어 놓았다. 즉 이스라엘군은 다문화 장병에 대한 통합을 하기 위하여 입대 장병들의 요구를 맞추어 접근하고 있음을 알 수 있다.

---

5. 노양규, 나태종「다문화 군대에 대비한 병영정책 연구」p88.

제4장 다문화 군대로의 변화에 따른 한국군의 대비방안

한국은 지속적으로 다문화 가정의 수가 증가하고, 자연스럽게 다문화 자녀들의 수가 증가하고, 다문화 자녀의 장병 입대 비율도 증가할 것이다. 그러므로 한국군의 다문화 군대로의 변화에 대하여 심리적, 제도적, 역량 및 활용 측면으로 나누어 연구하여 효율적인 병영정책이 수립되어야 추진되어야 한다.

1. 심리적 측면

1. 한국군의 다문화 수용성 강화

한국이라는 땅에서 함께 어울려 살아가는 모든 사람들에게 세심한 배려와 포용의 필요는 필수적인 요소이다. 비영리단체 다음세대재단은 5년 전부터 '올리볼리'라는 프로그램을 운영해왔다.[6] 이 프로그램은 다문화 자녀들의 각 국가의 동화가 담겨 있는 사이트를 운영하는 것이다. 이 프로그램은 다문화 자녀들뿐만 아니라 일반 자녀와 부모들도 각 국가의 동화를 접함으로써, 문화적인 공감을 하게 되고 편견 없이 대하게 될 것이다.

이처럼, 이러한 프로그램이 우리 군 내에도 마련되어야 한다. 다문화 장병들의 문화를 이해할 수 있는 각 국가의 정치, 경제, 문화를 뉴스나 짧은 컷 만화식으로 제작하여 군 내 다문화 장병과 일반 장병들이 어디서든 접할 수 있도록 비치하여야 한다. 다문화 수용성을 강화하기 위해서 교육도 중요하지만, 먼저 각국의 문화를 이해하여 편견 없이 장병들을 대하는 것이 가장 중요하다.

6. 중앙일보, 교실에서 문화다양성을 가르치자. 정재승

2. 다문화 장병의 군복무 조기적응 여건 마련

현재 군에서 군복무 적응을 위하여 중대급 제대에 상담병 시스템을 운용하고 있다. 이 상담병 시스템은 군 내에서 사고 발생을 방지하고 조기적응에 큰 역할을 하고 있다.

따라서 다문화 장병들도 이러한 상담병과 같은 멘토가 필요하다. 즉, 1:1 '다문화 장병 멘토'를 선정하여 활용하는 것이다. 다문화 장병 멘티는 다문화 장병들의 각 국가의 언어를 의사를 전달할 정도로 가능하거나, 문화를 잘 알고 있는 일반장병들을 통해 선정하거나, 제한 시에는 상담간부를 운용하여 활용하는 것이다.

현재 국방부에서는 중대급 이상 제대에서 활용할 수 있도록 교육용 교수안을 인트라넷에 탑재하고, CD 등을 배부하고 있다.[7] 이러한 자료들을 멘티들이 적극적으로 활용한다면, 다문화 장병들의 조기적응 시 불안감을 해소시켜 줄 수 있을 것이다. 이때 '다문화 장병 멘토'라고 하여, 관심병사와 같이 특별 취급되는 것이 아니라, 조기적응 시 도움을 줄 수 있는 수단으로 사용되어야 하며, 일반장병들과의 단체생활에 피해가 가지 않도록 활용되어야 한다.

3. 다문화 장병의 고충처리

'다문화 장병 멘토'를 모든 다문화 장병에게 할당하기란 사실상 힘든 부분이 있다. 그런 부대의 경우에는 일반 장병들의 상담관과 같이, 다문화 장병들을 위한 전문 상담관을 활용하는 것이다. 물론 해당 지휘관들과의 지속적인 교류와 대화를 하지만, 전문 상담관과의 상담을 통해 더 나은 생활을 할 수 있도록 하여야 한다.

전문상담관은 간부 및 부사관 중에서 선발을 하며, 우수한 상담 능력을 보

7. 박재용. 〈「다문화 가정 장병」증가에 따른 대비방안 연구〉 p81

유하여야 하며, 군 내에서 다문화에 대한 교육을 한 경험이 있으며, 해당 다문화 장병의 각 국가의 대한 충분한 이해도를 가지고 있어야 한다.

'다문화 장병 멘토'는 24시간 해당 다문화 장병과 교류하며 생활 속에 스며들어 작은 것부터 하나하나 알려주는 시스템이라면, 전문 상담관은 특정 시간에 만나 상담을 하여 고충을 처리하는 시스템이다.

4. 다문화 지원센터와의 교류

현재 사회에서도 다문화 가정들과의 통합 및 교류를 위하여 다문화 지원센터가 많이 활성화되어 있다. 다문화 지원센터에서는 주로 사회통합평가(KIP), 다문화 사회에 대한 대처능력을 제고해주는 다문화 인식 개선 강좌, 관광 통역 안내사 양성, 의료관광코디네이터 양성 등 다문화 가정들의 사회적응을 위한 활동을 하고 있다.

우리 군에서도 다문화 인식 개선 강좌를 적극 활용하여 일반장병들과 다문화 장병들 간의 편견이 없는 내무생활을 만들 수 있을 것이다.

다문화 장병들은 군 복무 중에 느끼는 불안감도 존재하지만, 군 복무를 마치고 사회로 돌아와 한국에서 생활하는 것에 대한 걱정과 불안도 존재할 것이다. 그렇기 때문에, 다문화 주민들의 이중언어 능력을 살릴 수 있는 전문 직업 교육을 군 내에서도 활용하여 전역 후 취업의 기회도 보장해줄 수 있다. 이러한 기회를 제공함으로써 다문화 장병들은 자아실현 및 자존감이 향상될 것이며, 군 복무 중 전투력 발휘에 큰 보탬이 될 것이다.

2. 제도적 측면

1. 간부 교육 내에 다문화 교육

다문화 장병들의 군 복무 중 잘 적응하기 위해서, 다문화 장병과 일반 장병들의 노력도 중요하지만, 간부들의 다문화에 관한 태도 및 인식이 가장 중요하다. 다문화에 대한 편견을 가지고 있는 지휘관이라면, 아무리 능력이 좋을지라도 훌륭한 지휘관으로 평가받기 힘들며, 부대 전투력 발휘에 큰 저해요소가 될 것이다.

사실상 간부들도 다문화에 대한 교육을 받을 기회는 적은 것이 사실이다. 부대에서 점차적으로 늘어나는 다문화 장병들을 받으면서 생활하므로 다문화에 대한 기초적인 지식을 통상 가지고 있을 것이다. 즉, 한국군의 간부를 대상으로 교육기관에서는 다문화교육에 대한 교육이 의무화되어 있지 않고, 활성화되어 있지 않다.

지휘관과 부하와의 유대관계를 쌓는 것은 매우 중요하다. 군 간부는 구성원들의 문화, 종교, 인종 등의 다양성을 수용하고 모두가 수용하는 최적의 선택을 하여 적절한 리더십을 발휘하여야 한다.

간부들의 양성교육과정인 OBC, OAC, 각 군대학과 같은 교육기관에서 '다문화 교육' 강의를 토의식, 발표식으로 2회를 편성한다. 추가적으로 복무 중에 부하들을 교육시킬 수 있는 이론교육과 다문화 가정을 도울 수 있는 봉사활동과 같은 체험활동을 실시한다.

2. 신병 및 예비군의 다문화 교육

다문화에 대한 현역 장병들의 이해 및 인식실태를 확인하기 위해 자체 실시한 설문조사의 결과를 보면,[8] 다문화 관련 교육을 받은 경험이 있다고 답한 인원은 36%였으며, 없다고 답한 인원은 64%에 해당했다.

즉, 현 군에서 일반장병들은 다문화에 대한 충분한 이해가 선행되지 않았음을 알 수 있으며, 또한 군 복무 중 다문화에 대한 직접적인 교육을 받은 경험이 적음을 알 수 있다. 현재 일반장병들을 위한 다문화 교육은 언론매체

---

8. 박재용. 「다문화 가정 장병」증가에 따른 대비방안 연구' p76

나 입대 전 학교에서 받은 교육이 전부인 수준으로 나타났다.

따라서 일반 장병들뿐만 아니라 신병 및 예비군까지 모두 다문화 교육에 대한 체험 및 이론 교육을 실시할 필요가 있음을 알 수 있다. 먼저 신병 및 예비군 교육 시에 다문화에 대한 소개교육을 편성하여 다문화에 대한 공감대를 형성한다. 군 복무 중 일반 장병들을 위하여 언론매체로 교육을 국한시키지 않고, 민간 다문화센터와의 교류 프로그램을 시행하여 체험 및 봉사활동을 실시한다. 또한, 부대 내 교육 장소 게시판에 한국군 다문화 관련 현황이나 다문화와 관련된 기사 및 사건 등을 게시하여, 언제든지 시청각 자료를 활용할 수 있도록 하여 다문화에 대한 이해도를 높이고, 앞으로 한국군의 다문화 군대로의 변화에 대한 인식과 경험을 할 수 있을 것이다.

결과적으로, 장병들의 다문화에 대한 이질감과 편견이 사라지게 될 것이며, 점점 늘어나는 다문화 장병과의 유대감을 형성할 수 있을 것이다.

3. M-Kiss 콘텐츠 활용

현 군에서 사이버교육이 많이 활성화되고 있는 추세이다. 군에서는 다양한 콘텐츠를 사이버교육을 통하여 게시하고 있다. 사이버교육은 장소와 시간에 구애받지 않고 언제든지 열람하여 활용할 수 있다는 큰 장점이 있다. 장병들이 쉽게 가입하여 이용할 수 있는 M-kiss 홈페이지를 이용하여 '다문화' 콘텐츠를 추가하여 활용한다.

M-kiss를 이용하여 다문화 콘텐츠를 활용하게 된다면, 일반장병들의 다문화에 대한 이해도를 높일 수 있으며, 다문화에 대한 교육 기회를 대폭 늘릴 수 있게 된다. 다문화 콘텐츠 내용은 다문화 소개교육과 같은 내용으로만 끝나는 것이 아니라, 다양한 다문화 다큐멘터리 등과 같은 지속적으로 시청을 하고 교육을 할 수 있는 내용들도 추가하도록 한다.

또한, 다문화 관련 시청각 자료를 활성화하는 데 그치지 않고, 질문게시판

등을 활용하여 다문화에 대한 고민 및 질문을 하여 이해도를 높일 수 있도록 한다.

4. 군사고 예방 대책 마련

다문화 장병들의 입대 비율이 점차적으로 증가하게 되면서, 장병들의 조기적응 및 불안감해소 등 많은 제도적인 방안이 필요하다. 그러나 그러한 제도를 마련할지라도 다른 문화, 종교, 인종으로 인하여 오는 압박감이 밀려와 다문화 장병의 조기 적응 실패와 불안감이 증가되어 군 내에서 문제를 초래할 가능성이 있다. 군 조직 내에서의 범죄발생이나 안전사고의 발생은 조직 내에 전투력 손실을 초래한다. 또한 조직 내에 사기저하와 국민들의 신뢰도 실추까지 초래한다. 물론, 다문화 장병이 피해자가 될 수도 가해자가 될 수도 있다. 기존의 군사고 예방 대책들에 추가적으로 다문화 장병들에 관한 내용을 추가 할 필요가 있는 것이다.

군에서 발생하고 있는 사고는 대부분 군기사고와 안전사고며[9] 군기사고와 안전사고의 중요성은 거듭 강조되고 있다. 군기사고는 병영 생활 내에 규정을 위반하여 발생하였기 때문에, 범죄를 저지른 당사자인 즉 원인을 제거하여야 한다. 안전사고는 언제든지 일어날 수 있는 무계획적인 사고이므로 항상 일을 할 때 소홀히 처리하여서는 아니 된다. 이러한 부분에 있어서 다문화 군대로의 전환에 따라 각별한 대책 마련이 필요하다.

따라서, 다문화 장병들의 부대 선정 시 각 다문화 장병들의 다문화 교육에 대한 이해도 및 한국 문화 이해도 등을 점검하여 전방부대 투입 여부를 고려

---

9. 육군규정 제139(사고예방 및 안전관리 규정) 제1장 (총칙), 용어의 정의에 '군기사고'라 함은 육군 군인 복무규율 및 국군 병영생활 규정을 고의나 과실로 위반하여 발생한 사건·사고로서 징계 또는 형사처벌의 대상이 되는 사고를 말한다. '안전사고'라 함은 고의성이 없는 불안전한 인간의 행동과 불안전한 물리적 상태 및 조건이 원인으로 작용하여 사망·□부상 또는 물자의 피해를 초래한 사고를 말한다.

하고, 전방 부대 투입 불가피 시에는, 추가적인 교육과정을 거치거나, 전입 시 초기 적응제도를 마련할 필요가 있다.

물론, 다문화 장병이 우수하게 업무를 달성하며 지낼 수 있지만, 불가피한 문화적 이질감을 경험하게 되며, 군대는 개인의 욕구가 좌절되는 기회가 많으며 조직을 위해서 생활한다는 특수한 특성 때문에 적응문제에서 정신적 스트레스를 받을 수 있다. 따라서 다문화 장병의 다문화에 대한 이해도를 점검하는 제도 마련과 부대 전입 시 충분한 배려와 수용이 필요하다.

3. 역량 및 활용 측면

1. 연합작전 활용 기회 확대

한국군의 다문화 군대로의 지속적인 변화가 되면, 다문화 장병의 해외파병 및 연합작전에 활용할 기회가 늘어날 것이다. 다문화 장병의 큰 장점은 이중 언어를 할 수 있다는 점이다. 다문화 장병의 우수한 언어 실력을 군에서도 활용할 수 있도록 통역병 모집 기회를 확대하여야 한다.

오늘날 무관을 선발할 때는 영어를 위주로 해서 선발을 하는 실정이다. 예를 들어 선발된 무관이 베트남으로 파병을 가게 된다면, 베트남어를 몰라 영어로만 소통을 하니 활동이 제한되고 의사교류가 제한될 것이며, 성과도 제한적일 수밖에 없을 것이다. 하지만 각 파병 가는 국가 출신의 다문화 무관을 선발하게 된다면, 해당 국가의 언어를 잘 알고 있으며, 지역 문화도 알고, 생김새와 같은 외형적인 이질감도 적으니 의사교류와 활동 면에서 우수한 성과를 거둘 수 있을 것이다.

조선일보 노석조 예루살렘 특파원에 의하면,[10] 1973년 10월 이스라엘과 아랍연합군 사이에 4차 중동전쟁이 있을 때 이스라엘군은 아랍계는 물론 세

10. 조선일보. 2016.6.25. [기자의 시각] 해야 하면 해내는 나라

계 각국 출신의 유대인으로 구성되어 있어, 적군의 첩보 수집에 큰 어려움을 겪는 일은 없었지만, 당시 북한이 이집트에 조종사를 파견한 상태라 북한말을 감청하는 데 어려움을 겪었다. 그때 이후로, 한국 청년들에게 영주권 등 각종 혜택을 제안하며 지금까지도 감청업무를 위해 모집 중이라고 말했다.

이처럼, 한국군 소속의 다문화 장병들을 해외파병 및 연합작전에 적극적으로 활용할 필요가 있다. 한국군은 다문화 장병을 우수한 인재로 적극 활용할 수 있으며, 다문화 장병은 소속감 및 자존감이 향상하여 보람된 군 복무를 할 것이다.

〈표4-1〉 어학병 지원자격

<table>
<tr><td>연 령</td><td colspan="2">· 지원서 접수년도 기준 18세 이상 28세 이하 (82. 1. 1~92. 12. 31 출생자)</td></tr>
<tr><td>학력</td><td colspan="2">· 중학교 졸업 이상의 학력소지자 또는 교육과학기술부장관이 인정하는 동등학력 소지자</td></tr>
<tr><td>신체조건</td><td colspan="2">· 신체등위 1~3급 현역입영대상자</td></tr>
<tr><td rowspan="6">자격요건</td><td>영어</td><td>· 어학성적이 정기시험으로 다음 항목 중 어느 하나에 해당하는 사람
<table>
<tr><td rowspan="2">구분</td><td rowspan="2">TOEIC</td><td rowspan="2">TEPS</td><td colspan="3">TOEFL</td><td rowspan="2">G-TELP Level 12</td><td rowspan="2">FLEX</td></tr>
<tr><td>PBT</td><td>CBT</td><td>IBT</td></tr>
<tr><td>성적</td><td>900</td><td>870</td><td>600</td><td>250</td><td>100</td><td>90</td><td>870</td></tr>
</table></td></tr>
<tr><td>중국어</td><td>· 중졸 이상으로 해당국가 5년 이상 거주한 사람
· 중국어 HSK - 9~11급 또는 新 HSK 6급</td></tr>
<tr><td>러시아</td><td>· 중졸 이상으로 해당국가 유학 2년 또는 3년 이상 거주한 사람
· 러시아어 토르플 1~4단계 취득, 국내외 4년제 러시아어 전공자</td></tr>
<tr><td>아랍어</td><td>· 중졸 이상으로 아랍어권 1년 이상 거주, 대학 1년 아랍어 전공수료자</td></tr>
<tr><td>프랑스어</td><td>· DALF - C1 이상의 자격증을 취득한 사람
· 접수일 기준 5년 이내 불어권 국가에서 3년 이상 거주한 사람
· 국내외 4년제 대학 불어 전공 2년 이상인 사람으로서 불어권 국가 거주경력 2년 이상인 사람</td></tr>
<tr><td>독일어</td><td>· ZMF 이상 자격 Goethe - Zertifikat C1 의 자격을 취득한 사람
· 접수일 기준 5년 이내 독일어권 전공 2년 이상인 사람으로서 독일어권 국가 거주경력 2년 이상인 사람</td></tr>
</table>

출처 : 병무청 홈페이지 모병지원센터, 인터넷 검색.

제5장. 결론

본 연구의 목적은 다문화 군대로의 변화에 대비하여 한국의 다문화 가정 현황을 분석하고, 한국군의 현황 및 특성을 분석하여 한국군의 제도적·심리적·역량 및 활용에 관한 대비방안을 제시하는 데 있다.

오늘날 한국은 급속도로 다문화 사회로 변화하고 있다. 2017년 이후로는 약 1,800여 명의 다문화 장병들이 입대할 것이며, 그 이후로도 입대는 증가할 것이다. 한국은 학연, 지연, 혈연 의식이 강한 사회를 가지고 있는 것이 특징이므로, 다양한 인종, 종교, 언어, 문화에 대한 이해와 수용성이 부족한 것이 사실이다.

이제 다문화 군대로의 변화는 한국의 불가피한 상황이 되었다. 따라서 다문화 군대로의 변화에 대하여 효율적인 대비방안 제시되어 구축되어야 한다.

다문화 장병들은 군대라는 특수한 조직 속에서 생활을 하며, 개인의 욕구와 군대문화, 의사소통에 많은 영향을 받을 것이다. 이러한 영향은 다문화 장병들에게 다양한 경험과 사고를 개발시켜 주기도 하지만, 의사소통의 어려움으로 인하여 복무 중 심리적 불안감과 낮은 자존감 형성을 유발할 수 있다. 또한 다른 피부색, 생김새 때문에 복무 중 인종차별적 따돌림을 당할 가능성도 있다. 그리고 자신의 보직과 일상생활 내에서 차별과 불평등을 가져올 수도 있다.

따라서 다문화 장병들이 복무 중에 차별과 불평등이 없는 여건 속에서 지낼 수 있도록 개선해야 한다. 뿐만 아니라, 다문화 장병의 개인의 역량을 최대한 발휘할 수 있는 보직을 줄 수 있도록 하여야 한다.

그러기 위해선, 첫째 심리적 측면에 대한 대비방안이 필요하다. 먼저 다문화 장병들에 대한 수용성을 길러야 한다. 통상 일반 장병들은 다문화에 대한 충분한 교육을 받지 않았기 때문에 편견을 가지고 다문화 장병을 대하는 장병들이 있는 것으로 파악된다. 그러므로 다문화에 대한 이해를 통해 공감대를 형성하는 것이 중요하다.

다음으로 다문화 장병의 조기적응을 위한 시스템이 필요하다. 다문화 장병은 자신과 대부분이 다른 문화, 인종, 종교, 언어를 가진 일반 장병들 속에서 지내다 보면, 고독감, 심리적 불안감 등으로 스트레스를 받으며 소극적이고 잘 적응할 수 없을 가능성이 크다.

따라서 그러한 부분에 있어서 '1:1 다문화 장병 멘토'를 실시하여 다문화 장병이 조기에 적응을 할 수 있도록 하여야 한다. 물론 이때 다문화 장병 멘토링은 부대 내 업무에 지장이 가지 않는 범위 내에서 실시하며, 관심병사와 같이 특별감시 받는 대상이 아닌 조기 적응을 위한 구원자 역할을 수행하는 것이다. 그리고 현재 다문화 교육은 미디어 자료로 한정되어 있어 충분한 이해를 하기란 힘들다. 따라서 다문화 전문 강사를 초빙하여 다양한 교육을 실시하고, 필요시에는 부대 내 안보교육 강의장에 게시판을 활용하여 한국의 다문화 장병 현황 등을 게시하여 언제든지 볼 수 있도록 한다.

그리고 민간 다문화 지원센터와의 교류를 통하여, 다문화 장병들의 역량을 개발하고 필요시에는 전역 후 구직을 위한 제도 등도 마련하여, 군 복무 중에도 많은 것을 얻어 갈 수 있도록 해야 할 것이다.

둘째, 제도적 측면이다. 간부·예비군·신병 다문화교육을 실시하는 것이다. 간부도 물론 다문화 교육의 대상자이다. 지휘관이 다문화에 대한 편견 없는 시각과 수용성을 갖추고 있다면, 부대 내 바람직한 교육도 성공할 것이다. 따라서 간부 양성교육과정 내에 다문화교육을 의무화시키는 것이다. 그리고 신병과 예비군 과정에도 다문화 교육을 의무화시킨다. 다문화교육은 미디어자료와 같은 이론교육에 국한시키지 않고, 체험활동과 같은 봉사활동도 추가하도록 한다.

그리고 사이버교육 M-Kiss를 적극 활용한다. 사이버 교육은 시간과 장소에 구애받지 않고 언제 어디서든지 시청할 수 있기 때문에 효과적으로 다문화에 대한 교육을 할 수 있다. 그러므로 군 자기계발 프로그램인 M-Kiss에 다문화 컨텐츠를 추가하여, 다문화에 대한 강의를 개설하도록 한다. 뿐만 아니라 질문게시판 등을 활성화시켜 강의 내용이나, 다문화에 관한 질문 등을 달 수 있도록 만들어 소통할 수 있도록 한다.

다음으로, 군사고 예방 대책을 마련한다. 군사고는 어디서든지 소홀히 한다면 일어날 수 있는 일이다. 하지만 다문화 장병이 들어오면서, 개인의 욕구가 좌절되고 조기 적응 실패로 인하여 군사고로 이어지거나, 일반 장병들의 수용성 부족으로 인한 차별과 편견으로 인한 사고가 일어날 가능성이 높다. 물론 다문화 장병이 가해자가 될 수도, 피해자가 될 수도 있다.

따라서 다문화 장병과 일반 장병들 간의 갈등과 차별에 관한 문제나, 문제 발생 시 예방 대책을 마련하여야 한다. 또한 군에서 일어나는 군기사고, 안전사고에 대한 충분하고 지속적인 교육을 실시하여야 한다.

셋째, 역량 및 활용 측면이다. 다문화 장병의 큰 장점은 바로 이중 언어를 구사할 수 있다는 점이다. 다문화 장병을 연합작전 및 해외파병 인원으로 적극 활용할 필요가 있다. 따라서 연합작전 및 해외파병 통역병 인원 모집 기회를 확대하여야 한다.

본 연구에서는 다문화 가정 및 장병 현황 분석을 토대로 하여, 다문화 군대로의 변화에 대비하여 심리적, 제도적, 역량 및 활용측면으로 분석하여, 장기적인 차원에서 추구해 나가야 할 실효적인 대안을 제시함으로써 다문화 군대로의 발전과 정착에 기여하고자 한다.

〈참고문헌〉

단행본 및 논문

· 정명호, 〈다문화환경 대비 한국군 대응에 관한 연구〉
· 박경민, 〈다문화 가족 자녀의 환경적 요인이 사회적응에 미치는 영향: 사례연구를 중심으로〉
· 홍석조, 〈한국군 다문화 군대로의 전환에 관한 연구〉
· 박재용, 〈한국군의 「다문화 가정 장병」증가에 따른 대비방안 연구〉
· 차용국, 〈다문화 사회의 한국군의 과제와 역할에 관한 연구〉
· 노양규, 나태종 〈다문화 군대에 대비한 병영정책 연구〉
· 김수인, 〈다문화 가정과 일반가정 아동의 학교생활적응관련 심리적 특성 비교〉
· 윤동화, 〈다문화 가정 해체가 자녀교육에 미치는 영향에 관한 연구〉
· 김기춘, 〈다문화 가정 시대의 군복무 관리방향〉
· 김심경, 〈다문화 가정 장병에 대한 현역병사의 태도: 강원도지역 육군병사를 중심으로〉
· 김아랑, 〈다문화 가정 장병에 대한 현역장병의 태도에 관한 연구〉

신문

· 중앙일보, 〈교실에서 문화의 다양성을 가르치자〉, 2014-02-22
· 주간경향, 〈[한국군 코멘터리]'다문화 장병'도 소중한 병력자원〉 2014-06-10
· 중앙Sunday, 〈'외국인 부모' 둔 장병 속속 입대… 10년 후엔 1만 명〉 2012-07-22

사이트

· 교육과학기술부(www.moe.go.kr)
· 여성가족부(www.mogef.go.kr)
· 안전행정부(www.moi.go.kr)
· 통계청(kostat.go.kr)
· M-Kiss(www.mkiss.or.kr)
· 학술연구정보서비스(www.riss.kr)

한국 대학생의 안보의식 제고 방안 연구

청주대학교 군사학과 **정 승 원**

제1장. 서론

1. 연구배경 및 목적

세계화 시대가 도래한 지금, 국가 간의 경계는 희미해지고 있으며 변화의 흐름을 인지할 정도로 세계는 빠르게 변화하고 있다. 그럼에도 불구하고 각국의 최우선 과제는 외력外力으로부터 자국민의 생명과 재산을 보호하고 번영과 행복을 추구하는 것임은 변하지 않는 사실일 것이다. 이는 오늘날 민주주의 국가가 추구하는 본질적인 목표이며 국가가 존립할 수 없다면 추구할 수 없는 가치들이다. 이것은 민주주의 국가의 역할 중에서 안보가 가장 중요한 요인임을 반증하는 것이다.[1] 특히 한국은 6·25 전쟁 이후 반세기가 넘는 시간 동안 정전 상태이며 북한은 그 기간 동안 끊임없는 무력도발을 자행해오고 있다. 다음의 〈표Ⅰ-1〉은 북한의 주요 무력도발 일지를 정리한 표이다.

1. 전상조, '대학생의 안보의식과 영향요인에 관한 연구' 계명대학교 박사학위논문 (2014). p. 1.

〈표 Ⅰ-1〉 북한의 주요 무력도발 일지

발생연도	주요 내용 (발생일자)
1968년	· 무장공비 31명 남파. 박정희 전 대통령 암살시도 (1. 21일)
1987년	· KAL기 폭파, 115명의 승객 · 승무원 사망 (11. 29일)
1999년	· 제1차 연평해전(1차 서해교전) 발생 (6. 15일)
2002년	· 제2차 연평해전 발생, 6명의 해군 장병 사망 (6. 29일)
2010년	· 해군 1,200t급 초계함 천안함 피격 (3. 26일)
	· 연평도 포격 도발 (11. 23일)

그러나 한국 대학생들의 굳건한 안보의식이 국가 안보에 중요한 영향을 미치는데도 불구하고 전쟁을 직접 경험한 세대가 아닌 대학생들의 안보의식은 약화되어 있다는 것이 부정할 수 없는 사실이다. 한국 대학생들은 2010년 천안함 피격 사건, 연평도 포격 도발과 5차례에 걸친 핵실험까지 지속적이고 다양화된 도발에도 위기의식을 느끼지 못하고 있다.

2016년 국민안전처가 실시한 '국민 안보의식 여론 조사'를 보면 전쟁이 발발할 경우 성인은 83.7%가 참전한다고 응답한 반면 대학생은 성인의 약 3/4 수준인 63.2%가 참전하겠다고 응답했다.[2] 조사의 결과를 단적으로만 보아도 한국 대학생들의 안보의식은 현저히 낮은 것을 알 수 있다. 따라서 한국 대학생들의 안보의식을 제고시킬 수 있는 방안을 찾는 것이 시급하다.

2. 연구문제

한국은 1953년 정전협정 이후 반세기가 넘는 시간 동안 남북으로 분단되어 있다. 북한은 그동안 지속적인 무력도발로 우리의 안보를 위협하고 있다. 이것은 비단 한국만의 안보위협일 뿐 아니라 국제안보에 심대한 위협을 미치고 있는 것이다. 이러한 안보 위협을 극복하기 위해서 범국가적 노력이

2. 국민안전처, 2016 국민 안보의식 여론 조사(2016)

필요하지만 가장 중요한 것은 미래 통일한국의 주역인 한국 대학생들의 굳건한 안보의식일 것이다. 그러나 대학생들의 안보의식이 중요함에도 불구하고 대학생들의 안보의식 수준은 매우 낮을 것으로 예상된다. 이러한 안보위기상황을 타파하기 위해서는 반드시 젊은 세대의 주축인 대학생들의 안보의식 제고가 필요하다.

따라서 연구문제로 '한국 대학생들의 안보의식 수준은 낮을 것이다', '북한의 도발로 인해 안보의식에 변화가 생겼다', '현재 대학생들의 상황에 적합한 안보의식 제고 방안이 있으면 대학생들의 안보의식은 향상될 것이다' 크게 3가지를 세웠다. 그렇다면 과연 한국 대학생들의 안보의식이 저조한 원인이 무엇이며 안보의식을 제고시킬 수 있는 방안은 무엇일까?

3. 연구범위 및 연구절차

본 연구에서는 연구 목적을 달성하고 적절한 방안을 제시하기 위해 연구대상은 전국의 대학생들로 설정하고 설문을 진행하였다. 또한 본 연구에서는 한국 대학생 안보의식을 제고시키기 위해 안보의식의 개념과 필요성을 제시하고 한국사회의 변화에 따른 대학생 안보의식의 실태와 문제점을 알아본 후 그에 상응하는 한국 대학생 안보의식 제고 방안을 제시하도록 하겠다. 다음의 [그림 I-1]은 연구절차를 간략하게 정리한 것이다.

[그림 Ⅰ-1] 연구 절차

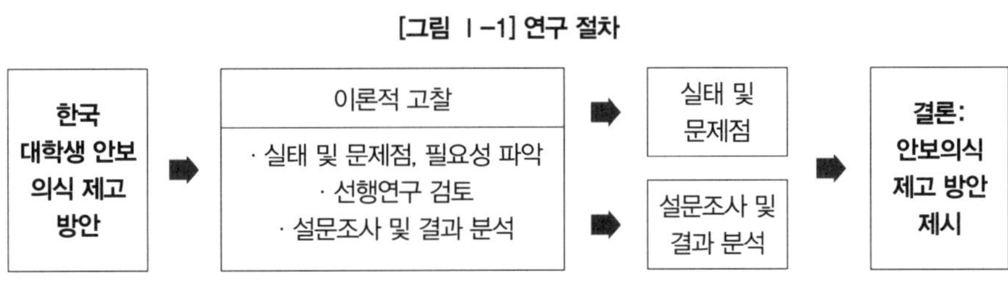

제2장. 이론적 배경

1. 안보의식의 개념 및 한국 대학생 안보의식 제고의 필요성

가. 안보의식의 개념

안보의식이란 용어는 우리가 흔히 사용하는 용어이지만 명확한 사전적 의미가 없다. 전상조(2014)는 '안보의식'은 '안보'와 '의식'이 결합된 용어로 '안보'는 내외부로부터 위협에 대해 개인 또는 국가의 이익과 가치를 지키는 총체적 조치라 할 수 있으며 '의식'은 사회적 또는 역사적 영향을 받아 형성되는 감정, 사상, 이론 따위를 이르는 말이라고 정의하고 있다.[3] 성백선(2014)은 '국가안전보장에 대한 의식'의 줄임말로서 정치적 측면에서는 국가가 정치적 실체로서 영토와 주권, 자국민의 생명과 재산을 보호하는 일체의 활동에 대한 국민의식의 총화로 볼 수 있다.[4] 규범주의적 관점에서 안보의식은 국가의 안전보장 활동과 이에 관련된 정책에 대한 지지적 태도와 인식으로 해석할 수 있고, 구성주의적 관점에서는 국가의 안정보장 활동에 대한 개인적 지식과 경험에 근거한 주관적 신념체계로 볼 수 있다.[5] 또 이태건(1991)은 "안보의식은 한 나라의 국민 개개인이 그 나라의 안보상황에 대하여 가지고 있는 태도"로 정의하고 있다.[6] 김구섭(2011)은 안보의식을 "국가 안보에 대한 신념, 의지, 가치관이나 이를 바라보는 관점"이라고 정의하였다.[7]

최근의 안보의식은 단순 군사적 측면에서만 국한된 의미가 아니라 정치, 경제, 문화 등 그 나라의 국가의 전체적인 분야에서의 측면에서까지 확대되

---

3. 전상조, '대학생의 안보의식과 영향요인에 관한 연구' pp. 14~16.
4. 성백선, '안보교육과 안보의식 향상 : 4년제 대학생 의식 조사', 성균관대학교 석사학위논문(2014). p. 5.
5. 김기정 · 박균열, '국민안보의식 변화와 한반도 평화', 통일연구회의총서(2008), pp. 43~88.
6. 이태건, '안보환경 변화에 따른 국민의식 제고방안', 한국안전보장논총(1991), pp .291~314.
7. 김구섭, 『국민 안보의식 진단과 처방』(서울: 한국국방연구원, 2011). pp. 10~12.

어 가는 등 다음과 같은 변화를 보이고 있다. 첫째 최근의 안보의식은 군사적 측면에서의 의식뿐만 아니라 정치, 경제, 문화 등 사회 전반적인 측면에서의 의식까지 포함시키려는 경향이 커지고 있다. 둘째 비군사적 위협요소의 중요성이 증가함에 따라 이에 대한 의식도 안보의식에 포함시키려는 경우가 많다. 이러한 움직임은 안보자체를 위기관리개념으로 보려는 시각이다. 셋째 최근의 안보의식은 통일 국제안보와 같은 국제 정치의 요소를 포함하는 경우가 많다. 과거에서는 주로 북한의 군사적 위협에 치중하여 안보를 고려하였으나 현실적으로는 군사문제는 경제문제와 정치문제에 매우 밀접하게 연관되어 있다.[8]

이러한 점들을 미루어 볼 때 안보의식이란 국가 안보에 관하여 사람들이 갖는 생각, 의견 등 객관적인 요소들의 상태를 의미한다고 할 수 있다.

나. 한국 대학생의 안보의식 제고의 필요성

한국은 남북으로 분단된 지난 60여 년 동안 북한의 끊임없는 무력도발을 받아왔다. 5번에 걸친 핵실험과 ICBM, SLBM 등 미사일 발사에서부터 천안함 폭침, 연평도 포격 등 국가적인 도발로 직접적인 피해를 준 사건까지 그 방법과 범위를 확대해왔다. 이처럼 한국은 계속적인 안보위협에 시달리고 있다.

그러나 한국 국민들의 이에 대한 안보의식은 날이 갈수록 약화되고 있다. 6·25전쟁은 아직 종전되지 않았다. 앞서 언급한 국지 도발 등이 언제든 전면전으로 확대될 수 있다는 뜻이다. 물론 2010년 천안함 폭침, 연평도 포격 도발 사건과 2015년 개봉한 영화 '연평해전'의 영향으로 잠정적으로 안보의식이 강화되었던 적이 있었다. 하지만 이러한 안보위기 상황에서도 여전히

---

8. 김종영·황중호·이규웅, '국민 안보의식 제고방안', 전략논단(2008). pp. 214~243.

안보문제는 우리 사회의 큰 관심사가 되지 못하고 있다. 다음의 [표Ⅱ-1]은 국민안전처에서 2016년 실시한 안보의식 여론 조사 중 전쟁 발발 시 참전(참여) 의사를 조사한 문항이다.

[표 II-1] 전쟁 발발 시 참전(참여) 의사

단위: %

구분문항	참전(참여)	모름/무응답	비참전(비참여)
성 인	83.7	1.7	14.6
대학생	63.2	4.6	32.2
청소년	56.9	4.7	38.4

* 출처 : 국민안전처, 2016 국민 안보의식 여론 조사, 국민안전처 홈페이지

대학생은 성인의 3/4 수준인 63.2%만이 참전하겠다고 응답했다. 대학생들은 북한을 군사적 위협으로 인식하면서도 북한의 군사적 도발 가능성을 낮게 보고 있다. 이러한 현상은 과거 북한의 도발을 겪어오면서 생긴 '학습효과'로 인해 안보문제를 안보문제로 인식하지 못하고 무감각해지는 안보불감증으로 나타나고 있다. 또한 대학생들은 북한의 위협이 고조되는 상황에서도 대북교류협력을 바라고 있으며 감상적인 통일지상주의보다는 점진적인 통일을 지지하는 등 양면성을 가지고 있다고 지적하였다.[9] 그러므로 국가적인 안보위기를 지혜롭게 극복하고 국가발전을 위해서는 한국 대학생들의 안보의식을 제고시키는 노력이 대단히 중요하다고 하겠다.

2. 한국 사회의 변화와 대학생의 안보의식 실태 및 문제점

가. 한국 사회의 변화

9. 정헌영, '탈냉전 이후 안보환경의 변화에 따른 신세대 안보의식의 특성', 국제관계연구(2007), pp. 111~139.

앞서 국가적 안보위기를 지혜롭게 극복하기 위해서는 젊은 청년들의 안보의식을 제고시키는 노력이 중요하다고 했다. 그러나 안보의식을 제고시키기 위해 한국 대학생들의 현실과 한국 사회의 변화에 대해 이해하고 고려해야 할 필요가 있다. 청년들의 현실을 이해하여 집단의 특징은 무엇이며 한국 사회의 변화가 그 집단에 어떻게 영향을 주는지 확인해야 할 것이다.

한국은 과거 6·25 전쟁과 같은 국가 위기 상황에서 젊은 청년들이 목숨을 걸고 국토를 수호하였다. 또한 청년들은 1960~80년대 급격한 경제성장은 월남파병(1964~1973)과 같은 파병활동을 통해 경제 및 외교활동의 선구자 역할을 했다.[10] 이러한 성과 이면에는 개인보다는 조직을 우선시하는 강한 공동체 의식과 위계질서가 뚜렷한 전통 가치로서의 행동양식이 내재되어 있었다.

그러나 경제적 성장이 이루어진 1980년대 이후 태어난 세대는 핵가족화, 개별 활동 중시, 입시위주의 교육, 인권에 대한 인식 증대, 정보의 개방화 등과 같은 사회적 배경 속에서 성장해 왔다. 이처럼 다른 성장환경을 경험한 세대들은 전통적 사고방식과 행동양식들은 몸에 맞지 않은 옷을 입은 것처럼 불편할 것이다. 이전 세대들과 같은 공동체 의식과 사명감을 고수하여 그대로 적용한다면 여러 문제가 발생할 것이다. 따라서 성장환경을 고려하여 청년들의 특징을 평가하고 그들이 추구하는 가치가 무엇인지 이해할 수 있어야 한다.[11]

한국인의 가치관은 근대화 과정을 통해 전통적 가치관인 인본주의, 권위주의, 집합주의가 외래적인 서구문화의 영향과 사회구조의 변화에 적응하여 물질주의, 평등주의, 개인주의로 변화되었다. 또한 이러한 가치관들이 혼재되어 나타나기도 한다.[12] 나은영·차유리(2010)는 한국인의 가치관이 자신과

10. 국방부, 『국군 60년사』, (국방부, 2008), p. 3.
11. 김상수, '군 정신교육 발전방안 연구 –한국사회 변화를 중심으로', 한일군사문화학회(2014), 18권
12. 임희섭, 『한국 사회 변동과 가치관』 (서울 : 나남출판, 2003), pp. 99-102.

가족 중심의 개인주의가 증가하고, 남녀평등 의식이 확대되었다고 했다. 또한 미래보다 현재를 중시하고 탈권위주의와 자기 주장성이 증가하고 있으며 탈물질주의 가치관은 2010년 이후 증가하고 있다고 했다.[13] 이러한 전반적인 한국사회의 가치관 변화는 대학생들의 성장환경 변화와 더불어 가치관 형성에 크게 영향을 미치는 요인으로 작용하고 있다. 정보화 세대인 대학생들은 경제적인 풍족함 속에서 디지털 문화에 익숙하고 집단적인 생활보다는 개인적인 생활을 중시하며 최근에는 탈물질주의적인 성향을 보이기 시작하면서 산업화와 민주화의 결실을 향유함으로써 세대 간 국가 안보에 대한 인식의 차이가 나타나고 있다.[14] 다음의 〈표 Ⅱ-2〉는 세대별 가치관을 비교해 놓은 것이다.

〈표 II-2〉 한국 사회의 세대별 가치관 비교

구 분	1950년대/근대화세대	1980년대/민주화	2000년대/정보화세대
의미 있는 경험	- 6 · 25전쟁, 4 · 19, 5 · 16 - 유신시대 - 폐허, 가난	- 5 · 18 - 1987 민주화 성취	- 산업화/민주화 결실 - 인터넷 혁명
성장환경	- 후진국 - 개발계획 시작	- 중진국 - 고도성장기	- OECD - 세계화/소비사회
취업환경	- 고도성장기 취업 - 외환위기 이후 상시적 은퇴 압박	- 구조조정, 정리해고 일상화 - 고용 불안	- 청년실업 - 선진화를 향한 국제 경쟁력 압박
정치적 가치	- 현실주의 - 성장주의 - 친미반북성향	- 관념적 민족주의 - 친북반미성향	- 탈정치문화주의 - 실용주의 - 문화적 반미주의
사회문화적 가치	- 전통가족, 국가 중심	- 개인과 공동체 갈등	- 문화적 동질감 - 개인/부부 중심 가족
경제적 가치	- 일 중시 - 저축이 미덕(소비취향 없음) - 노동하는 세대	- 일/여가 중시 - 소비취향 생성 - 소유하는 세대	- 여가 중시 - 소비 정체성 - 사용하는 세대 - 물질주의→탈물질주의

*출처: 전상조, 앞의 글, p. 25.

13. 나은영·차유리, '한국인의 가치관 변화추이', 한국심리학회지(2010), pp. 78~81.
14. 전상조, 앞의 글, p. 24.

나. 한국 대학생 안보의식 실태 및 문제점

한국 대학생들의 의식 상태는 기성세대가 동시대에 느껴온 것과는 또 다른 의식 상태를 보이고 있는바 그 특징을 보면 다음과 같다.[15] 첫째, 부모의 과보호로 의존적인 정신력을 가지고 있으나, 풍요로운 생활환경으로 여유와 자신감이 넘치는 반면, 전통적인 것을 무시하는 경향이 있다. 둘째, 대다수에게 이기적인 경향이 나타나는데, 이들은 소속감이나 집단을 중시하기보다. 자기중심적인 경향이 강하다. 이는 보편적인 기준보다 자기편의 주의로 자신을 합리화하며, '내가 좋으면 그만이다.'는 사고방식을 가지고 있다. 셋째, 개인적인 분야와 자기 계발에 관심이 높으며, 수직적 인간관계보다 수평적 인간관계를 우선적으로 생각하고 '무조건 해라'라는 식을 거부한다. 넷째, 탈권위주의적 사고로 개성과 자기주장이 확실한데, 정에 따른 인간관계보다는 원인과 이유를 따지기 좋아하며, 감정을 솔직하게 표현한다. 다섯째, 다원주의적 사고에 따라 획일적이며 제도적 관습을 거부한다. 또한, 주어진 임무에 대해 종합적인 판단은 부족하나 도전적이며 적극적이다.

위와 같은 기성세대들과 다른 의식의 차이와 더불어 여러 요인들이 한국 대학생의 안보의식에 영향을 미치고 있다. 안보의식에 영향을 미치는 요인으로 이영균(2002)은 전투력강화, 경제성장, 안보교육 강화, 대통령의 안보관, 지도층 인사의 안보관, 강대국의 자국이익 추구자세, 북한의 도발적인 행동, 북한의 군사력 그리고 주변국의 군사력에 대한 중요성을 살핀 바 있다.[16] 김용현·박영주(2010)의 연구결과 안보의식에 중요한 영향을 미친다고 50% 이상의 응답자들이 응답한 것으로는 전투력강화와, 경제성장, 안보교육 강화, 북한의 도발적인 행동, 북한의 군사력 그리고 주변국의 군사력이

---

15. 김규남, '대학생 안보의식 제고방안 연구 – 대학생 통일 안보 토론대회 및 설문 조사 결과를 중심으로', 한국 융합보안학회(2013). pp. 99~106.
16. 이영균, "입대전 신세대의 국가 안보에 관한 인지분석", 한국정책과학학회보 (2002), p. 61.

있었다. 특히 경제성장의 경우 조사자의 84.0%가 중요한 영향을 미치는 것으로 인식하고 있음을 알 수 있다.[17]

이러한 과거와는 다른 사회의 변화에 대학생들의 안보의식은 현실에서 우선순위가 되지 못하고 있다. 전쟁을 직접 경험한 세대가 아닌 한국의 대학생들은 북한의 끊임없는 도발에도 이것이 안보위기임을 느끼지 못하고 있는 실정인 것이다.

3. 대학생 안보의식 구성요소

국가 안보가 정부나 군에 의해서만 배타적으로 수행되는 국가정책이나 군사전략이 아니라 국가 안보의 개념이 확대되고 안보의 주체가 국민 전체로 인식되고 있는 현대국가에서는 안보의식이 위협에 대한 국가의 대처능력을 결정하는 데 중요한 영향을 미치는 요소로 인식된다.

이러한 논의를 바탕으로 한반도의 지정학적 위치와 남북한이 첨예하게 대립하고 있는 한국의 안보환경을 고려할 때 안보의식의 구성요소를 김병조(1994)는 최근에 부각되고 있는 전방위 사이버위협에 대한 인식을 포함하여 재구성하였다. 안보의식의 구조를 크게 대외적인 요인과 대내적인 요인으로 구분하고 대외적인 요인은 국제적인 안보상황에 대한 인식, 북한의 위협과 관련된 인식을 포함하고 대내적인 요인에는 군사적인 상황에 대한 인식과 정치·경제·사회·문화적인 상황에 대한 인식을 포함할 수 있을 것이다.

또한 군사적인 측면과 비군사적인 측면으로 구분하면 군사적 측면은 북한의 위협과 남북한의 군사적인 상황 및 한미동맹을 중심으로 한 국제적인 안보상황에 대한 인식을 포함하고 비군사적인 요인은 정치·경제·사회·문화

17. 김용현·박영주, "국가 정체성 확립을 위한 국민 안보의식 실태 및 고취방안에 관한 연구 – 대학생 안보의식 실태 조사를 중심으로", 한국 행정학회 학술대회 발표논문집(2010), p. 34.

적인 상황에 대한 인식을 포함할 수 있을 것이다.

정보화 시대가 도래한 지금 우리 사회가 인터넷 통신망을 기반으로 발전하고 있는 상황에서 사이버위협에 취약하다. 또한 대부분의 조직의 성패는 정보와 기술적 자산 보호에 달렸다. 전 세계가 하나로 연결된 사이버공간은 광범위한 지역에 동시적으로 자료와 정보를 전달할 수 있기 때문에 안보 취약요소가 증대될 수 있고 그로 인한 파급효과 또한 더욱 크게 확대될 수 있는 만큼, 이제는 새로운 안보적 도전인 사이버테러에 대한 경계심을 강화하는 것이 중요하고 사이버상의 문제를 안보의식을 구성하는 핵심요소로 고려할 필요가 있다. 지금까지 연구된 안보의식의 구성요소는 종합하면 다음 [그림 Ⅱ-1]와 같다.

[그림 Ⅱ-1] 안보의식의 구성요소

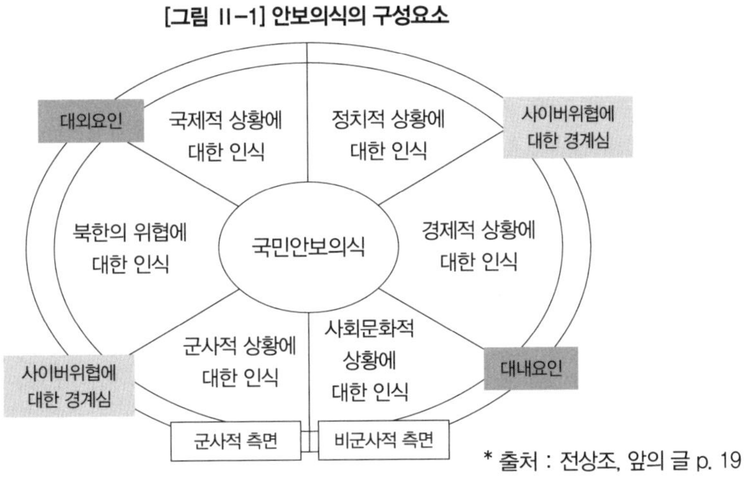

* 출처 : 전상조, 앞의 글 p. 19

4. 선행연구 검토 및 시사점

한국의 대학생 안보의식에 관한 선행연구는 한국의 역사적, 안보적 특성상 많은 기관과 개인에 의해 꾸준히 지속되어 왔다. 특히 특정 안보상황이나 이슈가 대두될 때 시기별로 꾸준히 수행되고 있다.

안보의식에 관한 앞선 연구의 범주로 첫 번째는 특정 시기 또는 일정한 기간에 있어서의 국민들의 안보의식과 안보의식의 변화에 대한 연구(국방대학교 안보문제연구소, 2010; 정한울, 2010; 행정안전부, 2010; 한국청소년정책 연구원, 2008), 두 번째는 문헌연구와 기존 자료를 분석하여 안보의식의 실태를 조사하고 안보의식 제고를 위한 정책적 방안을 제시하는 것이다. 마지막으로 단순히 국민들의 안보의식 수준을 측정하는 것에서 더 나아가 안보의식 영향요인 측정지표 개발 등 안보의식을 측정하는 도구를 도출하기 위해서도 다양한 노력을 하였다.

첫 번째 범주는 특정시기를 중심으로 조사한 안보의식 실태조사이다. 이는 시기별 안보의식의 변화나 특정 안보상황이 발생했을 때 안보의식 수준의 변화를 알 수 있다. 김용현·박영주(2011)는 국방대학교에서 국민을 대상으로 전반적 안보상황에 대해서 질문한 결과 2000년에 비해 2002년, 2003년의 경우 안정적이라고 응답한 비율이 낮아졌음을 지적하였다. 정헌영(2007)은 대학생을 대상으로 조사한 연구에서도 이와 유사하게 안정적이라고 인식하는 경우가 전체적으로 29.2%에 불과하여 불안감을 가지고 있음을 알 수 있다.

2013년 안전행정부에서 실시한 성인과 청소년을 대상으로 한 여론조사에서는 먼저 본인의 안보의식 수준이 어떤지를 설문하였고 북한의 위협과 관련된 인식으로 전면전 도발 가능성, 국지도발 가능성, 북한의 핵 개발에 대한 인식 등을 조사하였고, 남북관계와 한반도의 안보상황, 비상시 국민행동요령, 안보를 위해 협력할 국가, 북한에 대한 이미지, 6·25전쟁 발발연도 인지, 전쟁 발발 시 참여의지 등에 대해서 설문하였다.

두 번째 범주는 문헌연구를 통한 안보의식 제고 방안에 관한 연구(김종영 외, 2008; 이철상, 2005) 등을 들 수 있다. 이 중 안보의식의 구성요인과 관련된 선행연구로 김병조(1994)는 안보의식 구성요소를 국제안보환경에 대한 인식, 북한의 위협에 대한 인식, 정치적 상황에 대한 인식, 경제적 상황에 대한 인식, 사회적 상황에 대한 인식, 국방 및 군에 대한 인식 등 6개 요소로 구분하고 요소별 안보의식지수를 산출하여 안보의식 취약층을 규명하였다.

이영균(2002)은 입대 전 신세대의 국가 안보에 관한 인지분석을 대외적 변수와 대내적 변수 그리고 국가 안보의식으로 구분하여 분석하였다.[18] 김기정(2004)은 국민 안보의식을 안보 위협 요소에 대한 인식(위협의 대상, 위협의 정도, 미래의 국제정치의 불확실성에 대한 인식)과 안보 확보의 수단과 방법에 대한 인식(한국의 방어력 및 방어의지에 대한 국민적 인식, 한·미동맹에 관한 국민의식, 국제정치 안보상황에 대한 인식)의 두 가지로 분류하고 국민들의 안보의식이 어떻게 변화되고 있는지에 대해 분석하였다.[19]

마지막 범주는 안보의식에 영향을 주는 요인을 연구하여 안보의식의 측정 지표를 개발하는 등 측정 도구를 도출하는 노력이다. 김종영·황중호·이규웅(2008)은 안보의식을 측정하면서 안보의식에 대한 인식, 국제정세와 한반도 안보에 대한 의식, 남북 관계와 대북정책에 대한 인식, 미국에 대한 인식 등 4가지로 구분하였다. 또 국제 정세와 한반도 안보에 대한 인식에는 안보 위협 요인, 안보정책에 대한 인식을 사용하였고 남북 관계와 대북 정책에 대한 인식에는 북한에 대한 인식, 통일에 대한 인식, 대북 정책에 대한 인식을 사용하였다.[20]

행정안전부(2010)와 안전행정부(2013)에서는 안보의식 수준, 정부 주도의 안보교육 필요성, 북한의 천안함 공격에 대한 인식, 한미동맹의 중요성, 미국에 대한 안보위협인식, 6·25전쟁 발발연도 인식, 북한의 위협과 관련된 인식, 전면전 및 국지도발 가능성, 북한의 핵개발에 대한 인식, 남북관계와 한반도의 안보상황, 비상시 국민 행동요령, 안보를 위해 협력할 나라, 북한에 대한 이미지, 전쟁 발발 시 참여 의지 등을 사용하였다.[21]

선행연구의 안보의식 측정항목들을 종합하면 경제성장, 안보교육, 국방력

18. 이영균, '입대 전 신세대의 국가 안보에 관한 인지분석', 한국정책과학학회보(2002), pp. 47~74.
19. 김기정, '국민안보의식 변화와 한반도 평화', 통일연구희의총서(2004), p. 4
20. 김종영·황중호·이규웅, '국민 안보의식 제고방안', 전략논단(2008), pp. 223~228.
21. 행정안전부, 안전행정부, 국민 안보의식 여론조사(2010, 2013)

강화, 북한의 위협과 도발 가능성, 북한과의 교류확대, 국제 공조, 한미연합 체제 강화 등으로 정리할 수 있다. 기존의 연구들은 안보의식에 대한 실태연구나 선행연구 검토 모두 안보의식의 영향 요인을 도출하고 측정도구를 선정하기 위함이었다. 먼저 대학생 스스로가 본인의 안보수준을 평가할 수 있는 항목과 전반적인 안보상황에 대한 인식 정도, 안보관심의 정도, 그리고 참여의지는 총괄적으로 대학생 안보의식을 측정하는 데 필요한 중요한 도구로 판단하였다.[22] 따라서 본 연구에서는 대학생의 안보의식에 영향을 주는 요인을 토대로 안보의식 수준을 파악하여 안보 교육 프로그램 개발 등 안보의식을 제고시킬 수 있는 방안을 제시할 것이다. 지금까지 논의된 세 가지 범주의 안보의식 관련 연구에서 연구자들이 사용한 안보의식 측정항목을 중심으로 내용을 정리하면 〈표Ⅱ-3〉과 같다.

〈표 II-3〉 선행연구의 안보의식 측정항목

연구자	측 정 항 목
이영균(2002)	전투력 강화, 경제성장, 안보교육 강화, 대통령의 안보관, 지도층인사의 안보관, 강대국의 자국이익 추구자세, 북한의 도발적인 행동, 북한의 군사력 그리고 주변국의 군사력에 대한 중요성
국방대학교(2005)	안보위협을 줄이는 방안에 대해서 북한과의 교류확대, 우리나라의 군사력 증강, 일본, 중국, 러시아 등 주변국과의 국제공조, 한미 협력체제 강화
김종호·황중호·이규웅(2008)	안보관련 의식, 안보상황에 대한 태도와 견해, 안보위협 요인, 안보 정책에 대한 인식, 북한에 대한 인식, 통일문제에 대한 인식, 대북정책에 대한 인식, 미국에 대한 인식
행정안전부(2010)	안보의식 수준, 정부 주도의 안보교육 필요성, 안보현실 이해 및 인식, 북한의 천안함 공격에 대한 인식, 북한을 경계·적대 인식, 한미동맹의 중요성, 미국에 대한 안보협력 필요성, 미국에 대한 안보위협 인식, 6·25전쟁 발발연도 인식.

22. 전상조, 앞의 글, p. 49.

김용현 · 박영주 (2011)	전투력 강화, 경제성장, 안보교육 강화, 북한의 도발적 행동, 북한의 군사력 그리고 주변국의 군사력, 북한과의 교류확대, 주변국과의 국제공조, 한미협력 체제의 강화
안전행정부(2013)	안보의식 수준, 북한의 위협과 관련된 인식, 전면전 도발 가능성, 국지도발 가능성, 북한의 핵 개발에 대한 인식, 남북관계와 한반도 안보상황, 비상시 국민 행동요령, 안보 위해 협력할 나라, 북한에 대한 이미지, 6·25전쟁 발발연도 인지, 전쟁 발발 시 참여의지

* 출처 : 전상조, 앞의 글, p. 48

제3장. 설문조사 결과 분석

1. 설문구성

본 설문조사에 사용된 설문지는 총 2쪽 23문항으로 구성되어 있으며 모두 폐쇄형 질문으로 구성하였다. 세부사항으로는 조사대상의 신상에 관한 질문 4문항, 대학생 안보의식 실태조사에 관한 질문 9문항, 대학생 안보의식에 영향을 미치는 요인에 관한 문항 10문항으로 구성하였다. 조사 대상은 전국의 4년제 대학생에 대하여 온·오프라인으로 실시하였다. 오프라인으로는 청주대학교 총 85장의 설문지(군사학과 28명, 일반학과 55명)를 배부했다. 먼저 안보교육을 접할 기회가 비교적 많은 청주대학교 군사학과 학생들을 학년별 7명을 대상으로 조사하여 총 28부를 회수하였다. 그리고 군사학과 학생들과 비교하기 위해 비非군사학과 학생을 대상으로 57장의 설문지를 배부하여 55부를 회수하였다. 또한 6월 9일부터 12일까지 4일간 좀 더 객관성 있는 자료 도출을 위하여 전국의 대학생들을 대상으로 온라인 설문조사를 진행하였으며 이 기간 동안 65명의 응답자들이 설문에 응했다. 오프라인 조사 중 설문지 2부는 회수하지 못하거나 파손되어서 총 148명에 대하여 결과를 도출했다.

한국 대학생들의 안보의식 수준을 정확하게 파악하기 위해서는 앞서 선행연구에서 파악한 안보의식에 영향을 주는 요인들을 모두 포함해야 하지만 사실상 불가능하다. 따라서 본 연구의 설문조사에서는 먼저 한국 대학생의 안보의식 실태에 대해서 설문을 실시하고 선행연구에서 파악했던 요인들 중 본인의 안보의식 수준, 안보교육, 북한의 군사력, 국방력 강화, 언론 등의 문항들을 통해 객관적 자료를 얻고자 했다. 다음의 〈표 Ⅲ-1〉는 설문 내용을 정리하여 나타낸 표이다. 설문지는 부록에 첨부하였다.

〈표 Ⅲ-1〉 설문 구성 및 내용

구 분	내 용	문항 수
대학생 안보의식 실태조사	1. 6 · 25 전쟁에 대한 문항	1
	2. 북한에 대한 시각	4
	3. 한미동맹에 대한 시각	3
	4. 전쟁에 대한 시각	1
소계		9
대학생 안보의식에 영향을 미치는 요인 조사	1. 안보의식 수준에 대한 문항	2
	2. 안보교육에 대한 시각	3
	3. 북한의 군사력에 대한 시각	2
	4. 언론에 대한 문항	1
	5. 국방력 강화에 대한 시각	2
소계		10
계		19

2. 설문조사 결과 분석

먼저 조사결과의 분석 중 수치상의 편의를 위해 비율은 소수점 첫째자리에서 반올림하였다. 응답자의 인구 통계학적 특성은 다음의 〈표 Ⅲ-2〉와 같다.

〈표 Ⅲ-2〉 인구 통계학적 특성

<table>
<tr><th colspan="3">구 분</th><th colspan="2">빈도수(명)</th><th colspan="2">구성 비율(%)</th></tr>
<tr><td rowspan="4">성별</td><td rowspan="3">남</td><td>군필</td><td>33</td><td rowspan="3">94</td><td>35</td><td rowspan="3">64</td></tr>
<tr><td>미필</td><td>60</td><td>64</td></tr>
<tr><td>면제</td><td>1</td><td>1</td></tr>
<tr><td colspan="2">여</td><td colspan="2">54</td><td colspan="2">36</td></tr>
<tr><td rowspan="4">학년</td><td colspan="2">1학년</td><td colspan="2">48</td><td colspan="2">33</td></tr>
<tr><td colspan="2">2학년</td><td colspan="2">33</td><td colspan="2">22</td></tr>
<tr><td colspan="2">3학년</td><td colspan="2">32</td><td colspan="2">21</td></tr>
<tr><td colspan="2">4학년</td><td colspan="2">35</td><td colspan="2">24</td></tr>
<tr><td rowspan="4">안보
교육
횟수</td><td colspan="2">0회</td><td colspan="2">39</td><td colspan="2">26</td></tr>
<tr><td colspan="2">1 ~ 3회</td><td colspan="2">35</td><td colspan="2">24</td></tr>
<tr><td colspan="2">4 ~ 6회</td><td colspan="2">16</td><td colspan="2">11</td></tr>
<tr><td colspan="2">7회 이상</td><td colspan="2">58</td><td colspan="2">39</td></tr>
</table>

먼저 대학생 안보의식 실태조사에 대하여 살펴보면 '6·25전쟁은 남침南侵이다.'라는 문항에 그렇다 60%(89명), 모르겠다 9%(14명), 아니다 31%(45명)로 나타났다. 6·25 전쟁이 북한의 기습남침이라는 것을 모르거나 아니라고 부정적으로 응답한 인원이 무려 40%로 나타났다. 다음 주적개념을 묻는 '현재 우리나라 안보에 가장 위협이 되는 국가는?'이라는 문항에 중국 15%(22명), 일본 7%(10명), 미국 14%(20명), 북한 47%(69명), 모름 1%(1명)으로 나타났다. 최근 사드배치로 인해 중국의 경제보복, 미국의 한미FTA 재협상 등의 이슈를 감안한다 하더라도 북한 이외의 국가를 고르거나 모른다고 응답한 인원이 51%에 이른다.

그러나 천안함 피격 사건 등 북한의 무력도발과 북한의 군사력이 우리 안보에 위협이 된다고 생각하는 조사자들은 각각 88%(130명), 98%(145명)로 나타나 북한의 군사력에 대한 시각은 매우 부정적으로 나타났다. 또한 '수개월 안으로 북한은 미사일 발사 실험 등 도발을 감행할 것이다'라는 질문에 긍정적으로 응답한 인원은 94%(139명)으로 나타났다. 이를 미루어 볼 때 천안함 피격 사건, 연평도 포격도발과 미사일 발사 실험 같은 사건들은 대학생들의 안보의식에도 영향을 주기 충분한 것이다.

한편 '고고도 미사일 방어체계(THAAD, 통칭 사드)의 한반도 배치는 필요하다'라는 질문에 긍정적인 응답은 65%(97명), 모르겠다를 포함한 부정적인 응답은 35%로 나타났으며 '한미동맹은 우리나라 안보에 중요한 역할은 한다.'라는 질문에는 매우 그렇다 51%(75명), 어느 정도 그렇다 36%(53명), 보통이다 9%(14명), 그렇지 않다 3%(4명), 전혀 아니다 1%(2명)로 나타났다. 한미동맹이 안보에 중요한 역할을 한다고 긍정적으로 응답한 인원이 87%로 어느 정도 높다고 할 수 있다. 따라서 한국 대학생들은 미국을 한국의 안보에 중요한 국가로 생각하고 있음을 알 수 있다.

마지막으로 '주한 미군이 가지고 있는 한국군의 전시작전통제권은 지금 당장 전환되어야 한다'는 질문에 매우 그렇다 20%(30명), 그렇다 36%(53명), 보통이다 26%(38명), 아니다 13%(19명), 전혀 아니다 5%(8명)으로 나타났으며 '현 시점에서 북한과 전쟁이 발발한다면 우리나라가 승리할 것이다.'라는 질문에 매우 그렇다 38%(57명), 어느 정도 그렇다 29%(43명), 모르겠다 19%(28명), 그렇지 않다 11%(16명), 전혀 아니다 3%(4명)로 나타났다. 우리나라가 전쟁에서 승리할 것이라고 긍정적으로 응답한 인원이 67%인 반면 그렇지 않거나 모르겠다고 응답한 인원도 33%나 되는 것으로 나타나 이는 안보의식에 문제가 있다는 것이라 분석할 수 있다. 다음의 표들은 대학생 안보의식 실태조사에 관한 설문 결과를 정리한 것이다.

〈표 Ⅲ-3〉 대학생 안보의식 실태조사 1

구분 \ 문항	1. 6·25전쟁은 남침이다	2. 우리나라 안보에 가장 위협국은?	
그렇다	60% (89명)	중국	24% (36명)
모르겠다	9% (14명)	일본	7% (10명)
아니다	31% (45명)	미국	14% (20명)
		북한	47% (69명)
		모름	1% (1명)

〈표 Ⅲ-4〉 대학생 안보의식 실태조사 2

구분 \ 문항	매우 그렇다	어느 정도 그렇다	보통이다/모르겠다	그렇지 않다	전혀 아니다
3. '천안함 사건'은 북한 소행이다	42% (62)	46% (68)	6% (9)	4% (6)	2% (3)
4. 북핵, 미사일 우리 안보에 위협이다	70% (103)	28% (41)	2% (4)	0% (0)	0% (0)
5. 수개월 안에 북한은 재도발 감행할 것이다	58% (85)	36% (54)	5% (7)	1% (2)	0% (0)
6. 사드의 한반도 배치는 필요하다	32% (48)	33% (49)	21% (33)	8% (11)	6% (9)
7. 한미동맹은 우리 안보에 중요하다	51% (75)	36% (53)	9% (14)	3% (4)	1% (2)
8. 전작권은 지금 당장 전환되어야 한다	20% (30)	36% (53)	26% (38)	13% (19)	5% (8)
9. 남북전쟁이 발발하면 승리할 것이다	38% (57)	29% (43)	19% (28)	11% (16)	3% (4)

단위: % (명)

다음은 대학생 안보의식에 영향을 미치는 요인 조사에 대해 살펴보면 '본인의 안보의식 수준은'이라는 항목에 매우 좋음 19%(28명), 좋음 26%(39명), 보통 42%(62명), 심각 12%(18명), 매우 심각 1%(1명)로 응답했다. 앞서 6·25전쟁과 주적 개념을 묻는 질문에서 나타난 결과에 비하면 반대되는 결과이다. 1번의 꼬리문항인 '안보의식이 심각/매우 심각이라면 그 원인은 무엇이라고 생각합니까?'라는 질문에는 대학생을 대상으로 한 안보교육 프로그램의 부재 42%(63명), 무관심 30%(44명), 스펙, 아르바이트 등 빠듯한 생활 14%(21명), 현실과의 괴리감 5%(7명), 기타 5%(7명) 순으로 집계됐다. 안보의식이 낮은 이유로 가장 많이 응답한 선택지는 대학생을 대상으로 한 안보교육 프로그램의 부재였다. 기타 의견으로는 '언론의 과도한 오보', '리더십 있는 지도자의 부재' 등이 있었다.

한편 '한반도를 포함한 동북아 정세에 관심이 많다'라는 질문에 50%(74명)의 응답자들이 긍정적인 선택을 했으며 '언론의 안보관련 기사를 비중 있게 본다'라는 질문에도 50%(74명)의 응답자들이 긍정적인 선택을 하였다. 이를 미루어 볼 때 안보를 중요하게 생각하는 한국 대학생들은 절반 정도에 지나지 않는다고 할 수 있다.

다음으로 대학생 안보교육에 관한 문항으로 '현재 시행되고 있는 대학생 안보교육이 충분하다'는 문항에 아니다와 전혀 아니다로 부정적으로 응답한 인원이 64%(94명)로 나타났으며 '3. 대학생을 대상으로 한 추가적인 안보교육이 이루어져야 한다'는 문항에 긍정적으로 응답한 인원은 75%(110명)에 달했으며 '대학생을 대상으로 한 추가적인 안보교육이 이루어져야 한다'는 문항에 75%(110명)이 긍정적인 응답을 했다. 이는 안보교육 프로그램의 개발이 한국 대학생들의 안보의식을 제고시킬 수 있는 방안 중 하나가 된다고 볼 수 있다. 또 '북한의 핵 실험 등 도발로 인해 안보의식에 변화가 생겼다'는 문항에 매우 그렇다와 그렇다로 응답한 인원은 62%(93명)로 '② 북한의 도발로 인해 안보의식에 변화가 생겼다'는 더 세부적으로 확인이 필요하게 되었다.

한국의 국방력에 관한 질문에서는 먼저 '우리나라 국방예산이 충분하다고 생각한다'라는 문항에 매우 그렇다와 그렇다를 선택한 긍정적인 답변이 25%(37명)에 불과하였고 모르겠다를 포함한 부정적인 답변이 75%(111명)에 달했다. 또 '현재 우리나라의 국방력이 북한의 군사력을 압도한다고 생각한다'는 질문에 긍정 50%, 모르겠다를 포함한 부정 50%로 한국의 국방력에 대해서는 확신하지 못하고 있다고 분석했다.

마지막으로 '안보관련 세미나, 강의 등이 있으면 수강할 생각이 있다'라는 문항에 매우 그렇다 12%(18명), 그렇다 28%(41명), 보통이다 37%(55명), 아니다 18%(26명), 5%(8명)로 나타났다. 긍정적으로 응답한 인원들은 40%(59명)로 절반이 되지 않았다. 다음의 표들은 대학생 안보의식에 영향을 미치는 요인 조사에 관한 설문 응답 내용을 정리한 것이다.

〈표 Ⅲ-5〉 대학생 안보의식에 영향을 미치는 요인 조사 1

구분＼문항	1. 본인의 안보의식 수준은?	1-1. 안보의식 저조한 원인은?	
매우 좋음	19% (28)	안보교육프로그램 부재	42% (63)
좋음	26% (39)	빠듯한 생활(스펙, 아르바이트)	14% (21)
보통	42% (62)	무관심	30% (44)
심각	12% (18)	현실과의 괴리감	9% (13)
매우 심각	1% (1)	기타	5% (7)

단위: % (명)

〈표 Ⅲ-6〉 대학생 안보의식에 영향을 미치는 요인 조사 2]

구분 \ 문항	매우 그렇다	어느 정도 그렇다	보통이다/모르겠다	그렇지 않다	전혀 아니다
2. 현재 대학생 안보교육 프로그램 충분하다	3% (5)	11% (16)	22% (33)	44% (65)	20% (29)
3. 대학생을 대상으로 한 추가적 안보교육 필요	26% (38)	49% (72)	21% (31)	3% (5)	1% (2)
4. 북한의 도발로 안보의식에 변화 생김	18% (27)	44% (66)	24% (35)	115 (16)	35 (4)
5. 동북아 정세에 관심이 많다	18% (26)	32% (48)	28% (41)	18% (26)	4% (7)
6. 언론의 안보관련 기사를 비중 있게 본다	14% (21)	36% (53)	28% (42)	16% (24)	6% (8)
7. 우리 국방력이 북한의 것을 압도	16% (23)	34% (50)	26% (39)	17% (25)	7% (11)
8. 우리나라 국방예산 충분하다	6% (9)	19% (28)	36% (54)	26% (38)	14% (19)
9. 안보관련 세미나 등 수강할 의향 있다	12% (18)	28% (41)	37% (55)	18% (26)	5% (8)

단위: % (명)

제4장. 한국 대학생의 안보의식 제고 방안

1. 안보교육 프로그램 개발

한국 대학생들의 안보의식을 제고시키기 위한 방법으로 가장 효과적으로 대두되고 있는 것이 안보교육에 관련된 다양한 프로그램들을 개발하는 것이다. 4년제 대학생 중 안보교육을 이수한 대상의 경우 국가 안보에 대한 교육의 내용 중 북한의 상황을 정확하게 안내해주는 프로그램이 필요하다는 인식이 높다 할 수 있다. 또한 안보교육을 위해 전방 군부대 견학 등 남북대치 상황에 관한 현장교육이 필요하다는 인식이 높다 할 수 있다. 또한 대학생 중 안보교육을 이수한 대상의 경우 북한을 적으로 생각하는 인식이 높다고

할 수 있다.[23]

기존의 대학생을 대상으로 한 안보교육 프로그램은 일부 대학만이 연 1~2회 정도 실시하고 있으며 그나마도 학기가 종료된 이후에 실시하여 참여도가 떨어진다. 군사학과나 학군단이 설치된 대학은 다른 일반 대학보다는 안보교육에 관한 강의, 세미나가 종종 열리곤 하지만 수강 또는 청강하는 인원들은 모두 학군장교, 학사장교 후보생들이 대부분이다.

안보교육 프로그램의 교육방법 또한 기존의 정권안보적 차원의 일관성 없는 주입식 안보 교육정책으로 자발적인 참여와 공감대를 이끌어 내기 힘든 실정이다. 따라서 앞으로의 안보교육 프로그램을 개발할 때에는 객관적 사실을 정확히 알려주고 대한민국의 특수성과 통일과정에서의 주변국의 역할에 대한 개방적 논의를 통해 국가 안보문제를 합리적이고 자발적으로 인식할 수 있도록 해야 한다.

대학교에서의 안보교육을 실시할 때 중점은 기존 초중고 안보교육을 통해 형성된 안보의식을 기반으로 한 심화된 안보교육 과정을 실시해야 할 것이다. 대학에서 할 수 있는 방법 중 하나는 교양필수 과목으로 안보교육 강좌를 개설하거나 안보관련 토론회 개최 등을 통해 기존 교육기관에서 안보교육을 통해 형성된 개인의 안보의식을 전문가에 의한 심층교육 및 타인과의 토론을 통해서 심화시키는 것이다.

요즘은 인터넷 스마트폰 등 각종 다양한 매체에 노출되어 있기 때문에 각종 매체에서 안보와 관련된 프로그램 방영이나 최근 방영하고 있는 학생들에게 많은 영향을 미친다. 사회적 공인들을 적극적으로 안보의식 제고방안을 위해 활용해야 할 것이다. 방송인들의 실제 군 부대 체험 프로그램 방영, 스마트폰 안보관련 앱 개발, 안보관련 활동 등 직·간접적인 안보교육도 필요하다. 마

23. 성백선, 앞의 글, p. 22

지막으로 지역 군부대 방문, 병영생활 체험, 천안함 견학 통일전망대 등 기존에 실시하고 있는 각종 체험과 견학을 확대하는 방법도 필요하다.

2. SNS 및 사회적 공인을 활용한 안보의식 제고

안보교육 프로그램을 개발하여 대학생들의 안보의식을 제고시키는 것이 효과적일 수도 있다. 그러나 앞선 설문조사 결과를 보면 대학생들은 대학생들의 안보의식이 저조한 이유 중 가장 큰 이유로 안보교육 프로그램의 부재라고 응답했으며 대학생을 대상으로 한 안보교육 강좌 및 세미나 등이 부족하다고 응답했음에도 안보 관련 강의, 세미나를 수강할 의사가 약 40% 정도로 긍정적이라고 할 수는 없었다. 그렇다면 이에 따른 다른 안보의식 제고방안으로는 무엇이 있을까?

그 해답으로 SNS 및 사회적 공인을 활용한 안보의식 제고방안을 제시한다. 대학생들은 유행과 변화에 민감하다. 한국은 SNS 보급률 세계 1위라는 타이틀을 가지고 있다. 이는 변화를 적극적으로 수용하고 적응한다는 것이다. 이러한 점을 적용하여 페이스북, 인스타그램 등 SNS를 활용하여 안보 관련 이벤트, 캠페인을 실시한다면 많은 관심과 홍보 효과를 얻을 수 있을 것이다. 안보의식의 제고방안으로 SNS를 활용하려면 먼저 한국 대학생들이 높은 빈도로 이용하는 SNS와 주요 관심사들을 파악하여야 할 것이다. 이때 빅데이터 등을 적극적으로 활용하여 한국 대학생들이 관심을 보이는 관련 키워드를 분석하고 해당 분야에 적절한 안보의식 제고방안을 제시해야 할 것이다.

또 연예인, 운동선수, 멘토 역할을 하는 기업인 등 사회적 공인을 활용하는 것도 안보라는 분야를 대학생들에게 좀 더 친숙하게 해줄 수 있는 요인 중에 하나일 것이다. 특히 한국의 연예관련 시장은 다른 어느 국가와 비교해 보아도 절대 작은 규모가 아니다. 특유의 팬덤 문화를 형성하고 있는 연예인들을 국방, 안보 등의 홍보대사로 위촉하여 관련 행사 등을 개최한다면 효과적으로 안보의식을 제고시킬 수 있을 것이다. 물론 사회적 공인들의 안보관 등을 사전에 면밀히 살펴보는 것과 대학생들에게 올바른 안보관을 함양할 수 있도록 안보교육이 우선되어야 할 것이며 관련 인프라 또한 조성되어야 할 것이다

SNS 및 사회적 공인을 활용하여 안보의식을 제고시키기 위한 방안을 제시할 때 주의할 점은 다음과 같다. 첫째, SNS를 활용할 때 일회성 이벤트로 끝나는 것이 아니라 SNS 이용자들이 지속적으로 관심을 가질 수 있도록 내용을 구성해야 할 것이다. 이를 위해 한국 대학생들이 주로 관심을 가지는 분야를 파악하여야 하고 어렵고 딱딱한 내용보다는 친숙하고 흥미를 유발할 수 있도록 구성해야 할 것이다. 둘째, 사회적 공인들을 안보 홍보대사로 위촉할 때에는 위촉 예정자의 안보의식을 철저히 검증하고 정기적인 교육을 실시해야 한다. 사회적 공인은 말 한마디에도 파급력이 있으므로 굳건한 안보의식을 함양할 수 있도록 해야 할 것이다.

3. 안보의식 제고를 위한 인프라 구축

한국 대학생들의 안보의식에 영향을 미치는 요인은 다양한 요소들이 있지만 그중 가장 영향력 있는 항목들은 북한에 대한 인식과 안보교육 프로그램에 관한 인식이었다. 설문 조사 결과 대학 재학 중 안보교육을 받은 횟수가 3회 미만인 인원(50%, 74명)들보다 7회 이상 받은 인원(39%, 58명)들의 안보의식 수준이 더 높게 나왔다. 이는 안보교육 프로그램에 대한 중요성과 필요성을 방증하는 것이라고 할 수 있다. 안보교육이나 역사교육을 많이 받은 학생일수록 안보의식 수준이 높게 나타나 중요성이 크게 부각된 것이다. 또한 신문 등 일간지 구독 여부도 안보의식에 영향을 미친다는 것을 알 수 있었다.

이러한 연구 내용을 바탕으로 한국 대학생들의 안보의식을 제고시키기 위

한 방안에 대한 정책적 제언을 요약하면 다음과 같다.

첫째, 북한의 위협과 안보환경에 대한 인식을 명확히 할 수 있도록 해야 한다. 설문 조사 중 안보의식에 가장 영향을 미치는 요인은 북한에 대한 위기감이었고 이는 북한의 천안함 피격 사건, 연평도 포격 도발 등이 발생할수록 안보의식 제고의 필요성이 대두되었던 것으로 확인할 수 있다. 따라서 북한이 한반도 적화 통일에 야욕을 포기하지 않고 군사력을 증대시키고 있다는 것을 대학생들에게 확실하게 인식시키고 북한의 도발에는 철저하게 응징해야 할 것이다.

둘째, 국방역량을 강화시키기 위해 대학생들을 포함한 국민들로부터 적극적인 지지와 신뢰를 얻을 수 있어야 한다. 이는 정권이 교체가 되면 그에 따라 안보정책도 급속도로 변화하는 정책적 불안정성으로 인해 대학생들이 혼란을 겪으며 안보위기의식을 느끼지 못하기 때문이다. 따라서 일관성 있는 안보정책과 국방행정시스템의 효율적이고 투명한 운용을 통해 국민적 지지와 신뢰를 얻어야 할 것이다.

셋째, 안보의식을 제고시키기 위해 안보교육의 필요성과 중요성을 인식하여야 한다. 또한 그에 따른 대학생을 대상으로한 안보교육 프로그램을 개발하고 시행해야 할 것이다. 안보교육을 통하여 굳건한 안보의식을 확립시키는 것이 무엇보다 중요할 것이며 이는 미래 통일 한국의 주역으로서 활약할 대학생들이 국가의 미래지향적 과제 중 가장 중요한 하나가 될 것이다.

또한 안보교육의 방향성과 방법 역시 개선해야 한다. 일관성 없는 안보정책에 의한 주입식 안보교육은 자발적 참여와 공감을 이끌어 내지 못하고 있다. 변화된 안보상황에 적합하고 정보화 시대에 맞는 안보교육 프로그램을 확대된 안보개념에 따라 개발해야 할 것이다. 이에 발맞추어 안보교육의 인프라를 구축하여 사회적 공인이나 군의 홍보매체를 활용하여 안보라는 단어가 친숙하게 그러나 올바른 안보관을 함양할 수 있도록 추구해야 할 것이다.

제5장. 결론

1. 요약 및 결론

본 연구에서는 변화하는 한국 사회에서 미래 통일 한국의 주역이 될 한국 대학생들의 안보의식 실태 및 문제점을 파악하고 변화에 적합하고 유연하게 대처할 수 있는 방안에 대해 조사했다. 설문 조사 결과, 한국 대학생들의 안보의식 실태에 관한 조사에서는 6·25전쟁에 관한 내용, 북한에 대한 인식(주적 개념), 한미동맹에 대한 인식 등이 있었으며 대학생 안보의식에 영향을 미치는 요인으로는 안보교육에 관한 내용, 북한의 군사력에 대한 인식, 국방력 강화에 대한 인식 등이 있었다.

또한 안보의식 구성요소로는 크게 대외요인과 대내요인으로 구성되어 있고 대외요인에는 국제적 상황에 대한 인식, 북한의 위협에 대한 인식 등이 있었다. 대내요인으로는 정치적 상황에 대한 인식과 경제적, 사회문화적 상황에 대한 인식으로 구성되어 있었고 이는 또 군사적 측면과 비군사적 측면으로 구분할 수 있다. 이외에도 추가적으로 정보화 세대에 따른 사이버 위협에 대한 경계심도 구성되어 있다고 할 수 있다.

그에 따른 대학생들의 안보의식 제고 방안으로는 가장 중요한 것이 안보교육 프로그램의 개발이라는 조사 결과가 도출되었고 안보교육 프로그램 개발의 중요성과 필요성이 부각되었다. 기존의 일관성 없는 정부 주도의 주입식 안보교육은 자발적인 공감과 참여를 이끌어내지 못한다고 판단하고 안보교육 프로그램에 대한 방법개선과 교육에 관한 인프라 향상이 중요하다고 판단했다. 마지막으로 앞선 연구들을 토대로 안보의식 제고를 위한 정책적 제언을 요약하였다.

첫째, 북한의 위협과 안보상황에 대한 대학생들의 명확한 인식이 필요하다. 이를 위해서 북한의 한반도 적화 통일 야욕을 인식시키고 도발에는 철저히 응징하는 자세가 필요하다.

둘째, 국방역량강화를 위해 국민적 지지와 신뢰가 필요하다. 안보정책의 일관성과 함께 투명하고 효율적인 국방행정시스템의 운용이 이루어져야 할 것이다.

셋째, 안보의식을 제고시키기 위해 안보교육의 필요성과 중요성을 인식하여야 한다. 또한 그에 따른 대학생을 대상으로한 안보교육 프로그램을 개발하고 시행해야 할 것이다. 안보교육을 통하여 굳건한 국가관과 안보관을 확립시키는 것이 무엇보다 중요할 것이다.

현 시대를 살고 있는 한국의 대학생들은 격변하는 한반도의 안보적 위기상황을 제대로 인식하지 못하고 있으며 북한에 대한 주적 인식조차 흐릿한 실정이다. 정전협정이 체결되고 반세기가 넘는 시간 동안 많은 사회적 변화들이 있었지만 한반도의 안보상황은 언제든 위기였으며 지금까지 변화하지 않았다. 전쟁을 직접 경험한 세대가 아닌 한국의 대학생들은 미래 통일 한국의 주역으로써 또 국가 발전에 원동력으로써 굳건한 안보관과 국가관을 함양해야 할 필요성이 있다. 이를 위해서 범국가적 차원의 안보교육 프로그램 개발이 필요하며 기존의 주입식 교육이 아닌 자발적인 참여와 공감을 이끌어 낼 수 있도록 인프라 구축, 전문인력 양성, 사회적 공인을 활용한 안보의식 자각 등 사회 전반에 걸친 노력이 필요하다.

한국 대학생들의 안보의식이 더욱 성숙해지고 강화된다면 언제나 우리의 안보는 굳건할 것이고 미래 통일 한국의 모습이 그렇게 멀지는 않을 것이며 세계에서 유래 없는 안보 강국으로 거듭날 수 있기를 기대하는 것도 무리는 아닐 것이다.

2. 연구의 한계점

본 연구는 한국 대학생 안보의식 제고방안이라는 주제로 선행연구 검토,

설문조사 등으로 다양한 연구 자료들을 확보했지만 연구 대상을 4년제 대학생으로 제한하여 다양한 계층의 인식을 비교할 수 없으며 연구 대상의 수도 적은 편이다. 또한 안보의식에 영향을 미치는 요인들을 측정하는 도구들이 기존의 연구자마다 다양하지만 그 내용들이 유사하여 연구의 결론에 도달하였을 때 새로운 요인 측정 도구를 도출하는 것에 한계가 있었다.

따라서 향후 연구 방향을 제시해 본다면 먼저 연구대상을 좀 더 확대하여 다양한 계층의 인식차이를 심도 깊게 연구하여야 한다. 또한 안보의식에 영향을 미치는 요인은 향후 일반적으로 측정할 수 있는 측정 모델이 개발될 필요가 있을 것이다. 마지막으로 안보교육 프로그램의 개발에 있어 다양하고 현실성 있는 방안이 필요할 것이다.

〈참고문헌〉

1. 논 문

· 김기정, '국민안보의식 변화와 한반도 평화', 통일연구회의총서(2004).

· 김기정·박균열, '국민안보의식 변화와 한반도 평화', 통일연구회의총서(2008).

· 김규남, '대학생 안보의식 제고방안 연구 – 대학생 통일 안보토론대회 및 설문 조사결과를 중심으로', 한국융합보안학회, 제13권 제6호(2013).

· 김병조, '새로운 안보개념에 따른 국민안보의식 분석', 국방연구(1994)

· 김상수, '군 정신교육 발전방안 연구 – 한국사회 변화를 중심으로', 한일군사문화학회(2014).

· 김용현·박영주, '국가 정체성 확립을 위한 국민 안보의식 실태 및 고취방안에 관한 연구 – 대학생 안보의식 실태 조사를 중심으로', 한국 행정학회 학술대회 발표논문집(2010).

· 김종영·황중호·이규웅, '국민 안보의식 제고방안', 전략논단(2008).

· 나은영·차유리, '한국인의 가치관 변화추이', 한국심리학회지(2010).

· 백승도, '대학생들의 안보의식에 미치는 영향요인 분석', 한국 위기관리 논집(2012).

· 서운석, '국민 자부심에 대한 한 · 중 · 일 비교연구', 사회과학 담론과 정책(2009).

· 성백선, '안보교육과 안보의식 향상: 4년제 대학생의 조사', 성균관대학교 석사학위논문(2014),

· 이영균, '입대전 신세대의 국가 안보에 관한 인지분석', 한국정책과학학회보(2002).

· 이태건, '안보환경 변화에 따른 국민의식 제고 방안', 한국 안전보장논총(1991).

· 오해섭·김형주·김남정, '청소년의 국가관 · 안보의식 함양을 위한 정책 대안 연구', 한국 청소년 정책 연구원(2008).

· 전상조, '대학생의 안보의식과 영향요인에 관한 연구'. 계명대학교 박사학위논문 (2014).

· 정헌영, '탈냉전 이후 안보환경의 변화에 따른 신세대 안보의식의 특성'. 국제관계연구(2007).

· 함인희, '세대분화와 세대 충돌의 현주소', 한국 정치학회, 한국사회학회(공편) 한국사회의 새로운 갈등과 국민통합(2007).

2. 단행본

· 국방대학교, 『안보관계용어집』,(서울: 국방대학교, 2004).

· 김구섭, 『국민안보의식 진단과 처방』, (서울: 한국국방연구원, 2011).

· 임희섭, 『한국사회 변동과 가치관』, (서울: 나남출판, 2003).

3. 기 타

· 국민안전처, 국민 안보의식 여론조사(2016).

· 국방대학교, 범국민 안보의식 여론조사, 국방대학교 안보문제연구소(2010).

· 안전행정부, 성인64.9%, 청소년51.90%, 본인 안보의식 높다. 안전행정부보도자료(2013).
· 정한울 · 정원철, 언론 조사를 통해 본 2009년 안보위기와 국민여론(2009).
· 행정안전부, '국민 안보의식을 우려하는 시각 높아져', 행정안전부보도자료(2010).
· 행정안전부, 국민 안보의식 여론조사(2011).

〈부록 1〉 설문지

안녕하십니까? 저는 청주대학교 군사학과에서 '한국 대학생 안보의식 제고 방안'의 논제로 학사학위논문을 준비하고 있는 정승원입니다.
한국 대학생의 안보의식 실태와 안보의식에 영향을 주는 요인에 대한 객관적 자료를 도출하기 위한 설문을 실시합니다.
본 조사는 한국 대학생 안보의식의 실태 및 문제점과 안보의식에 영향을 주는 요인을 파악한 후 대학생의 안보의식을 제고시킬 수 있는 방안을 제시하기 위한 참고할 기초자료를 얻고자 마련된 것입니다. 설문지는 연구 목적으로만 활용될 것이니, 사실대로 자신의 의견과 일치하는 것을 하나만 골라 하단 응답지의 해당란에 번호를 기입하여 주시기 바랍니다.
감사합니다.

2017년 6월 9일
정 승 원 드림

Ⅰ. 신상조사

다양한 분석을 위한 신상 파악이오니 어떻게 되시는지 한 가지만 답해주시기 바랍니다.

1. 성별
□ 남자　　□ 여자

1-1. 남자인 경우 군복무 현황
□ 군필　　□ 미필　　□ 면제

2. 학년
□ 1학년　　□ 2학년　　□ 3학년　　□ 4학년

3. 안보에 관한 교육을 받은 횟수(지금까지)

□ 0회 □ 1~3회 □ 4~6회 □ 7회 이상

II. **대학생 안보의식 실태조사**(1개만 선택)

1. 6 · 25전쟁은 남침(南侵)이다.

□ 그렇다 □ 모르겠다 □ 아니다

2. 현재 우리나라 안보에 가장 위협이 되는 국가는?

□ 중국 □ 일본 □ 미국 □ 북한 □ 모름

3. '천안함 피격 사건은 북한의 소행이다'라고 생각한다.

□ 확신한다 □ 그럴 가능성이 높다 □ 보통이다 □ 그렇지 않다 □ 전혀 아니다

4. 북한의 핵무기 개발, 미사일 발사 실험 등이 우리나라 안보에 중대한 위협이 된다.

□ 매우 그렇다 □ 어느 정도 그렇다 □ 보통이다 □ 그렇지 않다 □ 전혀 아니다

5. 수개월 안으로 북한은 다시 핵, 미사일 발사 실험 등 도발을 감행할 것이다.

□ 매우 그렇다 □ 어느 정도 그렇다 □ 보통이다 □ 그렇지 않다 □ 전혀 아니다

6. 고고도 미사일 방어체계(THAAD, 통칭 사드)의 한반도 배치는 필요하다.

□ 매우 그렇다 □ 어느 정도 그렇다 □ 보통이다 □ 그렇지 않다 □ 전혀 아니다

7. 한미동맹은 우리나라 안보에 중요한 역할을 한다.

□ 매우 그렇다 □ 어느 정도 그렇다 □ 보통이다 □ 그렇지 않다 □ 전혀 아니다

8. 주한 미군이 가지고 있는 한국군의 '전시 작전 통제권'은 지금 당장 환수되어야 한다.

□ 매우 그렇다 □ 어느 정도 그렇다 □ 보통이다 □ 그렇지 않다 □ 전혀 아니다

9. 현 시점에서 북한과 전쟁이 발발한다면 우리나라가 승리할 것이다.

□ 매우 그렇다 □ 어느 정도 그렇다 □ 모르겠다 □ 그렇지 않다 □ 전혀 아니다

Ⅲ. 대학생 안보의식에 영향을 미치는 요인 조사(1개만 선택)

1. 본인의 안보의식 수준은 어떻다고 생각하십니까?
□ 매우 좋음 □ 좋음 □ 보통 □ 심각 □ 매우 심각

1-1. 1번 문항에서 심각/매우 심각을 선택했다면 그 원인은 무엇이라고 생각하십니까?
□ 대학생을 대상으로한 안보교육 프로그램의 부재 □ 무관심(안보불감증)
□ 스펙 쌓기, 아르바이트 등 빠듯한 생활 □ 현실과의 괴리감
□ 기타 ( )

2. 현재 시행되고 있는 대학생 안보교육이 충분하다고 생각한다.
□ 매우 그렇다 □ 그렇다 □ 보통이다 □ 아니다 □ 전혀 아니다

3. 대학생을 대상으로 한 추가적인 안보교육이 이루어져야 한다고 생각한다.
□ 매우 그렇다 □ 그렇다 □ 보통이다 □ 아니다 □ 전혀 아니다

4. 북한의 핵 실험 등 도발로 인해 안보의식에 변화가 생겼다.
□ 매우 그렇다 □ 그렇다 □ 보통이다 □ 아니다 □ 전혀 아니다

5. 한반도를 포함한 동북아 정세에 관심이 많다.
□ 매우 그렇다 □ 그렇다 □ 보통이다 □ 아니다 □ 전혀 아니다

6. 언론의 안보관련 기사를 비중 있게 본다.
□ 매우 그렇다 □ 그렇다 □ 보통이다 □ 아니다 □ 전혀 아니다

7. 현 우리나라의 국방력이 북한의 군사력을 압도한다고 생각한다.
□ 매우 그렇다 □ 그렇다 □ 보통이다 □ 아니다 □ 전혀 아니다

8. 우리나라 국방예산이 충분하다고 생각한다. (2017년 기준 1년 예산에 약 10%)
□ 매우 그렇다 □ 그렇다 □ 보통이다 □ 아니다 □ 전혀 아니다

9. 본인은 안보관련 세미나, 강의 등이 있으면 수강할 생각이 있다.
□ 매우 그렇다 □ 그렇다 □ 보통이다 □ 아니다 □ 전혀 아니다

출간후기

대한민국을 짊어질 젊은 청춘들의 투철한 안보의식과 애국정신을 위하여!

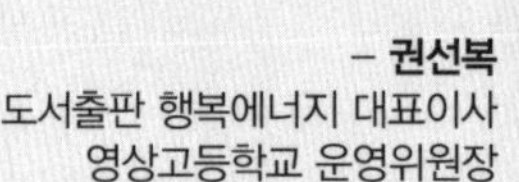

– **권선복**
도서출판 행복에너지 대표이사
영상고등학교 운영위원장

혹자들은 오늘날을 경계가 무너지고 깨트려지는 세상이라고 합니다. 지구촌 세상, 글로벌 스탠더드를 찾는 세상이라고도 합니다. 4차 산업혁명의 시대를 맞아 소유가 아닌 공유경제의 앞날을 준비해야 하는 시기이기도 하며 국경과 민족을 넘고 인종과 이념을 넘어 서로 뒤섞이고 서로 도와가며 온 지구촌이 더불어 함께 살아갈 수 있는 지혜를 모아야 하는 시기입니다.

그러나 개방과 경계가 없는 열린 세상이 온다고 해도 안보와 국방은 선택이 아니라 필수이며 안보의 뒷받침 없는 발전은 사상누각에 지나지 않습니다. 강한 힘만이 평화를 보장하는 것입니다. 이에 한국위기관리연구소에서 2010년부터 8회에 이르는 국방정책 우수논문 공모와 발표회를 거쳐 최우수 논문으로 선정된 11편의 귀한 논문을 이번에 책으로 발간하게 된 것입니다.

책『젊은 청춘들의 나라사랑』은 지난 8년간 이어온 사업의 값진 결실이며 또한 우리나라 젊은 청춘들이 진정으로 나라를 사랑하는 마음이 담겨 있는 필독서입니다.

이 글 속에는 국민들의 안보의식을 고취하는 방안부터 실질적인 부대 운영과 전력증강까지 지휘통솔 문제, 장병 정서순화, 남북문제, 다문화 문제까지 참신하고 다양한 정책제안들로 채워져 있습니다. 이 책을 읽으면 젊은 이들의 의견에 공감하고 귀 기울이는 자신을 발견하게 될 것입니다.

대한민국은 세계적으로 유일한 분단국가이지만, 최근 남북정상회담과 북미정상회담 그리고 주변국 정상들과의 잇따른 정상회담으로 항구적인 평화의 길로 나아가고 있습니다. 이러한 변화와 개혁은 지금 이 순간에도 국토방위를 위해 헌신하고 있는 국군장병들이 있어 가능한 것이며 국방의 의무에 최선을 다하고 있는 젊은 청춘들에게 응원의 박수를 보냅니다. 아울러 이 책이 발간되어 국방과 안보를 튼튼하게 하는 데 크게 기여하기를 기대하며 이 책을 읽는 모든 독자들의 삶에 행복과 긍정의 에너지가 팡!팡!팡! 샘솟기를 기원합니다.

심정평화 효정평화

박정진 지음 | 값 13,000원

책 『심정평화 효정평화』는 심정과 효정의 철학으로 지구촌 평화를 그리는 박정진 저자의 철학을 담고 있다. 가부장제 시대를 넘어 여성-아이, 모-자식 관계의 새로운 가정연합이 지구촌 시대의 평화를 이룬다는 철학이다. 또한 로봇 문명 시대의 인간의 강점과 덕목으로 정을 내세우면서 인간성의 회복이 앞으로의 시대에 중요하게 될 것이라 예견한다.

마음 Touch! 감성 소통

박신덕 지음, | 값 15,000원

책 『마음 Touch! 감성소통』은 타인과의 소통에서 불편을 겪는 사람들에게 명쾌한 해답을 들려준다. 아무리 대화를 해도 '말이 통한다'는 느낌을 받기 어려운 요즘, '진심'을 통해 소통할 때 상대방의 마음뿐만 아니라 내 마음까지도 부드럽게 어루만져주는 '감성소통'을 할 수 있다고 강조한다. 저자가 직접 수많은 사람들을 만나고 대화하며 얻은 '소통의 노하우'가 이 책 한 권에 모두 담겨 있다.

웃음은 나의 생명꽃

이현춘 지음 | 값 15,000원

『웃음은 나의 생명꽃』은 웃음을 통해 행복을 찾고 인생의 전환기를 맞이한 저자의 생생한 이야기가 담긴 책이다. 행복의 조건 중 가장 중요하다고 할 수 있는 건강을 잃고 절망 속에서 하루하루를 보낼 때, 모든 역경을 이겨내고 행복한 삶을 살아가는 데 원동력이 되어 준 것을 바로 '웃음'이라고 강조하고 있으며 늘 행복이 멀리 있다고 여기는 우리에게도 생각의 전환을 가져다준다.

71세에 떠난 좌충우돌 배낭여행기

『71세에 떠난 좌충우돌 배낭여행기』는 남 · 중미 · 북미 · 오세아니아를 여행한 저자의 이야기가 생생하게 담긴 여행 에세이이다. 여행이라는 소중한 경험 속에서 또 다른 문화를 접하고 새로운 일도 겪지만, 순탄하지 못한 여행을 하며 느낀 단상들도 이 책에는 과장이나 거짓 없이 진솔하게 기록되어 있다. 젊은 사람들 못지않은 즐겁고 유쾌한 여행기가 독자들의 흥미를 불러일으킨다.

'**행복에너지**'의 **해피 대한민국** 프로젝트!

〈모교 책 보내기 운동〉

대한민국의 뿌리, 대한민국의 미래 **청소년·청년**들에게 **책**을 보내주세요.

많은 학교의 도서관이 가난해지고 있습니다. 그만큼 많은 학생들의 마음 또한 가난해지고 있습니다. 학교 도서관에는 색이 바래고 찢어진 책들이 나뒹굽니다. 더럽고 먼지만 앉은 책을 과연 누가 읽고 싶어 할까요?

게임과 스마트폰에 중독된 초·중고생들. 입시의 문턱 앞에서 문제집에만 매달리는 고등학생들. 험난한 취업 준비에 책 읽을 시간조차 없는 대학생들. 아무런 꿈도 없이 정해진 길을 따라서만 가는 젊은이들이 과연 대한민국을 이끌 수 있을까요?

한 권의 책은 한 사람의 인생을 바꾸는 힘을 가지고 있습니다. 한 사람의 인생이 바뀌면 한 나라의 국운이 바뀝니다. **저희 행복에너지에서는 베스트셀러와 각종 기관에서 우수도서로 선정된 도서를 중심으로 〈모교 책 보내기 운동〉을 펼치고 있습니다.** 대한민국의 미래, 젊은이들에게 좋은 책을 보내주십시오. 독자 여러분의 자랑스러운 모교에 보내진 한 권의 책은 더 크게 성장할 대한민국의 발판이 될 것입니다.

도서출판 행복에너지를 성원해주시는 독자 여러분의 많은 관심과 참여 부탁드리겠습니다.

도서출판 **행복에너지** 임직원 일동
문의전화 0505-613-6133